Wiesenhofer • Weiß • Haselmair-Gosch • Fischerauer

Beerenobst

Vom Anbau bis zur Verarbeitung

Leopold Stocker Verlag
Graz – Stuttgart

Umschlaggestaltung, Repro und Layout:
DSR Werbeagentur Rypka GmbH, 8143 Dobl/Graz, www.rypka.at
Titelbild: Manfred Wiesenhofer

Bildnachweis:
Die Abbildungen wurden uns freundlicherweise von den Autoren zur Verfügung gestellt.

Bibliografische Information der Deutschen Nationalbibliothek
Die Deutsche Nationalbibliothek verzeichnet diese Publikation in der Deutschen Nationalbibliografie; detaillierte bibliografische Daten sind im Internet unter http://dnb.d-nb.de abrufbar.

Hinweis: Dieses Buch wurde auf chlorfrei gebleichtem Papier gedruckt. Die zum Schutz vor Verschmutzung verwendete Einschweißfolie ist aus Polyethylen chlor- und schwefelfrei hergestellt. Diese umweltfreundliche Folie verhält sich grundwasserneutral, ist voll recycingfähig und verbrennt in Müllverbrennungsanlagen völlig ungiftig.

Auf Wunsch senden wir Ihnen gerne kostenlos unser Verlagsverzeichnis zu: Leopold Stocker Verlag GmbH
Hofgasse 5 / Postfach 438
A-8011 Graz
Tel.: +43 (0)316/82 16 36
Fax: +43 (0)316/83 56 12
E-Mail: stocker-verlag@stocker-verlag.com
www. Stocker-verlag. com

ISBN 978-3-7020-2297-6

INHALT

VORWORT

Beeren gelten als die Bonbons der Natur. Beliebt bei Jung und Alt dürfen sie weder im Hausgarten noch im Supermarktregal fehlen. Keine Obstsparte hat in den letzten Jahren eine so dynamische Entwicklung durchgemacht wie das Beerenobst. Damit ist nicht nur der Umstand gemeint, dass das Beerenobst inzwischen in keinem Selbstversorgergarten fehlen darf oder dieses nahezu ganzjährig im Supermarkt angeboten wird, sondern auch die spannenden Entwicklungen im Anbau.

Hochmoderne Produktionstechniken, wie der Substratanbau, der Tunnel- oder Glashausanbau, Flüssigdüngung und Stellagenanbau sowie die Professionalisierung biologischer Anbaumethoden begegnen aktuellen Herausforderungen und Problemfeldern. Sie verfolgen konsequent das Ziel, den heimischen Konsumenten möglichst lange im Jahr schmackhafte Früchte aus regionaler Produktion anbieten zu können.

Doch nicht nur im Erwerbsanbau, auch im Garten liegen Beeren im Trend. Heidelbeeren werden als dekorative Blickfänger im Container angeboten, Naschhecken sind nicht nur für Obstliebhaber attraktiv, sondern auch Horte der Biodiversität im eigenen Garten.

Dieses Buch möchte sowohl für den Einsteiger in den Erwerbsanbau umfassende Basisinformationen für den Anbau bieten, als auch dem Kleingärtner das Wissen vermitteln, seine Sträucher erfolgreich anzubauen. Aufmerksame Leser werden die vielen Parallelen auffallen, die beide Welten verbindet. Die Herausforderungen sind oft dieselben und viele Lösungsansätze aus dem professionellen Anbau können auch zuhause übernommen werden. Beerenobst ist aufgrund seiner eher kurzen Standzeiten wie geschaffen dafür, die Lust am Experimentieren mit der Natur zu wecken – ohne die wirtschaftlichen Zwänge des Erwerbsanbaues ist dies doppelt entspannend.

Wir wünschen viel Freude am Kennenlernen der heimischen Obstvielfalt, am Eintauchen in die Produktion und ihre Herausforderungen und wünschen sowohl den angehenden Beerenbäuerinnen und -bauern als auch den Beerenobst-Liebhabern viel Erfolg beim Anbau der süßen Früchte.

Frühjahr 2025, die Verfasser

EINLEITUNG

WAS IST EIGENTLICH BEERENOBST?

Der Begriff „Beerenobst" kann nicht mit dem botanischen Begriff „Beeren" gleichgesetzt werden. Während „Beere" einen Fruchttyp in Bezug auf dessen Aufbau beschreibt, ist Beerenobst ein traditioneller Sammelbegriff für kleine, weiche, rundliche, mehr oder minder süße, im frischen oder verarbeiteten Zustand essbaren Früchte mehrjähriger Pflanzen. Den Fruchttyp Beeren weisen auch eine ganze Reihe von Gemüsepflanzen oder ungenießbarer Pflanzen auf. So ist etwa die Frucht der – einjährigen – Tomatenpflanze ebenso eine echte Beere, wie die aufgrund der Fruchtgröße nicht zum Beerenobst zählende Banane oder auch die giftige Tollkirsche.

Früchte aus der Gruppe des Beerenobstes unterscheiden sich trotz vordergründiger Gemeinsamkeiten stark. Einige davon, wie etwa Johannisbeere, Stachelbeere, Heidelbeere und Cranberry, sind tatsächlich auch im botanischen Sinn Beeren. Bei der Erdbeere handelt es sich dagegen um den verdickten Blütenboden einer Sammelfrucht mit Nüsschen. Himbeeren, Brombeeren und Holunder zählen strenggenommen zu den Steinfrüchten, da sich ihre Einzelfrüchte aus je einem Fruchtblatt bilden.

So stark wie in ihrer botanischen Zuordnung unterscheiden sich die Beerenobstarten auch in ihren Ansprüchen und in der Kulturführung. Deshalb ist im vorliegenden Buch den einzelnen Früchten jeweils ein eigenes Kapitel gewidmet.

Foto: Manfred Wiesenhofer

ERNTEKALENDER

Beerenobst erlebte in den letzten Jahren einen regelrechten Boom, so war diese Obstgruppe die einzige im Lebensmittelhandel, deren Absatz sich steigerte. Zurückzuführen ist dies in erster Linie darauf, dass sich das Beerenobst von einer saisonalen Spezialität hin zu ganzjährig angebotenen Ware entwickelt hat. Ermöglicht wurde dies einerseits durch Professionalisierung im heimischen Anbau, welche etwa die Produktion von Erdbeeren zehn Monate im Jahr ermöglicht oder durch verbessertes Lager-Know-how in Kombination mit robusteren Sorten, was eine deutliche Streckung des Angebotszeitraumes heimischer Ware begründet. Der größte Teil des explodierenden Beerenobstumsatzes im Lebensmittelhandel ist jedoch auf Importe zurückzuführen. Erdbeeren, Himbeeren und Heidelbeeren aus allen Ecken der Welt zu Dumpingpreisen gehören zum Standardsortiment jedes Supermarktes. Der Bezug zum regionalen Anbau und zu einem natürlichen, saisonalen Angebot ist dadurch vielfach verloren gegangen. Nicht nur im Erwerbsobstanbau, sondern auch im Hausgarten ist es durch entsprechende Sortenwahl oder kulturtechnische Kniffe möglich über Monate Beeren ernten zu können. Hier wie dort ist allerdings zu beachten, dass die Unwägbarkeiten und Risiken des Anbaues umso größer werden, umso später geerntet werden möchte.

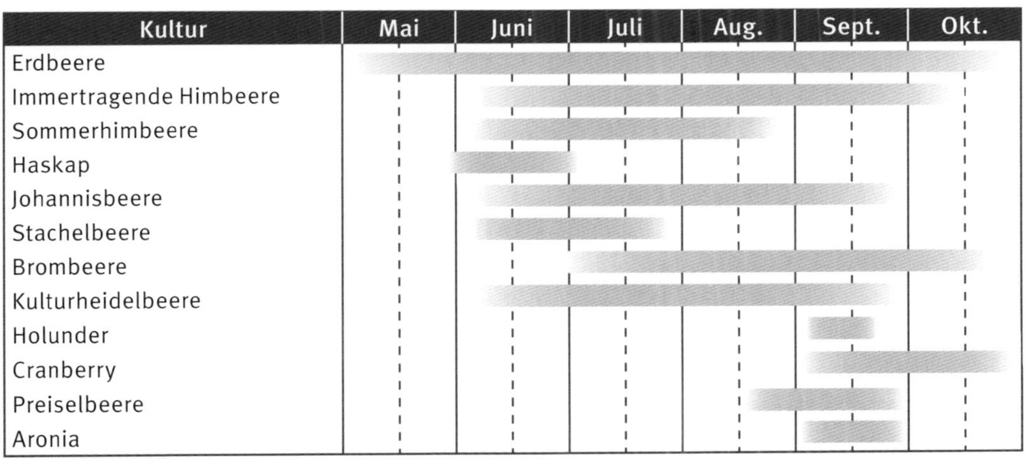

Durch gezielte Sortenwahl kann innerhalb der einzelnen Beerenobstarten die Ernteperiode gestreckt werden. Zusätzlich sorgt die Verschiebung der Ernteperioden durch Klima und Seehöhe für eine Staffelung des Angebots auf dem Frischmarkt. Moderne Lagertechnologien ermöglichen es, Johannis- und Heidelbeeren bis in den Spätherbst zu lagern und anzubieten.

DER ANBAU VON BEERENOBST ALS LANDWIRTSCHAFTLICHER BETRIEBSZWEIG

Der Anbau von Beerenobst ist nicht nur aufgrund der Sensibilität der Früchte eine große Herausforderung. Der Beerenobstanbau ist sehr arbeitsintensiv, sehr risikobehaftet, technikintensiv und stellt hohe Ansprüche an die Betriebsleiterin oder den Betriebsleiter. Dennoch bietet er auch Vorteile: So kann durch den Tafelbeerenobstanbau, also den Anbau von Beeren für den Frischmarkt, eine sehr hohe Wertschöpfung auch auf kleinen Flächen erzielt werden. Gerade für Betriebe mit geringer Flächenverfügbarkeit kann er daher eine interessante Einkommensmöglichkeit darstellen. Der Einstieg in den Beerenobstanbau ist also detailliert zu planen.

Der Beerenobstanbau, der über den Hausgarten hinausgeht, verlangt eine gute Planung.
Foto: Manfred Wiesenhofer

ANLAGENPLANUNG

Was ist beim Einstieg in den Beerenanbau zu bedenken?

■ Wie möchte ich die Beeren vermarkten? Die Art der Vermarktung ist die Grundlage jeglicher Planungen. So ist etwa die Sortenwahl abhängig vom Vermarkungsweg, da bei Verkauf über den Großhandel primär Haltbarkeit und makelloses Aussehen gefragt sind, in der Direktvermarktung aber Geschmack und Vielfalt. Auch für die Größe des Projektes ist der Vermarktungsweg relevant: Selbst, wenn nur regional einige Supermärkte beliefert werden, sind große homogene Erntechargen notwendig – wird nur ab Hof oder auf Märkten verkauft, reichen auch kleine Flächen, um eine gute Wertschöpfung zu erzielen. Auch bezogen auf die Ausstattung der Anbauflächen spielt der Vermarktungsweg eine wesentliche Rolle: Können bei persönlichem Kundenbezug auch Früchte mit leichtem Mangel (z. B. Hagelschlag) oder – aufgrund der gewünschten Vollreife – wenig haltbares Obst verkauft werden, sind bei Belieferung von Handel oder Vermarktungsbetrieben häufig Hagelnetze oder Regendächer Voraussetzung.

■ Neben- oder Vollerwerb?
Kleine bis mittlere Projekte mit einsprechender Sortenwahl eignen sich durchaus gut für den Nebenerwerbsanbau. So können die meisten Arbeiten in der Anlage selbst erledigt werden und nur der Erntepeak muss mit Urlaubszeit und Fremdarbeitskräften überbrückt werden. Johannis-, Stachel-, Heidelbeer- und auch Erdbeeranlagen mit nur einer Sorte können gut im Nebenerwerb bewirtschaftet werden, da die Ernte unter einem Monat dauert. Wird jedoch dem Kundenwunsch nach kontinuierlicher Belieferung oder arbeitstechnischen Überlegungen nachgegeben, verlängern sich Erntezeiträume deutlich und aufgrund der komplexeren Kulturführung wird aus dem Neben- schnell ein Vollerwerb.

■ Passt eine intensive Kultur zu Ihnen?
Erfolg und Misserfolg liegen im Beerenobstanbau nahe beieinander. Liebe zu gärtnerischer Kultur, fundiertes Fachwissen und Freude an der Handarbeit sind wichtige persönliche Voraussetzungen. Das notwendige Fachwissen ist oft schwer zu erlangen, gründliche Recherche und der Besuch von Spezialbetrieben, oft auch über die Landesgrenzen hinaus, sind nötig. Aufgrund der zunehmenden Bedeutung des Beerenobstanbaues wird zwar in vielen Regionen seitens von Interessensvertretung (Landwirtschaftskammern), Vereinen und Firmen auch in diesem Bereich angeboten – flächendeckend ist dieses jedoch nicht. Ganz klar muss gesagt werden: Wer eine einfache Kultur mit wenig Aufwand sucht, ist beim Tafel-Beerenobstanbau definitiv nicht richtig, sondern sollte eher in Richtung Verarbeitungsobstanbau tendieren.

■ Welche Wirtschaftsweise?
Professioneller Beerenanbau ohne konsequenten Pflanzenschutz ist nicht möglich. Im biologischen Landbau hat die natürliche Bodenfruchtbarkeit, vorbeugendes und die Widerstandsfähigkeit der Kulturen stärkendes Handeln, sowie genaues Beobachten einen besonderen Stellenwert. Bezogen auf die Intensität des Pflanzenschutzes ist der biologische Anbau sogar anspruchsvoller als bei konventioneller Vorgangsweise. Die Gründe dafür sind, dass im biologischen Beerenanbau Schadschwellen niedriger sind, die verfügbaren Pflanzenschutzmittel oft schwächer wirken und bei akuten Problemen häufig kurzfristig keine Lösung mehr zur Verfügung steht. So muss intensiver kontrolliert, mehr vorbeugend gearbeitet und Pflanzenschutz umfassender gedacht werden. Dieses Mehr an Arbeit wird sowohl vom Konsumenten als auch vom Handel durchaus abgegolten, wenngleich bei grundsätzlich hochpreisigen Früchten wie den Beeren, die Nische eher klein ist.

■ Wie steht es um die Finanzen?
Der Anbau von Beerenobst erfordert eine Reihe von Investitionen. Nicht nur die Kosten für das Pflanzmaterial sind dabei erheblich, auch Unterstützung, Hagelnetz oder Regendach sind teure Grundinvestitionen. Bei Erdbeeren sind zwar die Anlagenkosten verhältnismäßig gering, allerdings bereitet die Anschaffung der notwendigen Spezialmaschinen (Pflanzmaschine, Folienlegegerät, Stroheinlegegerät, Drei-Düsen-Gabel

für Pflanzenschutz, Reihenfräse) Neueinsteigern häufig Kopfzerbrechen. In Kulturheidelbeeren oder Cranberrys sind vor allem die Kosten für den Bodenaustausch hervorzuheben.

Bei allen Kulturen ist außerdem eine Bewässerungseinrichtung anzudenken, die je nach Ausstattung oder Wassersammelsystem massive Kosten verursachen kann.

Wer sich in den hochprofessionellen Anbau wagen möchte, muss sich mit den Kosten von Tunneln, Folienhäusern oder Glashäusern auseinandersetzen. Letztere bereiten Investitionskosten, welche pro Hektar im Millionenbereich liegen – allerdings erfüllen oft auch viel kleinere Einheiten ihren Zweck.

Abgefedert werden die hohen Investitionskosten durch Investitionsförderungen aus Förderprogrammen (z. B. Programme der ländlichen Entwicklung), welche von landwirtschaftlichen Betrieben abgeschöpft werden können. Diese Förderprogramme fördern Investitionen vielfach mit etwa 30 Prozent, wobei Mindestinvestitionssummen zu beachten sind. Für spezielle Maßnahmen, etwa im Bereich Bewässerung oder Frostschutz, gibt es auch höhere Fördersätze.

■ Persönliche Risikobereitschaft
Durch verschiedene Maßnahmen, angefangen von Witterungsschutz- und Frostschutzeinrichtungen, hin zum Gewächshausanbau bis zu Versicherungslösungen können Produktionsrisiken inzwischen gut beherrscht werden. Nicht abgeschätzt werden können aber – was bei Dauerkulturen besonders relevant ist – Marktunsicherheiten und Unsicherheiten im Arbeits- und Pflanzenschutzrecht. Die Rahmenbedingungen können sich rasch ändern – Flexibilität und Anpassungsfähigkeit, sowie die Bereitschaft zur Weiterbildung sind daher unbedingt erforderlich.

Jedenfalls nicht unterschätzt werden darf der hohe Arbeitsbedarf von Beerenobst. Der Handarbeitsaufwand für Pflege und vor allem Ernte ist im Beerenobstanbau außergewöhnlich hoch. Durch die Verderblichkeit der Früchte ist die Arbeitsbelastung bei vie-

Nur beste Qualität lässt sich am Frischmarkt gut absetzen. Foto: Manfred Wiesenhofer

len Beerenobstarten zusätzlich sehr stark termingebunden.

Ein Erfolgsfaktor ist der Umgang mit Saisonarbeitskräften. Wenn es gelingt, gut eingespielte Teams mit Erfahrung über Jahre zu halten, machen sich eine faire Entlohnung und die Investition in gute Arbeitsbedingungen schnell bezahlt.

Die Abbildung unten gibt den Arbeitskraftbedarf in Form von Arbeitskraftstunden (AKh) nach Stähli wieder. Die angeführten Werte können je nach Intensität der Produktion stark variieren und geben in erster Linie einen Vergleich zwischen den Kulturen und den relativen Anteil der Ernte an der Gesamtarbeit wieder.

BIOLOGISCHER BEERENANBAU

Beeren sind überaus sensible Früchte, die hohe Anforderungen an das Wissen des Anbauers stellen. Selbst wenn alle Werkzeuge des modernen Obstbaues zur Verfügung stehen, gibt es laufend knifflige Situationen, welche – wenn überhaupt – nur schwer gelöst werden können: Nährstoffversorgung nicht optimal, unerwartete Schaderreger, Standortprobleme, Haltbarkeit im Lager oder Verkauf. Im biologischen Anbau bestehen diese Probleme natürlich auch, aber es stehen ungleich weniger Möglichkeiten zur Verfügung, sie kurzfristig zu lösen. Mit schwer löslichen organischen Düngern sind akute Mängel nur langsam auszugleichen, manche Schädlinge und Krankheiten können kaum oder nur mittels Handarbeit bekämpft werden und Haltbarkeitsprobleme treten bei schwieriger Witterung häufig auf. Trotz all dieser Unwägbarkeiten können vie-

Arbeitsbedarf für 1 ha Beerenobst (nach H. Stähli)

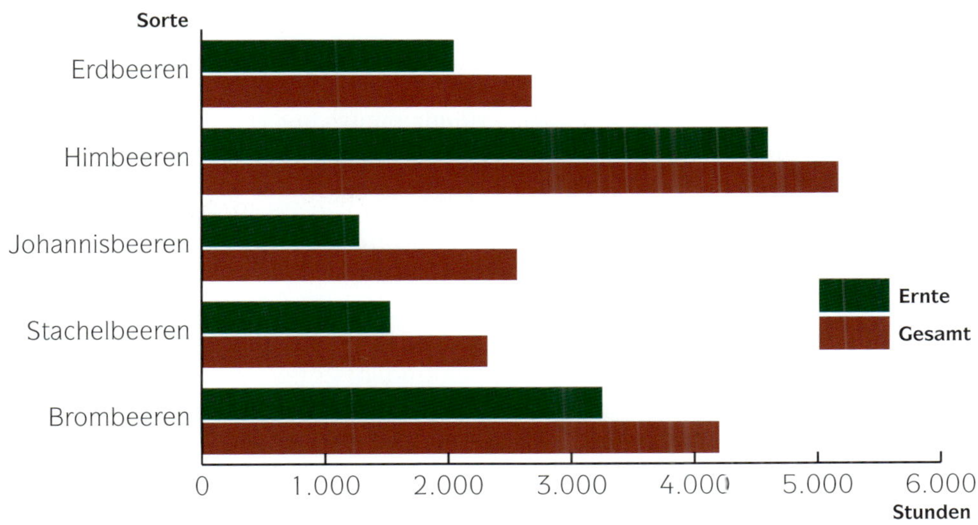

le Beerenarten auch biologisch produziert werden – allerdings nicht zu den gleichen Produktionskosten, was sich auch im Verkaufspreis niederschlagen muss. In Österreich beträgt etwa der Bio-Heidelbeeranbau fast 30 Prozent der Anbaufläche und auch Himbeeren werden in diesem Ausmaß biologisch produziert. Aronia wird zu nahezu 100 Prozent biologisch angebaut. Einzelne Spezialisten widmen sich auch dem ökologischen Anbau von Erdbeeren, Cranberrys und Johannisbeeren und können sich in dieser Nische gut durchsetzen. Wer sich für den biologischen Anbau von Beeren entscheidet, muss jedenfalls gut die Vor- und Nachteile abwiegen, eine höhere Risikobereitschaft aufweisen und sich intensiv in die Ansprüche der jeweiligen Kulturen einarbeiten. Für den Hausgarten, wo man nicht auf makellose Früchte und Toperträge angewiesen ist, ist diese Art des Beerenobstanbaues jedenfalls zu empfehlen.

Sorten und Pflanzmaterial im biologischen Anbau

Selbstverständlich ist die Sortenwahl ganz wesentlich für den Erfolg der Kultur. Besonders krankheitsempfindliche Sorten kommen im biologischen Anbau keinesfalls infrage. Wenn Kompromisse eingegangen werden müssen, sind die jeweiligen Problemfelder genau zu beachten. Blattkrankheiten sind etwa leichter zu bekämpfen als Fruchtfäulen.

Möchte nicht auf höchsten Niveau mit intensivstem (und entsprechend teurem) Einsatz biologischer Hilfsmittel gearbeitet werden, hat sich vor allem im Erdbeeranbau eine gewisse Risikostreuung bezogen auf die Sortenwahl bewährt. Mit mehreren Sorten werden die unterschiedlichen Anfälligkeiten einzelner Sorten etwas ausgeglichen und die Chancen auf gute Erträge auf Teilflächen erhöht.

Zertifizierte Bio-Betriebe müssen in erster Linie auf biologisch produziertes Pflanzmaterial zurückzugreifen. Vereinzelt gibt es hier Ausnahmen, wenn solches nicht verfügbar ist.

Standort und Bodenvorbereitung

Die im allgemeinen Teil genannten Standortvoraussetzungen spielen im biologischen Landbau eine besonders große Rolle. Ungunstlagen sollten jedenfalls vermieden werden und Plätze gewählt werden, wo die Beerenkulturen vormittags schnell abtrocken können. Lange Beschattungszeiten und Orte mit hoher Luftfeuchtigkeit sind bei botrytisanfälligen Obstarten grundsätzlich Ausschlussgründe. Zu beachten ist auch, dass es sich um keine vorbelasteten Böden handelt, denn lange Anlagenstandzeiten fördern die Rentabilität enorm.

Im biologischen Beerenanbau ist kein Substratanbau zulässig. Die Pflanzen müssen mit Bodenschluss produziert werden – lediglich die Aufbereitung des Mutterbodens ist möglich. Wichtig ist dies vor allem im Heidelbeeranbau, wo ein entsprechendes Milieu geschaffen werden muss. Da Torf nur sehr eingeschränkt genutzt werden darf, wird hier mit Sägespänen, Rindenmulch und Hackschnitzeln gearbeitet um die saure, luftige Umgebung herzustellen.

Düngung

Schnelllösliche, mineralische Dünger sind biologischen Beerenanbau nicht zugelassen. Ebenso ist die Fertigation von Makronährstoffen (Kombination von Bewässerung und Düngung) nicht zulässig. Lediglich manche Mikronährstoffe dürfen – nach Rücksprache mit der Kontrollstelle – auch in schnelllöslicher Form ausgebracht werden.

Die Düngung erfolgt in der Regel mit biologischen Wirtschaftsdüngern oder organischen Bio-Handelsdüngern. Zulässige Biodünger findet man auf der Homepage www.betriebsmittelbewertung.at, wo in Österreich zugelassene Bio-Betriebsmittel aufgelistet sind.

Pflanzenschutz

Die Grenze zwischen biologischen und integrierten Bekämpfungsstrategien verschwimmen zunehmend. Der Einsatz von Nützlingen ist in beiden Produktionsrichtungen ebenso gängig wie die vorbeugende Pilzbekämpfung. Können tierische Schaderreger nicht mit Nützlingen reguliert werden, sind auch im biologischen Anbau wenige nicht synthetische Insektizide zugelassen, welche eine Bekämpfung vieler Schädlinge ermöglichen.

Bezogen auf das Un- bzw. Beikrautmanagement sind keine chemischen Lösungen zugelassen. In manchen Kulturen kommen Abdeckverfahren zum Einsatz: Dadurch kann der Boden einer Erdbeerkultur vor der Pflanzung auch im biologischen Bereich so aufgedüngt werden, dass bei einjähriger Kultur keine weiteren Gaben notwendig sind. Bei mehrjährigen Kulturen kann – aufgrund des Umstandes, dass organisch gedüngt werden muss – kaum mit Folien oder Bändchengewebe gearbeitet werden. Die Abdeckung der Pflanzreihen mit Rindenmulch, Hackschnitzeln oder Elefantengras ist hier eine Möglichkeit. Jedenfalls bedeutet biologischer Beerenanbau ein Mehr an händischer Arbeit, um das Überwuchern der Kulturen zu verhindern.

Grundsätzlich ist im biologischen Pflanzenschutz sehr stark vorbeugend zu arbeiten. Schadschwellen sind sehr niedrig und Schaderreger müssen ehestmöglich erkannt und bekämpft werden. Auch wenn es inzwischen viele bio-taugliche Pflanzenschutzmittel gibt, treten in dieser Anbauform oftmals Situationen auf, welche nicht mehr kontrolliert werden können – das Risiko eines Totalausfalls ist einfach größer als im integrierten Anbau.

SUBSTRATANBAU UND WITTERUNGSSCHUTZ

Viele Beerenarten werden zunehmend im Substrat angebaut. Die Gründe dafür sind vielfältig: geringe Bodenverfügbarkeit, bodenbürtige Schaderreger, höhere Ernteleistung beim Anbau in Stellagen und besserer und planbarerer Ertrag auf kleiner Fläche. In manchen Kulturen, wie Heidelbeeren oder Cranberrys, ist dies aufgrund mangelnder Naturstandorte schon lange üblich. Bei diesen Kulturen musste immer schon eine große Menge Torf und andere organische Substanz in den Boden ein- oder auf den Boden aufgebracht werden, um das notwendige Milieu zu erzeugen.

Bei Erdbeeren und Himbeeren ist der Sachverhalt etwas anders gelagert. Diese Obstarten würden auf natürlichen Standorten sehr gut gedeihen. Jedoch sind beide sehr anfällig gegenüber bodenbürtigen Krankheitserregern, was nach wenigen Jahren Anbau einen Standortwechsel notwendig macht. Diese Notwendigkeit in Kombination mit immer geringerer Flächenverfügbarkeit und hohen Arbeitskosten ergänzt durch die immer wichtiger werdenden stationären Betriebsmittel, wie Bewässerungsanlagen und Witterungsschutz, führten zum Trend des Substratanbaues.

Trotz hoher Kosten sorgt der geschützte Beerenanbau für einen regelmäßigen Ertrag.

Erdbeeren in Töpfen – durch das PE-Rohr wird das Drainwasser abgeführt. Fotos: Manfred Wiesenhofer

Bei dieser Anbauweise werden die Pflanzen in verschiedene Behältnisse, die mit auf die Kulturen abgestimmten Substraten gefüllt sind, gepflanzt. Da das Substrat regelmäßig gewechselt werden muss, ist dieser Anbau natürlich sehr kostenintensiv, bringt jedoch auch viele Vorteile.

Vorteile des Anbaus von Beeren im Substrat

- Standorttreues Arbeiten ist möglich
- Sehr hohe Erträge
- Kaum Probleme mit bodenbürtigen Krankheitserregern
- Standardisierung von Düngung und Bewässerung möglich
- Verstellen der Substratbehälter und somit optimale Raumnutzung möglich
- Bearbeitung und Beerntung der Pflanzen in optimaler Höhe

Beim Anbau von Beeren im Substrat ist der finanzielle Einsatz enorm. So muss auf eine ausgefeilte Düngungs- und Bewässerungstechnik, auf spezielle Substrate und auf gesundes und optimal entwickeltes Pflanzmaterial zurückgegriffen werden. Um trotz der hohen Kosten ein regelmäßiges Einkommen zu erzielen, sind fast alle Substratkulturen mit einem Regendach, einem Tunnel oder Folienhaus bzw. einem Glashaus vor äußeren Witterungseinflüssen geschützt.

Vorteile des Witterungsschutzes

- Keine Gefährdung der Früchte durch Hagel oder Starkregen
- Geringerer Befall mit Pilzkrankheiten
- Verbesserte Haltbarkeit
- Ernte bei jedem Wetter
- Bessere Ernteleistung
- Frostschutz
- Schutz vor Sonnenbrand oder Hitze durch Einsatz schattierender Folien
- Verfrühung bei Tunnel- und Folienhausanbau
- Möglichkeit ganzjähriger Produktion im Glashausanbau

Ein Foliendach schützt vor Hagel und Regen.
Foto: Manfred Wiesenhofer

Durch die Kombination der beiden Kulturverfahren „Substratanbau“ und „Anbau unter Witterungsschutz“ können also eine ganze Reihe von Einflüssen, die für die Landwirte im Freiland eine enorme Herausforderung darstellen, ausgeschaltet werden. Natürlich gibt es auch einige Nachteile dieser arbeitsintensiven Anbaumethoden.

Nachteile des Anbaus im geschützten Substratanbau

- Hoher finanzieller Einsatz
- Hoher Wasserbedarf
- Hoher Wissensstand und ständige Weiterbildung notwendig
- Hoher Kontrollaufwand
- Verstärktes Auftreten tierischer Schädlinge unter Folie und Glas

Arten des Witterungsschutzes

Hagelnetz

Nachdem die Hagelintensität in vielen Gebieten in den letzten Jahren stark zugenommen hat, wurde der Schutz von Freilandanlagen mit einem Hagelnetz Standard. Hagelnetze schützen die Anlage vor Hagel und bieten im Hochsommer außerdem Schutz vor Sonnenbrand. Wird die mit Hagelnetz geschützte Anlage auch seitlich verschlossen, können auch Schäden durch Vogelfraß fast gänzlich ausgeschlossen werden. Der Vorteil des Hagelnetzes, dass es im Vergleich zu Regendächern auch Regen durchlässt und somit den Bewässerungsbedarf der Kultur reduziert, ist bei schlechtem Blüh- und Erntewetter auch ein Nachteil. Die Beerenanlage mit einem Hagelnetz zu schützen, kostet ab 15.000 Euro.

Regenkappen über der Pflanzreihe

Bei diesen einfachen Konstruktionen wird mittels Metallgestänge oder -bogen eine schmale Folienbahn direkt über der Pflanzreihe befestigt. Zum Einsatz kommt diese Art des Witterungsschutzes in schmalen Pflanzsystemen, bei Erdbeere, Himbeere und Brombeere. Für normale Regenereignisse ist dies ausreichend, um die Früchte trocken zu halten. Nachteile dieses kostengünstigen Systems sind der unzureichende Hagelschutz, Probleme bei starken Winden und der Umstand, dass die Erntehelfer nicht vor Regen geschützt sind. Derartige Systeme kosten zwischen 15.000 und 30.000 Euro pro Hektar.

Folientunnel und Folienhaus

Folientunnel und Folienhäuser unterscheiden sich vor allem durch ihre Giebelform. So sind die Dächer der Tunnel mehr oder weniger rund, die der Häuser eckig. Im Sub-

Heidelbeeren unter Hagelnetz
Foto: Manfred Wiesenhofer

Erdbeer-Substratrinnen im Folientunnel
Foto: Manfred Wiesenhofer

stratanbau kommen meist stabile Varianten zum Einsatz, bei denen die Folie ganzjährig auf den Tunneln belassen werden kann.

Folientunnel und -häuser bieten neben dem Regenschutz auch die Möglichkeit der Verfrühung und Verspätung. Aufwendige Konstruktionen werden auch häufig mit einem Heizungssystem versehen, um Frostnächte im Frühjahr überstehen zu können. Diese Art des Witterungsschutzes kostet zwischen 250.000 und 500.000 Euro je Hektar.

Regendach

Die verschiedenen Arten von Regendächern werden häufig bei regenempfindlichen Beerenarten, wie Himbeeren und Brombeeren sowie bei späten Heidelbeeren, eingesetzt. Meist kommen verstärkte Hagelnetzkonstruktionen zum Einsatz, wobei unter dem Hagelnetz eine Regenschutzfolie eingezogen werden kann. Diese verhältnismäßig kostengünstige Variante schützt die Pflanzreihe vor Regen und Hagel und kann auch einen gewissen Frostschutz bieten, was vor allem bei Herbsthimbeeren und späten Heidelbeersorten interessant ist. Regendächer kosten je nach Ausführung und Stabilität zwischen 70.000 und 150.000 Euro.

Glashaus

Glashäuser ermöglichen eine von äußeren Einflüssen fast gänzlich unabhängige Produktion. Moderne Glashäuser sind High-Tech-Anlagen mit ausgeklügelten Lüftungs-, Bewässerungs- und Düngungssystemen. In Glashäusern könnten Beeren ganzjährig produziert werden, wobei in Österreich aus Heizkostengründen meist auf eine Produktion im tiefsten Winter verzichtet wird. Die enormen Erträge, die im Glashaus möglich sind, haben natürlich auch ihren Preis; so kosten moderne Glashäuser mindestens 2,5 Millionen Euro je Hektar.

Erdbeeren im Glashaus. Die Rinnen unter den Substratbehältern dienen dem Abwassermanagement. Foto: Manfred Wiesenhofer

Varianten des Substratanbaus

Die Beerensubstrate können in verschiedenste Behältnisse eingefüllt werden. Jede Art hat ihre Besonderheiten und ihre Vor- und Nachteile. Welche Art von Behältnis eingesetzt wird, hängt meist von den Bedingungen vor Ort ab.

Töpfe

Alle Beerenarten können in Töpfen gepflanzt werden. So werden Erdbeeren in 2- bis 5-Liter-Töpfe, Himbeeren und Brombeeren in 7- bis 10-Liter-Töpfe und Heidelbeeren in 25- bis 70-Liter-Töpfe gepflanzt. Im Erdbeeranbau werden die Töpfe meist in ein aufgehängtes Kunststoffrohr, welches mit kreisrunden Öffnungen versehen ist, gestellt. Durch dieses Rohr kann überflüssiges Drainagewasser abfließen. Im Strauchbeerenanbau werden die Töpfe meist auf ein Bändchengewebe gestellt, durch welches das Wasser in den Boden abfließen kann.

Töpfe sind kostengünstig, einfach zu befüllen und zu bepflanzen und können außerdem je nach Bedarf platziert werden. Dies ist vor allem bei Erdbeeren für den Schutz vor Winterfrost und bei Heidelbeeren für eine gute Raumausnutzung interessant.

Substratkisten

Diese Behälter sind meist einen halben Meter lang und weisen einen Inhalt von acht Litern auf. Substratkisten kommen meist im Erdbeeranbau zum Einsatz. Sie stehen auf durchgehenden Unterböden, die entweder aufgehängt sind oder auf Stellagen stehen. Durch diese Unterböden wird das Drainagewasser abgeführt. Auch Substratkisten können verstellt werden, was die Befüllung und die Bepflanzung erleichtert sowie in Kalthäusern Winterfrostschutz ermöglicht.

Substratsäcke

Substratsäcke sind Kunststoffsäcke, die fertig gefüllt gekauft oder selbst gefüllt werden können. Es werden an der Oberseite Pflanzlöcher und in die Unterseite Drainageöffnungen geschnitten. Außerdem muss ein Bewässerungsschlauch durchgezogen werden. Substratsäcke sind einfach zu handhaben und durch die durchgehende Abdeckung wird der Unkrautwuchs unterdrückt. Von Vorteil ist auch, dass bei Erdbeersorten mit kurzen Fruchtständen die Früchte nicht direkt am Substrat aufliegen können.

Mittels breiter Gewebebänder werden die Fruchtstände geschützt.

Substratrinne – in der Rinne wird der Drainageschlauch verlegt.

Erdbeeren in Kisten – die Kisten werden aus Frostschutzgründen am Boden überwintert.
Fotos: Manfred Wiesenhofer

Substratrinnen

Beim Anbau in Substratrinnen wird in den Boden oder in einem aus dem Boden geformten Damm eine Rinne gezogen. Der Damm und die Rinne werden mit einer dicken Polyethylenfolie abgedeckt bzw. ausgekleidet und in die Rinne wird ein Drainageschlauch gelegt. Dieser wird wiederum mit einem wurzelfesten Gewebe abgedeckt. Anschließend wird das Substrat eingefüllt, ein Bewässerungsschlauch verlegt und nach einer neuerlichen Abdeckung mit einer herkömmlichen Erdbeerfolie gepflanzt. Im Himbeeranbau kann diese weitere Abdeckung unterlassen werden. Die Grunddämme können auch bei einer mehrfachen Bepflanzung bestehen bleiben. Vorteile dieser Methode sind die geringen Erstellungskosten, die Möglichkeit der Mechanisierung von Füllung und Abdeckung und durch Ausnutzung der Erdwärme ein Verfrühungseffekt.

Himbeeren in Substratsäcken – Substrathimbeeren können im Freiland vorgezogen werden.
Foto: Manfred Wiesenhofer

Substratarten

Für alle Beerenarten kommen Substrate mit guter Luft- und Wasserführung zum Einsatz. Im Erdbeer-, Him- und Brombeeranbau sind reine Torfsubstrate oder Torf-Kokos-Mischsubstrate üblich. Umso höher der Torfanteil, umso höher die Pufferwirkung bzw. Speicherfähigkeit des Substrates. So wird für Einsteiger ein Mischsubstrat mit einem Torf-Kokos-Verhältnis von 1 : 2 empfohlen, da dies Fehler in der Kulturführung noch eher verzeiht als reine Kokossubstrate. Fortgeschrittene Anbauer setzen häufig auf reine Kokossubstrate – diese sind einfacher in der Wasserführung und können exakter gesteuert werden.

Im Heidelbeeranbau kommt meist reiner Weißtorf zum Einsatz, da dieser von Natur aus den notwendigen, niedrigen pH-Wert von 3,5 bis 4,5 aufweist. Immer wieder wird auch mit alternativen Substraten, wie mit Sägespänen oder Perlite, als Heidelbeersubstrat experimentiert. Diese Substratarten stellen jedoch aufgrund der geringen Pufferleistung extrem hohe Anforderungen an Düngung und Bewässerung.

Kulturführung im geschützten Substratanbau

Düngung und Bewässerung

Eine exakte und fehlerlose Pflanzenernährung ist im Substratanbau unerlässlich. Die verwendeten Substrate weisen kaum eigene Nährstoffe auf und sind in Hinblick auf ihr Wasserführungsverhalten und nicht auf Wasserspeicherung (was zur Vernässung führen würde) ausgewählt. Das für das Gedeihen der Beerenpflanzen notwendige Milieu wird nahezu ausschließlich durch die Zusammensetzung des Gießwassers und dessen Anreicherung mit Nährstoffen erreicht. Um diese optimale Zusammensetzung zu erreichen, muss das Wasser analysiert und auf, durch spezialisierte Düngeinstitute bestimmte Werte, aufgedüngt werden. Die Menge der im Bewässerungswasser gelösten Nährstoffe und Salze wird durch den EC-Wert wiedergegeben. Für die Fertigation von Beerenkulturen ist weiches Wasser notwendig. Zu hartes Wasser (über 10 °dH) weist von sich aus schon einen hohen EC-Wert auf, was dazu führt, dass ohne die Gefahr der Versalzung des Substrates nicht ausreichend Nährstoffe zugeführt werden können. In einem solchen Fall muss das Gießwasser mit Regenwasser verschnitten oder sogar aufwendig entkalkt werden.

Die Anzahl und Dauer der Wassergaben werden neben der Durchflussmenge der Bewässerungsöffnungen durch zwei Parameter bestimmt: einerseits durch das Vegetationsstadium und andererseits durch die Außentemperatur bzw. Sonneneinstrahlung. Bei sehr heißer Witterung können bis zu zehn Bewässerungszyklen pro Tag notwendig sein.

Erdbeer- und Himbeersubstratkulturen werden in den ersten beiden Wochen nach dem Anwachsen trocken, das heißt mit maximal 5 % Drainagewasser gefahren. Dies soll die Wurzelbildung fördern. Während des vegetativen Wachstums beträgt die Drainagewassermenge je nach Temperatur und Sonneneinstrahlung zwischen 5 und 20 %. Während des Fruchtwachstums können bei Hitze Überwassermengen von bis zu 50 % notwendig sein. Die Pflanzen weisen am späten Vormittag den größten Wasserbedarf auf. Ab dem späten Nachmittag und in der Nacht wird nicht beregnet – in dieser Zeit soll das Substrat trocknen, um am Morgen wieder aufnahmefähig zu sein.

Empfohlene EC-Werte und Zielwerte in der Düngelösungszusammensetzung unterscheiden sich von Analyseinstitut zu Analyseinstitut. Diese Unterschiede sind meist nur geringfügig und beruhen auf verschiedenen Voraussetzungen in Bezug auf das Klima in der Region oder geben einfach eine andere Meinung bezüglich der Pflanzener-

Einfache Fertigations-Einrichtung – Düngerstammlösung mit Einspeisvorrichtung
Foto: Manfred Wiesenhofer

Gängige EC-Werte im Gießwasser für den Substratanbau

Vegetationsstadium	Erdbeere	Himbeere	Heidelbeere
Vegetatives Wachstum	1,0–1,4	1,8–2,4	0,6–1,5
Blüte	1,5–1,6	1,6–1,8	0,6–1,5
Fruchtentwicklung	1,2–1,4	1,4–1,5	0,6–1,5

Töpfe mit Gitterboden (hier mit Himbeeren) weisen eine sehr gute Wasserführung auf.
Foto: Manfred Wiesenhofer

nährung wieder. Ein Düngerezept von mehreren Instituten einzuholen macht sicher und ermöglicht es mittelfristig seine eigene Philosophie einzubringen.

Klimaführung

Gerade in Glas- und Folienhäusern ist die Klimaführung von großer Bedeutung. Beerenfrüchte reagieren sehr sensibel auf zu hohe Temperaturen und so muss rechtzeitig gelüftet werden. Die Temperaturen im Tunnel sollten 25 °C nicht überschreiten, es kann somit möglich sein, dass bereits bei 15 bis 20 °C Außentemperatur gelüftet wird. Mitbestimmt wird die Klimaführung im geschützten Anbau durch die Wahl der Folie. Hierfür ist der Zweck des Anbaues ausschlaggebend.

Es gibt Folien, die viel Licht durchlassen, den Tunnel somit schnell erhitzen und die Kultur verfrühen. Für die Produktion im Hochsommer werden meist schattierende Folien eingesetzt, die gewisse Lichtspektren absorbieren und somit Hitzeschäden vermeiden. Ergänzend ist auch der Einsatz von Schattiernetzen (können außen über die Tunnel gespannt oder im Tunnelinneren direkt über der Kultur angebracht sein) oder Schattierfarbe, welche außen auf der Folie aufgebracht wird, möglich.

Besonderes Augenmerk muss auch auf die Luftfeuchtigkeit gelegt werden. So sollte während des Fruchtwachstums – um Schwärzepilze und Botrytis zu vermeiden – bei maximal 70 % Luftfeuchte gelüftet werden. Im vegetativen Wachstum darf die Luftfeuchtigkeit geringfügig höher sein.

Befruchtung

Da die Kulturen durch den Witterungsschutz mehr oder weniger von natürlichen Befruchtern, wie Insekten oder auch dem Wind, abgeschnitten sind, kommt der Befruchtungsförderung im geschützten Anbau besondere Bedeutung zu.

Im Erdbeer- und Heidelbeeranbau werden in der Regel Hummeln eingesetzt. Hummeln haben den Vorteil, dass sie schon bei niedrigen Temperaturen fliegen, über einen kleineren Aktionsradius als Bienen verfügen und eher im Tunnel bleiben. Für 1.000 m^2 ist ein Hummelvolk notwendig.

Der Befruchtungsförderung kommt im geschützten Anbau besondere Bedeutung zu.
Foto: Manfred Wiesenhofer

Im Himbeeranbau müssen Bienen eingesetzt werden. Diese sind bei höheren Temperaturen, wie sie während der Himbeerblüte auftreten, aktiver und befruchten die Himbeerblüten deutlich besser als Hummeln. Zudem sammeln Bienen den Blütennektar, der bei Himbeerblüten im geschützten Anbau sehr üppig vorhanden ist, besser ab als Hummeln und verhindern somit die Bildung von Schwärzepilzen.

Pflanzenschutz im geschützten Anbau

Im Vergleich zum Freiland ist das Krankheits- und Schädlingsspektrum im geschützten Anbau ein anderes. So spielen sind etwa Fruchtfäulen wie Botrytis und Colletotrichum durch gute Klimaführung gut zu kontrollieren. Aufgrund der höheren Temperatur und der Trockenheit tritt dafür verstärkt Echter Mehltau auf. Auch bei den tierischen Schädlingen gibt es Unterschiede. Beispielsweise spielen Käfer wie der Blütenstecher kaum eine Rolle, dafür können sich Spinnmilben und Thripse wesentlich schneller ausbreiten.

Während Pilzkrankheiten relativ einfach mit zugelassenen Fungiziden zu bekämpfen sind, gestaltet sich die Milben- und Thripsbekämpfung deutlich schwieriger. Um diese Schädlinge in den Griff zu bekommen, empfiehlt sich ein exakter, auf die Kultur und die Schädlingsart abgestimmter, Nützlingseinsatz. Durch gezielten Raubmilbenbesatz zum Erstauftreten können diese Schädlinge effektiv unterdrückt werden.

Ein zunehmendes Problem im geschützten Anbau sind Wanzen. Heimische Wanzen wie die Gepunktete Nesselwanze treten häufig im Erdbeeranbau auf, invasive Arten wie die Grüne Reiswanze sind gefürchtete Schädlinge im Him- und Brombeeranbau.

BEERENOBST IM HAUSGARTEN

Das Beerenobst ist nicht nur im Erwerbsobstanbau eine interessante Nische, sondern ist auch im Liebehaberanbau weit verbreitet. Die grundsätzlichen Eigenschaften, Problemstellungen und Anbausysteme der Beeren sind in beiden Welten dieselben – der entscheidende Unterschied ist der wirtschaftliche Aspekt. Natürlich möchte man im Hausgarten ebenfalls regelmäßige und hohe Erträge erzielen, aber man ist nicht davon abhängig und muss nicht jeden Handgriff oder jede faule Beere kalkulieren. Viele Tätigkeiten, die im professionellen Anbau exakt betrieben werden müssen, können im Hausgarten eher entspannt gehandhabt werden. So darf man bezogen auf den Pflanzenschutz ein höheres Risiko eingehen und Mut zur Lücke beweisen, auch die Ernte muss nicht mit einer solchen Akribie wie im Erwerbsanbau durchgeführt werden. Besonderes Augenmerk sollte allerdings auf Sortenwahl, Standort und Schnitt gelegt werden. Mit Beachtung dieser drei Faktoren können viele Probleme vermieden werden.

Frisch aus dem Naschgarten – Wer auf Sortenwahl, Standort und Schnitt achtet, der kann sich über einen reiche Ernte an Erdbeeren, Heidelbeeren und Co. freuen.
Foto: ArtActiveArt_pixabay

PFLANZMATERIAL

Leider sind für den privaten Bereich oft nur verhältnismäßig schlechte Pflanzenqualitäten zu überhöhten Preisen verfügbar. In der Regel werden in Gärtnereien und Baumärkten – sowohl bei Erd- als auch bei Strauchbeeren – nur getopfte Pflanzen angeboten. Dabei handelt es sich um vielfach um leichte Pflanzen, die in einen Topf gedrückt und bewurzelt werden. Wird mit solchem Pflanzmaterial gearbeitet, können beim Kauf drei Aspekte kontrolliert werden:

1. **Wuchs:** Die Stärke der Pflanze, die Anzahl der Blätter und die Länge der Triebe sagen sehr viel über die Qualität der Pflanzen aus. Die Pflanze sollte vital wachsen, die Triebe – egal von welcher Obstart – dick, stabil und gut ausgereift sein. Staudenpflanzen mit dicken, kurzen Trieben sind oft wuchskräftiger als solche mit langen, spindelig-dünnen Trieben.
2. **Krankheitsfreiheit:** Das Laub muss durchgehend grün und frei von Blattflecken sein. Triebe können auf Schildlausbefall kontrolliert werden. Abgestorbene Triebe sollten darauf kontrolliert werden, ob der Grund eine mechanische Beschädigung oder eine Nekrose, ein durch einen Schaderreger abgestorbenen Gewebsteil, ist.
3. **Bewurzelung:** Bei gut bewurzelten Pflanzen kann der Topf gedreht und der Wurzelballen mitsamt der gesamten Erde aus dem Topf genommen werden. Verbleiben Substratteile im Topf sind diese mangelhaft durchwurzelt und dadurch vernässt – einzelne Wurzeln aus solchen Bereichen sind häufig schwarz und abgestorben. Qualitativ einwandfreie Pflanzen weisen einen komplett durchwurzelten Topf auf, wobei die Wurzeln hell und vital erscheinen. Sind Garten und Ambitionen groß, können natürlich auch Profi-Pflanzen zum Einsatz kommen. Ein Knackpunkt hierbei ist jedoch häufig die Mindestbestellmenge – so sind Erdbeer-Frigopflanzen in Kisten zu je 500 Pflanzen verpackt, bei Johannisbeerstauden meist 25 zusammengebunden. Auch getopfte Pflanzen sind meist nur in Topfplatten mit mindestens zwölf Stück erhältlich. Gibt es bei mehreren Familien oder Familienmitgliedern Interesse an starken Pflanzen, kann die Kontaktaufnahme mit einer professionellen Beerenobstbaumschule aber dennoch sinnvoll und auch kostengünstiger sein. Der Versand der Pflanzen stellt aufgrund der kurzen Transportzeiten kaum mehr ein Problem dar, zu beachten ist lediglich, dass sie nach dem Erhalt so bald als möglich gepflanzt werden sollten.

SORTENWAHL

Für den Hausgarten gelten bezogen auf die Sorten andere Regeln als für die erwerbsmäßige Produktion. Zwar mag es Spezialisten geben, die unbedingt ausgefallene Raritäten – ungeachtet ihrer Krankheitsanfälligkeiten – anbauen wollen, aber die meisten Hobbygärtner möchten einfach zu kultivierende, regelmäßig tragende Sorten. Natürlich sollen auch diese geschmacklich entsprechen, wobei durch den Umstand, dass die Früchte im eigenen Garten deutlich länger reifen dürfen als im Erwerbsanbau, ein überwiegender Teil der Sorten eine gute Aromatik entwickelt. Wenn nicht auf Lager- und Transportfähigkeit Rücksicht genommen muss, sind Sonnenstunden und Nährstoffversorgung oft wichtiger für den Geschmack als die Sorte an sich.

Generell empfiehlt sich sowohl bei Erdbeeren als auch bei Strauchbeeren auf einen Sortenmix zu setzen. Verschiedene Sorten einer Obstart streuen das Produktionsrisiko. Die Sorten unterscheiden sich nicht nur im Blühzeitpunkt, sondern auch in ihren Bodenansprüchen und der Krankheits- bzw. Schädlingsempfindlichkeit. Dadurch ist die Chance groß, dass im Falle eines z. B. Spätfrostes, Regens in der Blüte oder einer Hitzewelle nicht alle Beeren auf einmal geschädigt sind. Stellt sich heraus, dass eine der Sorten laufend Probleme mit Krankheiten oder Schädlingen hat, sollte sie gerodet und durch eine andere Sorte ersetzt werden. Erfahrungsgemäß ist es bei anfälligen Sorten auch im Hausgarten ohne hohen Pflanzenschutzaufwand nicht möglich, die Pflanzen gesund zu halten. Ein Tausch ist hier zu empfehlen.

PFLANZZEITPUNKT UND PFLANZUNG

Aufgrund des Trends zu getopften Pflanzen werden diese zunehmend in der Vegetationsperiode angeboten. Nicht nur bei Erdbeeren, auch bei Heidel- und Johannisbeeren liegen Pflanzen mit bereits sichtbaren Blüten hoch in der Gunst der Käufer. Leider ist dieser Zeitpunkt der denkbar schlechteste für die Pflanzung. Einerseits kann es sein, dass es für die Befruchtung der Blüten bereits zu spät ist und andererseits sorgt das Pflanzen immer für Stress. Stress während der Blüte und dem Fruchtwachstum vermindert die Leistungsfähigkeit und senkt den Ertrag. Die Folge sind wenige Beeren und geringes Wachstum. Um dies auszugleichen, sollten entweder die Blütenstände entfernt und damit auf Ertrag im Pflanzjahr verzichtet werden oder ein großes Augenmerk auf die richtige Pflanzenernährung gelegt werden.

Der optimale Zeitpunkt für die Pflanzung von verholzten Strauchbeerenarten, wie Heidel-, Johannis- oder Stachelbeeren, ist der Spätherbst oder das zeitige Frühjahr. In dieser Zeit haben die Pflanzen einen Großteil ihrer Reservestoffe in den Wurzeln eingelagert und können dadurch schonend umgepflanzt werden. Herbstpflanzungen haben den Vorteil, dass die Winterfeuchte gut genützt wird und die Pflanzen voll Elan in das neue Jahr starten können. Bei einer Pflanzung im März oder April muss möglicherweise bereits eine Bewässerung eingeplant werden. Große Pflanzen, wie etwa Heidelbeeren, welche in 40-Liter-Töpfen angeboten werden, verbleiben im Topf und können grundsätzlich das ganze Jahr gekauft und aufgestellt werden. Diese Pflanzen benötigen jedoch vom ersten Tag an intensive Bewässerung und Düngung, die große Oberfläche des Laubes und die Früchte führen sonst schnell dazu, dass die Pflanze vertrocknet.

Unverholzte Strauchbeerenarten, die im Topf gekauft werden, wie Him- oder Brombeeren, werden in der Regel im Mai oder Juni gepflanzt. Wie im Erwerbsobstanbau wird damit die Gefahr von Spätfrostschäden minimiert. Dieser späte Pflanzzeitpunkt führt bei remontierenden Sorten zu einem späten Ertragseintritt im Laufe des Herbstes.

BEWÄSSERUNG UND DÜNGUNG

Der Wasserbedarf von Beerensträuchern darf auch im Extensivanbau nicht unterschätzt werden. So benötigt die Heidelbeere in der Fruchtreife bei heißem Wetter bis zu vier Liter Wasser pro Tag und Pflanze. Aber natürlich danken es auch andere Beerenarten mit Mehrertrag, wenn sie regelmäßig gegossen werden. Egal ob die Beerensträucher im Topf oder im Boden stehen, zu viel Wasser ist genauso schlecht wie zu wenig Wasser. Den Pflanzen muss immer die Möglichkeit gegeben werden, das Wasser aufzunehmen und den Boden um die Wurzeln zu trocknen. Stehen diese ständig im Feuchten bilden sich anaerobe Bedingungen, welche das Wurzelwachstum behindern. Als Faustregel sollte gelten, dass der Boden feucht, aber nicht nass sein soll.

In den letzten Jahren haben sich Tröpfchenbewässerungsanlagen auch im Hausgarten immer stärker durchgesetzt. Stehen die Beerenpflanzen in Töpfen, sollte auf Einzeltropfer gesetzt werden. Bei normalen Tropfschläuchen besteht die Gefahr, dass die Wassertropfen am Schlauch entlang rinnen und außerhalb des Topfes zu Boden fallen. Stehen die Beerenpflanzen im Boden, müssen Tropfschläuche mit max. 30 cm Abstand zum Einsatz kommen. In Beeten sollten die Schläuche selbst im Abstand von max. 30 bis 40 cm gelegt werden. Dies garantiert, dass sich die Bewässerungszwiebeln, also der Bereich im Boden, wo sich das Wasser ausbreitet, berühren und so eine lückenlose Bewässerung möglich ist. Wie lange ein Bewässerungszyklus dauern muss, ist stark von der Bodenart abhängig. Leichte Böden benötigen nur eine kurze Bewässerungsdauer, in schweren Böden dauert es länger, bis der Wurzelbereich bis in ca. 30 cm Tiefe feucht ist. Umgekehrt müssen leichte Böden öfter und schwere aufgrund der besseren Wasserhaltefähigkeit seltener bewässert werden.

Für die Düngung im Hausgarten gibt es eine ganze Reihe von biologischen oder mineralischen Düngern, die in jedem Baumarkt oder in jeder Gärtnerei erhältlich sind. Neben den Angaben auf der Verpackung sollte natürlich auch der Zustand der Pflanze Grundlage für die Düngemengen sein. Zumindest einmal im Jahr sollte ein Dünger, welcher alle Makronährstoffe – also Stickstoff, Phosphor, Kalium und Magnesium – beinhaltet, eingesetzt werden. Damit kann auch ohne Bodenuntersuchung eine grundlegende Versorgungssicherheit erreicht werden. Stickstoff sollte in weiterer Folge nach Bedarf, also abhängig vom Wuchs, nachgedüngt werden. Bezogen auf die Mikronährstoffe (Eisen, Kupfer, Molybdän, Schwefel, Bor, etc.) ist die Sachlage etwas komplexer. Viele handelsübliche Volldünger beinhalten diese Nährstoffe in einem solchen Maße, dass bei einmaliger Gabe im Jahr eine Grundversorgung gegeben ist. Dennoch können Mangelsituationen auftreten. Hierzu wird einerseits eine Internetrecherche zu den Mangelsymptomen empfohlen – oft erhält man dadurch Anhaltspunkte, welche Nähstoffe für die Schäden verantwortlich sind. Ist dem nicht so, empfiehlt sich der Einsatz von Spurenelement-Blattdüngern. Diese enthalten alle notwendigen Spurenelemente und können schnell über das Blatt aufgenommen werden. In der Regel werden durch den Einsatz die Symptome zügig gelindert.

SUBSTRATANBAU IM GARTEN ODER AM BALKON

Die Vorzüge des Substratanbaues wie schnelles Wachstum und standorttreuer Anbau – unabhängig von den Verhältnissen vor Ort – lassen sich auch im Hausgarten oder sogar am Balkon gut umsetzen. Der Anbau von Beeren im Topf ist im Grunde nicht umständlicher, als Zimmerpflanzen zu kultivieren. Wie bei diesen muss auf eine regelmäßige Wasserversorgung und auf die Düngung geachtet werden. Wie Blühpflanzen, welche bei stiefmütterlicher Behandlung nur schwächlich dahinvegetieren, zeigen es auch Obstpflanzen sehr deutlich, wenn sie unterversorgt sind: Der Wuchs ist schwach, die Blüte spärlich und der Ertrag gering. Die regelmäßige Wasserversorgung, zumindest einmal täglich, muss jedenfalls sichergestellt sein. Eine Düngegabe pro Woche ist üblicherweise ausreichend, um im Topf einen vernünftigen Ertrag zu erzielen. Im Winter muss darauf geachtet werden, dass der Topf nicht zu wind- und kälteexponiert steht und nicht komplett austrocknet.

Erdbeersubstratanbau im Hausgarten
Foto: Manfred Wiesenhofer

Grundsätzlich gilt, umso kleiner das Behältnis, umso öfter muss gegossen und gedüngt werden. Allerdings kann das Volumen auch nicht unbegrenzt vergrößert werden, da dies zu undurchwurzelten und somit staunassen Bereichen führt. Auch Strauchbeeren sollten also umgetopft werden. Ein Start im 10-Liter-Topf ist hier zweckmäßig, später ein Umtopfen auf einen 20-Liter-Topf. Heidelbeersträucher sollten, wenn sie über 1,5 m hoch sind, sogar in 40-Liter-Töpfe gesetzt werden. Bei Erdbeeren ist ein 10-Liter-Topf für fünf Pflanzen in der Regel ausreichend, es ist allerdings darauf zu achten, dass die Töpfe breit gebaut sind.

Für die Wahl des Beerenobstsubstrates sind mehrere Merkmale ausschlaggebend. Ein wichtiges Merkmal ist der pH-Wert. Die meisten Obstpflanzen verlangen einen leicht sauren pH-Wert. Handelsübliche Pflanz- und Gemüseerden erfüllen diese Vorgabe in der Regel. Lediglich Moorbeetpflanzen, wie die Heidelbeere oder Cranberry, benötigen sehr tiefe pH-Werte. Diese werden durch den Einsatz von Rhododendren-Erde oder durch reinen Torf kombiniert mit sauren Düngern erreicht. Ein weiterer Punkt ist die Substratstabilität. Erdbeeren oder Himbeeren werden nur kurz kultiviert – das Substrat muss daher nicht langlebig sein. Johannisbeeren, Stachelbeeren oder Heidelbeeren sollen lange im Topf gedeihen. Um über diese Standzeit ein gutes Milieu zu bieten, muss das Substrat mit einem Hackschnitzel- oder Perlitte-Anteil stabilisiert und somit das Verdichten verhindert werden. Beeren können gut in vorgedüngten Substraten angebaut werden. Die Depotdünger sorgen für eine gute Nährstoffversorgung in den ersten Monaten und fördern ein vitales Wachstum.

Im Erdbeeranbau sollten – im Gegensatz zu den Strauchbeeren – auf Gemüseerden gesetzt werden. Diese sind etwas teurer, aber garantieren, dass keine gesundheitsschädigenden Substanzen im Substrat enthalten sind; im Falle von Erdbeeren, wo es durchaus möglich ist, dass die Früchte direkt am Boden aufliegen, eine wichtige Eigenschaft.

PFLANZENSCHUTZ

Nicht nur im Erwerbsanbau, sondern auch im Hausgarten ist der Pflanzenschutz bzw. der Pflanzenschutzmitteleinsatz ein kontroverses Thema. Hier wie dort möchten Erträge erzielt und schöne Früchte geerntet werden. Die Voraussetzungen, dass möglichst wenig Pflanzenschutzmaßnahmen notwendig sind, wie Standort- und Sortenwahl sowie Schnitt- und angemessene Düngemaßnahmen, werden in den Kapiteln der jeweiligen Kultur ausgiebig erörtert. Auch Maßnahmen, die auf den ersten Blick für Fortgeschrittene geeignet scheinen, wie etwa Witterungsschutz, können auch im kleinen Stil durch Anbau im Tomatenhaus oder am Balkon umgesetzt werden. Im Hobbyanbau sind jedenfalls die Schadschwellen höher als im Erwerbsanbau. Faule Früchte müssen nicht in Prozent gemessen werden und mit verminderter Erntehelferleistung gegengerechnet werden. Treten dennoch Schädlinge oder Krankheiten auf, kann gegen Vieles mit handelsüblichen Fertigpräparaten, welche für jedermann erhältlich sind, vorgegangen werden. Gerade im Hausgarten, wo nicht jedes Prozent Wirkungsgrad relevant ist, reichen biologische Pflanzenschutzmittel aus, um Schadorganismen ausreichend zu kontrollieren. Für den effektiven Einsatz ist jedoch die korrekte Ansprache des Schaderregers notwendig. Hier im Buch werden die wichtigsten, aber bei weitem nicht alle Beerenkrankheiten und -schädlinge behandelt. Darüber hinaus lässt sich mit Internetrecherche in der Regel recht schnell der Kreis der potentiellen Schaderreger einengen.

Ein weiterer Aspekt kommt den Hobbybeerenanbauern entgegen: Eine allfällige Rodung einzelner Sorten oder Stöcke ist nicht mit großen finanziellen Belastungen verbunden. Sieht man, dass eine Sorte nicht für den Standort geeignet oder anfällig für schwer zu bekämpfende Krankheiten ist, sollte man diese zügig roden. Eine anfällige Sorte, bei der bereits eine Krankheit etabliert ist, wieder gesund zu pflegen, bedarf intensivem Pflanzenschutz, was mit dem Einsatz aufeinander abgestimmter Wirkstoffe in engem Intervall verbunden ist. Nachdem dies kein anzustrebendes Szenario für den heim schen Garten ist, ist der Wechsel der Sorte der zielführendere Weg.

ERDBEERE

Steckbrief Erdbeere (Freiland)

Reihenabstand: 90–110 cm, je nach System und Maschinenausstattung
Pflanzabstand in der Reihe: 25–40 cm
Pflanzenbedarf: ca. 200–400 Stück/100 m²
Ertrag: 100 kg/100 m² (Selbstpflücke), 150–250 kg/100 m² im Freiland, bis 1.000 kg/100 m² im Gewächshaus bzw. 500 g (einmaltragende Sorten) bis 1.500 g (remontierende Sorten) pro Pflanze
Zeit: Anfang Juni, 2–3 Pflückdurchgänge/Woche
Arbeitskräfte: ca. 15 Personen/ha (15 Arbeitskraftstunden/100 m²)
Pflückleistung: ca. 10 kg/AKh
Erzeugerpreise Hauptsaison:
ca. 2,50–4,50 Euro/kg Lieferung an den Großhandel
ca. 6,00–14,00 Euro/kg Direktverkauf ab Hof
ca. 3,00–5,50 Euro/kg Selbstpflücke

Kaum eine Frucht kann es mit der weltumspannenden Popularität der Erdbeere aufnehmen. Als erstes heimisches Obst im Frühjahr zählt sie auch bei uns zu den beliebtesten Obstarten.

Foto: Helmut Weiß

Die Erdbeere (*Fragaria*) gehört zur Gattung der Rosengewächse. Als verbreitetste Wildform kommt die Walderdbeere (*Fragaria vesca*) überall in den gemäßigten und subtropischen Gebieten der nördlichen Halbkugel vor.

Weitere Arten sind auch in Amerika und Asien weit verbreitet. In Europa wurde neben der Walderdbeere auch die zweihäusige Moschuserdbeere (*F. moschata*) schon früh kultiviert.

Die erste europäische Gartenerdbeere entstand wahrscheinlich im Frankreich des frühen 18. Jahrhunderts. Verschiedene amerikanische Wildsorten erfreuten sich nach der Entdeckung der Neuen Welt als Heil- und Zierpflanzen an den Höfen Europas größter Beliebtheit.

Aus einer zufälligen Kreuzung der kleinen amerikanischen Scharlacherdbeere mit der großfruchtigen Chileerdbeere und späteren gezielten Kreuzungen in England entstanden die Ahnen der mehr als 1.000 Kultursorten, die wir heute auf der Welt unterscheiden können.

Die großfruchtigen, ein- und mehrmals tragenden Kultursorten der Gartenerdbeere werden unter der Bezeichnung Ananaserdbeere (*Fragaria ananassa*) zusammengefasst. Durch ihre gute Anpassungsfähigkeit an verschiedenste Klimabedingungen werden sie auf allen Kontinenten kultiviert und weitergezüchtet.

Die wirtschaftliche Bedeutung der Erdbeere wächst. Weltweitwerden rund 9,1 Mio. Tonnen Erdbeeren erzeugt. In Deutschland und Österreich ist die Erdbeere nach dem Apfel die flächenmäßig bedeutendste Obstart, wobei die Erdbeerflächen reduziert werden und gleichzeitig der Anbau intensiviert wird. Die wichtigsten Erzeugerländer sind China, die USA und die Türkei. In Europa ist Polen der mit Abstand wichtigste Erdbeerproduzent mit einer Anbaufläche von 30.000 Hektar (FAO 2021).

GESUND MIT ERDBEEREN

Inhaltsstoffe & Gesundheitswert

Erdbeeren sind besonders reich an Vitamin C. Bereits fünf große Früchte decken den Tagesbedarf eines Erwachsenen. Auch ihr Gehalt an B-Vitaminen (Folsäure), Mineralstoffen, und Fruchtsäuren begründet den hohen Gesundheitswert der Früchte.

100 g frische Erdbeeren enthalten durchschnittlich:

Energie	135 kJ/32 kcal
Wasser	89,8 g
Fett	0,4 g
Organische Säuren	1 g
Vitamin B6	0,1 mg
Vitamin E	0,2 mg
Kalzium	19 mg
Phosphor	25 mg
Mineralstoffe gesamt	500 mg

Ballaststoffe	2 g
Eiweiß	0,8 g
Kohlenhydrate	5,5 g
Ungesättigte Fettsäuren	0,3 g
Vitamin C	57 mg
Kalium	164 mg
Magnesium	13 mg
Eisen	0,6 mg

(Quelle: ÖNWT, BLS3.01)

Besonders die Nüsschen sind reich an Mineral- und Ballaststoffen und regen die Darmtätigkeit an. Erdbeerblätter werden vielen Kräutertees beigemischt.

Entwicklungsstadien der Erdbeerfrucht

Erdbeer-Ausläufer Fotos: Helmut Weiß

Danach folgen Deutschland mit 11.000 Hektar und Spanien mit 7.000 Hektar – die beiden letztgenannten Länder produzieren nahezu ausschließlich Tafelware. In Österreich werden auf 1.200 Hektar – hauptsächlich in Nieder- und Oberösterreich sowie der Steiermark – angebaut.

Für kaum eine andere Obstkultur wurden so viele Kulturverfahren entwickelt wie für die Erdbeere. Treibende Kräfte sind die Ausdehnung der Produktion außerhalb der natürlichen Saison und die Verminderung des Produktionsrisikos. Vom Höhenanbau in Bergregionen bis zur Produktion auf Substrat im Glashaus reicht die Palette.

BIOLOGIE UND VEGETATIONSZYKLUS

Der ungewöhnlichen Anpassungsfähigkeit der Erdbeere an verschiedenste Klimabedingungen liegen einige physiologische Besonderheiten zugrunde.

Eigentlich handelt es sich bei der Erdbeerpflanze um einen Strauch mit einem mehrjährigen gestauchten Spross, der aus einer spiraligen Blattrosette besteht. In den Blattachseln befinden sich Knospen, aus denen Seitenkronen oder Ausläufer gebildet werden können. Erdbeeren sind ausgeprägte Flachwurzler, die Masse der feinen kurzlebigen Wurzeln befindet sich in den obersten 15 cm des Bodens.

Im Jahreslauf macht die Pflanze eine art- und sortentypische von Tageslänge und Temperatur beeinflusste Entwicklung durch. Dabei muss man die zwei Grundtypen von Erdbeersorten unterscheiden – die einmaltragenden Erdbeeren (eng. Junebearer) und die remontierenden Erdbeersorten (eng. Everbearer). Einmaltragende Erdbeersorten brauchen – um einen normalen Wachstumszyklus mit Blütenbildung durchlaufen zu können – zunächst einen winterlichen Kältereiz. Diese Dormanz muss durch eine bestimmte Zahl von Stunden mit Temperaturen zwischen 0 und 7 °C überwunden werden. Je nach Züchtungslinie (Erdbeersorten südlicher Herkunft weisen meist ein niedrigeres Kältebedürfnis als Züchtungen aus Nordeuropa auf) liegt der Kältebedarf durchschnittlich bei 1.000 bis 2.000 Kältestunden. Wird diese Kältesumme nicht erreicht, was in warmen Jahren oder bei Überwinterung unter Vlies oder im geschützten Anbau durchaus vorkommt, treiben die Erdbeerpflanzen mangelhaft aus. In diesem Fall ist der Wuchs gedrungen, viele kleine Blätter kommen zum Vorschein und die Fruchtstände sind schwach und kurz. Massive Ernteausfälle sind die Folge. Immertragende Erdbeersorten brauchen zwar auch Wärme und Licht für ihr Wachstum – Winterkälte ist für den ordentlichen Austrieb und die Blütenbildung allerdings nicht erforderlich. Diese Sorten werden daher auch in verschiedenen Ländern für die Erdbeerproduktion im Winter genutzt, wo im Glashaus unter enormem Energieaufwand Erdbeeren auch im Dezember und Jänner geerntet werden können.

In üblichen Produktionssystemen erfolgt im Frühling – meist ab März – zunächst eine Phase des Blattaustriebs, der Streckung der Blattstiele und wenige Wochen später die Phase des Blütenständeschiebens. In unverfrühten Beständen startet in weiterer Folge Mitte April die Blüte, welche gut drei Wochen dauert. Die Blüten werden durch Insekten bestäubt. Die Blütenstände der Erdbeere reifen stark folgeartig ab. Zunächst öffnen sich die Primärblüten, die in der Regel auch die ersten und größten Früchte bringen, danach die Blüten zweiter und dritter Ordnung. Vom Öffnen der Blüte bis zur Reife vergehen etwa vier Wochen. Alle heute gebräuchlichen Sorten sind selbstfruchtbar.

Die Erdbeerfrucht selbst ist im botanischen Sinn keine Beere, sondern eine Sammelnussfrucht. Auf einem verdickten Blütenboden sitzen die eigentlichen Früchte, kleine ölhaltige Nüsschen.

Ab Mai bis in den Spätsommer bilden sich außerdem aus den Knospen in den Blattachseln Ausläufer. So kann eine

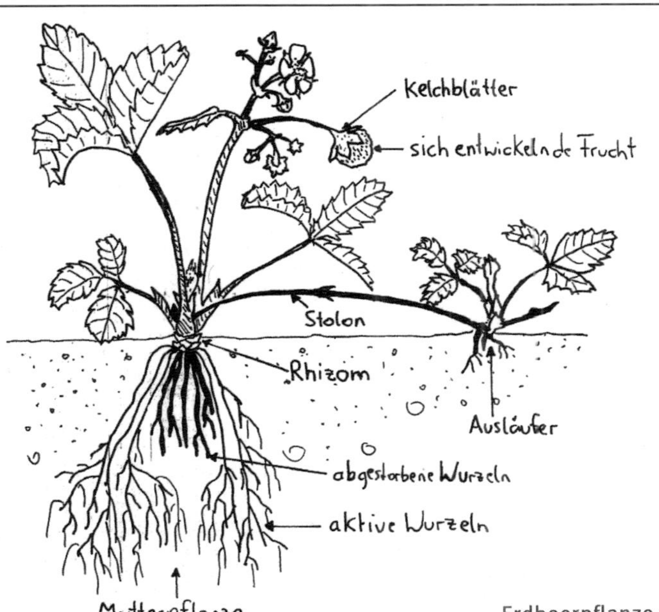

Erdbeerpflanze mit Ausläufer

Mutterpflanze auch in Bodenkultur über 50 Jungpflanzen hervorbringen. Wenn im August die Tage kürzer werden, beginnen sich anstelle der Ausläufer Seitenkronen zu bilden. Unter Kurztagbedingungen ab September werden in diesen Seitenkronen die Blüten für das nächste Jahr angelegt.

ANBAUSYSTEME

So groß wie die Verbreitung der Erdbeerkultur ist auch die Zahl der Anbausysteme, die jeweils an Klima, Boden, Vermarktungswege und ökonomische Gegebenheiten angepasst werden müssen.

In der Freilandkultur haben sich zwei Systeme durchgesetzt, die in viele Variationen abgewandelt werden können: der Anbau auf offenem Boden mit Stroheinlage sowie auf Mulchfolie und Dämmen.

Offener Boden mit Stroheinlage

Die Erdbeere ist sehr empfindlich gegen Unkrautkonkurrenz. Der Boden wird daher nach der Pflanzung und im Frühjahr durch mechanische Bearbeitung oder Herbizideinsatz offengehalten. In der Pflanzreihe muss meist auch von Hand gehackt werden.

Unmittelbar nach der Vollblüte wird Stroh eingestreut. Mit dieser Einsteu wird Unkrautaufwuchs verhindert und die Früchte vor Verschmutzung geschützt. Nach der Ernte wird das Stroh als organischer Dünger eingefräst. Erdbeeranbau mit Stroheinlage fördert den Humusaufbau im Boden enorm und ist daher eine der ökologisch wertvollsten Ackerbauformen.

Voraussetzung für den Anbau auf offenem Boden ist eine umfangreiche und sehr spezielle Maschinenausstattung für Hackarbeiten, Pflanzenschutzmittelausbringung und Stroheinlage. Die Bewässerung kann mit einfacher Überkronenberegnung erfolgen, mit welcher einerseits bewässert aber auch in der Ernte gekühlt werden kann.

Anbau auf offenem Boden Foto: Helmut Weiß

Alternativ können mit der Stroheinlage Bewässerungsschläuche in den Reihen verlegt werden, welche nach der Ernte – vor dem Abmähen – wieder entfernt werden müssen.

Der Anbau von Erdbeeren mittels Strohkultur ist die verhältnismäßig günstigste Erdbeeranbauform. Zum Einsatz kommt sie vor allem bei Betrieben, die über den Großhandel vermarkten und in Selbstpflückanlagen.

Anbau auf Mulchfolie und Dämmen

Vor allem in Südeuropa, aber auch zunehmend in Österreich, werden Erdbeeren auf Foliendämmen angebaut. Dabei wird ein etwa 20 bis 40 cm hoher – mit einer Dammfräse erstellter – Damm mit einer Mulchfolie abgedeckt. Diese Dämme erwärmen sich schneller als der Mutterboden, was zu einer Verfrühung führt. Außerdem führen die Dämme zu starker Nitrifizierung (Umwandlung von Nitrat in Ammonium im Boden) und stärkerem Wachstum der Erdbeerpflanzen. Zudem beugen sie Staunässe und Luftmangel vor und bewirken, dass die reifen Früchte offen liegen. In Summe sind bei dieser Anbauart schönere Fruchtqualitäten und eine bessere Haltbarkeit als in Strohkulturen zu erwarten.

In der Regel kommen schwarze Einweg-Mulchfolien in Breiten zwischen 80 und 120 cm aus Polyethylen zum Einsatz. Vereinzelt werden auch weiße Folien verwendet, welche die Ernte verspäten und in warmen Jahren Sonnenbrand an den Früchten reduzieren. Solche Folien müssen nach Ende des Kulturzyklus wieder mühsam und natürlich restlos entfernt werden. Auch biologisch abbaubare Folien werden angeboten – diese schaffen aber den schwierigen Spagat, nämlich sichere Abdeckung während der Standzeit und danach schneller Abbau im Boden, noch nicht in dem Ausmaß, welcher für das Durchsetzen dieser Materialen in der Praxis notwendig wäre.

14 Tage vor der Pflanzung wird meist in einem Arbeitsgang der Damm geformt, die Folie gelegt sowie ein oder zwei Tropfschläuche eingezogen. Bis zur Pflanzung kann sich der Boden unter der Folie ausreichend setzen und eventuell auflaufendes Unkraut wird erstickt. Die Pflanzlöcher werden erst unmittelbar vor der Pflanzung gestochen oder kreisrund ausgebrannt. Zwischen den Reihen kann Gras oder Wintergerste als Begrünung eingesät und bei Bedarf gemulcht werden.

Der geringe Handarbeitsaufwand bei der Unkrautbekämpfung und der Verzicht auf Herbizide sind die Hauptvorteile des Anbaus auf Mulchfolie. Hinzu kommt die Möglichkeit des Anbaus auf Dämmen auf staunässegefährdeten Standorten und ein Verfrühungseffekt beim Einsatz von schwarzer Folie. Nachteilig kann sich die Erwärmung der Folie bei hohen Temperaturen während der Ernte auswirken. Die Früchte können auf der heißen Folie regelrecht gekocht werden.

Anbau auf Mulchfolie: schwarze Folie (links) und weiße Folie zur Ernteverspätung (rechts)
Foto: Helmut Weiß

Ein weiteres Problem stellt die Entsorgung der Folie dar. Das Entfernen, Reinigen und Verbringen der Folie verursacht großen Aufwand, die Entsorgung ist teuer und umweltbelastend. In Bezug auf Kunststoffreste am Acker gilt selbstverständlich eine Null-Toleranz.

Je nach Klimavoraussetzungen, Vermarktungsmöglichkeiten und Krankheitsdruck ist ein einjähriger (eine Ernte in zwei Jahren, beste Fruchtqualität) oder zweijähriger (zwei Ernten in drei Jahren) Anbau möglich. Bei Verwendung von starken Frigopflanzen kann zusätzlich bereits im Pflanzjahr mit einer Teilernte acht Wochen nach der Pflanzung gerechnet werden. In mehrjährigen Kulturen nimmt die Fruchtqualität ab und der Aufwand für Pflanzenschutz und Unkrautbekämpfung steigt rasch.

Einsatz von Mulchfolie

Vor- und Nachteile gegenüber der Kultur auf offenem Boden:

Vorteile	Nachteile
Unkrautunterdrückung, der Einsatz von Herbiziden kann vermieden werden	Teure zusätzliche Investition und Entsorgung (Ressourcenverbrauch)
Einsaat von Mulch möglich	Schwierigere Mechanisierung der Pflanzung
Verfrühungseffekt	Gefahr von Verbrennungen der aufliegenden Früchte bei schwarzer Folie
Bessere Bodenstruktur unter der Folie	Keine Humusaufbau durch Stroheinbringung
Ermöglicht effizienten Einsatz der Tröpfchenbewässerung	Niederschläge fließen großteils ab
Weniger Nährstoffverluste durch Auswaschung	Pflanzenernährung ausschließlich durch Fertigation

Anbau von Erdbeeren im Substrat

Aufgrund der kurzen Zeit zwischen Pflanzung und Erntebeginn ist der Erdbeeranbau im Substrat sehr flexibel. So kann mit entsprechendem Pflanzmaterial während der Vegetationsperiode jederzeit gepflanzt und sechs bis acht Wochen später mit der Ernte begonnen werden. Als Pflanzmaterial werden meist Tray- oder Wartebeetpflanzen eingesetzt. Um das Risiko durch krankes Pflanzmaterial zu verringern, sollten immer Pflanzen von mindestens zwei Herkünften verwendet werden. In der Regel werden Erdbeerpflanzen im Substratanbau zweimal beerntet – dieses System nennt man Durchkultur. Es wird Anfang Juli gepflanzt, um einen Erntebeginn in der zweiten Augusthälfte und somit nach Ende der Sommerhitze zu erreichen. Pro Quadratmeter werden zwischen 10 und 15 Pflanzen gesetzt. Die Stellagen sind mit jeweils zwei Drähten und zwei Bändern ausgestattet, die oberhalb des Pflanzgefäßes angebracht sind. Der obere Draht hält die Blätter, damit sie nicht über die Fruchtzone fallen, das untere Band stützt die Fruchtstände und verhindert deren Abknicken.

Die Ernte dauert bis Mitte Oktober, mit künstlicher Belichtung und Beheizung ist noch längerer Ertrag möglich. Wenn die Temperaturen im Tunnel deutlich unter den Gefrierpunkt sinken, werden die Pflanzen

Erdbeeren auf Kokossubstrat
Foto: Manfred Wiesenhofer

eingewintert. Dabei werden die Pflanzen auf den Boden gestellt und mit Vlies abgedeckt werden. Dies verhindert Ausfälle durch Winterfrost. In Lagen ohne extreme Kälte oder in frostfreien Glashäusern kann das Herunterstellen und Abdecken unterbleiben. Im zeitigen Frühjahr werden die Bestände wieder angetrieben. Die zweite Pflücke soll möglichst vor Beginn der Freilandsaison Ende Mai abgeschlossen sein. Nach der zweiten Ernte werden die Pflanzen in der Regel gerodet. In manchen Fällen werden die Altpflanzen zur Eigenvermehrung genutzt. Dabei werden die Pflanzen nach der Ernte auf den Stellagen belassen, wodurch sie Ausläufer bilden. Diese Ausläufer werden dann in Töpfe gepflanzt und wieder für die Fruchtproduktion verwendet.

Eine andere Möglichkeit ist der Anbau remontierender Erdbeersorten. Diese können über die Sommermonate bis in den Herbst hinein durchgehend beerntet werden. Da remontierende Erdbeersorten wüchsiger sind als einmaltragende, werden hier nur sechs bis acht Pflanzen je Laufmeter gepflanzt. Die großen Herausforderungen dieser Sorten sind das ständige Vorhandensein von Blüten und Früchten, was den Pflanzenschutz erschwert, und die Hitze im Sommer, mit der man umzugehen hat. Gängige remontierende Sorten für den geschützten Substratanbau sind ´Murano´ und ´Favori´.

In hohen Folientunneln und Folienhäusern wird von einem Summenertrag von 6–7 kg/m² ausgegangen. In speziell ausgerüsteten Glashäusern kann ein bis zu doppelt so hoher Ertrag erreicht werden.

STANDORT UND BODENVORBEREITUNG

Die Erdbeere ist sehr anpassungsfähig und gedeiht bis in Höhenlagen von weit über 1.000 m. Dennoch ist für den Kulturerfolg die Standortwahl von herausragender Bedeutung. Wird in windexponierten Kälte- oder schneefreien Höhenlagen gepflanzt, müssen die Rhizome vor Winterfrost geschützt werden. Üblicherweise geschieht dies mit einer Vliesauflage. Die häufigsten Standorte für Erdbeeren sind jedoch Schwemmlandböden in Tallage. Solche Standorte sind sehr spätfrostempfindlich. Auch hier sind Gegenmaßnahmen wie die Auflage eines Frostschutzvlieses oder Frostberegnung einzuplanen. Der Abschluss einer Frostschutzversicherung kann zwar gegen finanziellen Ausfall, aber nicht gegen den Verlust von Kundschaft absichern.
Am besten gedeihen Erdbeeren auf leichten, sandigen Böden mit ausreichendem Humusgehalt und leicht saurem pH-Wert. Bei ausreichender Durchlüftung sind auch schwerere Böden geeignet, allerdings nimmt die Gefahr des Auftretens bodenbürtiger Krankheitserreger zu. Auf solchen Standorten sollte auf den Dammanbau gesetzt werden, da bei dieser Kulturform der Boden luftiger ist und leichter trocknet.

Der Anbau auf verdichteten Böden, Böden mit Staunässe oder auf Kalkinseln sollte jedenfalls vermieden werden. Die Ausnützung der natürlichen Standorteigenheiten für eine Staffelung der Erntetermine kann entscheidend zum wirtschaftlichen Erfolg beitragen.

HAUSGARTEN-TIPP

Im Hausgarten sollte man den Erdbeeren einen sonnigen und windgeschützten Platz zugestehen an dem auch ausreichend gegossen werden kann. Im Schatten von Obstbäumen oder Hecken gedeihen sie schlecht. Besonders wichtig ist Sonne am Morgen und am Vormittag, verschwindet die Sonne zu Mittag hinter dem Haus, kann dies Probleme mit Sonnenbrand oder Trockenstress vermeiden.

Eine optimale Fruchtfolge und eine gezielte Bodenvorbereitung sind die beste Voraussetzung für den Kulturerfolg. Idealerweise bilden Erdbeeren ein Glied in einer möglichst weitgestellten Fruchtfolge. Gefürchtete bodenbürtige Krankheiten können Dauersporen bilden, die zwischen zehn (Phytophtora) und 20 Jahre (Verticillium) im Boden überdauern können. Soll auf einem bekanntermaßen belasteten Boden gepflanzt werden, kann dieser auf Schadpilze als auch schädigende Nematoden untersucht werden.

Getreide ist als Vorfrucht gut geeignet. Dieses reduziert den Befall mit dem Dickmaulrüssler und ist in der Regel wenig verunkrautet. Wintergetreide hat außerdem den Vorteil, dass im Jahr der Ernte noch Erdbeeren nachgepflanzt werden können. Jedenfalls zu beachten ist, dass in der Fruchtfolge keine phytophtoraanfälligen Kulturen gepflanzt wurden. Kartoffeln und Himbeeren als Vorfrüchte sind ungeeignet. Ebenfalls problematisch ist der Ölkürbis. Ölkürbisbestände sind nach der Ernte meist stark verunkrautet, was zu massivem Unkrautdruck auch in den späteren Erdbeeranlagen führt.

Auf Flächen, wo in der Vergangenheit schon Erdbeeren gestanden sind, ist der Anbau von speziellen Nematodenfängern zweckmäßig. Diese Zwischenkulturen reduzieren den Bestand von bodenlebenden, die Erdbeerwurzel schädigenden, Nematoden und reduzieren dadurch auch Sekundärinfektionen mit bodenbürtigen Krankheitserregern. Zu diesem Zweck besonders geeignet ist der Anbau von Sandhafer oder Tagetes, welche auch Studentenblume genannt wird. Tagetes wird dabei in speziellen Mischungen aus *Tagetes patula* und *Tagetes erecta* angeboten, welche optimale Bodenbedeckung garantieren soll.

Gründüngung als optimale Bodenvorbereitung
Foto: Helmut Weiß

Für die Vorbereitungen vor der Pflanzung sollte mindestens ein Monat eingeplant werden. In der Regel wird als erstes eine Behandlung mit einem systemischen Totalherbizid vorgenommen – diese Maßnahme, die auch Wurzelunkräuter effektiv bekämpft, senkt den Unkrautdruck in der späteren Anlage erheblich und reduziert die Notwendigkeit von Herbizidmaßnahmen während der Standzeit der Kultur. Danach wird gepflügt und einige Tage vor der Pflanzung geeggt oder gefräst, um ein feinkrümeliges Pflanzbeet herzustellen. Vor der Pflanzung sollte sich der Boden noch setzen können.

Foto: Manfred Wiesenhofer

Hochmoderne Gerät können bereits den Damm fräsen sowie die Folie und den Schlauch verlegen.

PFLANZMATERIAL

Qualitativ hochwertiges Pflanzmaterial ist die Basis für den erfolgreichen Anbau von Erdbeeren. Die Vermehrung von Erdbeerpflanzen wird überwiegend von Spezialisten übernommen. Diese bieten in der Regel gute Pflanzenqualitäten an. Leider gibt es aber auch Ausnahmen: Unvorhersehbare Probleme in der Vermehrung (z. B. Hochwasser), Übervermehrung besonders gefragter Sorten oder Fehler bei Lagerung und Transport kommen immer wieder und bei allen – auch namhaften – Anbietern vor. Große Anbauer betreiben daher Risikomanagement und bestellen ihre Pflanzen bei verschiedenen Vermehrern. Bei kleinen Bestellmengen ist dies in der Regel nicht möglich – im Falle von Problemen ist man auf das Entgegenkommen der Pflanzenhändler oder -produzenten angewiesen. Die Seriosität der Anbieter zeigt sich daher bei deren Umgang mit Reklamationen.

Die Qualität des Pflanzmaterials erkennt man aufgrund mehrerer Punkte. Bei wurzelnackten Pflanzen ohne Laub ist der Rhizomdurchmesser und die Stärke des Wurzelkörpers ausschlaggebend. Bei getopften Pflanzen ist es wichtig, dass der Wurzelballen gut durchwurzelt und die Faserwurzeln hell und vital sind. Selbstverständlich sollte das Pflanzmaterial frei von Krankheiten und Schädlingen sein.

HAUSGARTEN-TIPP

Auch Pflanzgut für den Hausgarten sollte sorgfältig ausgewählt werden. Hier macht sich der Weg zur spezialisierten Baumschule mit kompetenter Beratung bezahlt. Bau- und Supermärkte bieten meist nur wenige, oft nicht für alle Standorte geeignete, Sorten an. Wie man hochwertige Pflanzen erkennt, wird im Kapitel „Beerenobst im Hausgarten“ erörtert.

Grünpflanzen

Wurzelnackte Grünpflanzen

Unter wurzelnackten Grünpflanzen versteht man frische, gut bewurzelte Ausläufer, die Ende Juli oder im August aus dem Vermehrungsquartier gerodet und direkt verkauft werden. Da die jungen Wurzeln noch sehr empfindlich sind und in der hochsommerlichen Hitze leicht vertrocknen, müssen sie sorgfältig transportiert und binnen möglichst kurzer Zeit gesetzt werden. Die Pflanzung sollte möglichst in den Abendstunden erfolgen. Eine häufige Überkronenberegnung in den ersten Tagen ist für den Anwachserfolg unverzichtbar.

Für Höhenlagen ist diese Setzlingsart ungeeignet, da die Vegetationsdauer für eine ausreichende Entwicklung bis zur Blüteninduktion nicht ausreicht. Grünpflanzen werden in der Regel Mitte August gepflanzt.

Topfgrünpflanzen

Bei dieser Pflanzenart handelt es sich um Ausläufer, welche in Topfplatten pikiert werden und dann – meist im Glashaus oder Tunnel – unter Sprühnebel vorgezogen werden. Der Vorteil dieses – etwas teureren – Pflanzmaterials liegt darin, dass die Wurzeln nicht freiliegen und der Ballen für eine Pufferung der Umwelteinflüsse sorgt. Zwar ist auch hier eine Bewässerung erforderlich, allerdings sind die Pflanzen nicht so empfindlich gegen Hitze und Stress wie wurzelnackte Pflanzen, was gerade bei der Pflanzung im August einen wesentlichen Vorteil darstellt.

Hochwertige Topfgrünpflanze Foto: Manfred Wiesenhofer

Gekühlte bzw. gefrorene Pflanzen

Zu dieser Gruppe zählt man Frigo-, Wartebeet- und Traypflanzen. Sie stehen bis in den Herbst in den Vermehrungsquartieren und werden ab Anfang des Winters in Kühllagern eingelagert. Die Lagerung ist dann bis über ein halbes Jahr möglich, was erlaubt, sie bei Bedarf auszuliefern und zu pflanzen.

Frigopflanzen

Frigopflanzen entstehen aus Ausläufern, die im Winter gerodet, geputzt, sortiert und bei –1,5 bis –2 °C eingefroren werden. Sie sind dadurch lager- und transportfähig und können zu jedem Zeitpunkt, meist jedoch zwischen April und Juni, gepflanzt werden. Durch den späten Rodezeitpunkt ist die Ausbeute wesentlich größer als bei Grünpflanzen, die Bearbeitung ist in höherem Grad mechanisierbar und die Pflanzen können daher zu einem günstigeren Preis angeboten werden.

Im Unterschied zu den Grünpflanzen ist bei gekühlten Pflanzen die Blütendifferenzierung bereits abgeschlossen. Je höher die Zahl der angelegten Blütenstände ist, desto größer ist der Rhizom-Durchmesser. Die Pflanzen werden daher nach der Rodung nach Stärke sortiert und gebündelt. Schwache Frigopflanzen (Qualitätstufen B oder A) werden in der Regel für den Freilandanbau verwendet. Sie bringen im Pflanzjahr meist nur einen Blütenstand hervor, welcher aber in der Regel sowieso entfernt werden. Diese Pflanzen müssen vor

Traypflanzen beim Versand
Foto: Manfred Wiesenhofer

Gut bewurzelte Frigopflanze Foto: Helmut Weiß

Mitte Juni gepflanzt werden, um im Folgejahr einen guten Ertrag zu bringen. Starke Frigopflanzen (A+ oder A++) bringen bereits im Pflanzjahr etwa drei Blütenstände und können für die Terminkultur im Freiland oder im geschützten Anbau eingesetzt werden. Zwischen Pflanzung und Erntebeginn liegen dann je nach Pflanzzeitpunkt zwischen sechs und neun Wochen. Dank der unterschiedlichen Sortierungen und der großen Flexibilität hat sich eine Vielzahl von Kulturmethoden für gekühlte Pflanzen entwickelt.

Wartebeetpflanzen

Wartebeetpflanzen unterscheiden sich von starken Frigopflanzen dadurch, dass die ersten Ausläufer zur besseren Entwicklung bereits im Juli in eigene Beete („Wartebeete") verpflanzt worden sind und sich so zu eigenständigen, starken Pflanzen entwickeln konnten. Solche Pflanzen werden im Substratanbau, in Folien- und Glashäusern eingesetzt.

Traypflanzen

Unter Traypflanzen versteht man in Topfplatten pikierte und mit Topfballen eingefrorene Wartebeetpflanzen. Diese Methode bietet verbesserte Startbedingungen gegenüber Wartebeetpflanzen mit nackten Wurzeln. Differenziert wird bei diesem Pflanzmaterial zwischen den kräftigeren Tray- und den etwas leichteren Minitray-Pflanzen, was die Größe des Wurzelkörpers beschreibt. Auch diese Pflanzen werden im Substratanbau, in Folien- und Glashäusern eingesetzt.

KULTURMASSNAHMEN IM FREILAND

Pflanzung

Der Pflanzzeitpunkt im Freiland liegt bei Frigopflanzen zwischen Anfang April und Ende Juni, bei Grünpflanzen um Mitte August. Wird später gepflanzt, leidet die Blütenbildung und damit der Ertrag.

Grünpflanzen sollten, sobald sie verfügbar sind, möglichst früh gesetzt werden, damit sie sich bis zur Blütenbildungsphase ausreichend entwickeln können.

Bei der Festlegung von Reihen- und Pflanzabstand spielen mehrere Faktoren eine Rolle. Entscheidend für die Pflanzengesundheit ist ein über die ganze Kulturdauer ausreichend lockerer, schnell abtrocknender Bestand. Bodeneigenschaften, die Sortenwahl, Düngung und die Qualität des Pflanzgutes beeinflussen die Wüchsigkeit und damit die Bestandesdichte. Auch die Arbeitsbreiten der eingesetzten Maschinen müssen beachtet werden.

Bei mehrjähriger Kultur bestocken sich die Pflanzen stark, es sind daher weitere Abstände zu wählen.

In Anbausystemen, wo selbst geerntet wird, haben sich einreihige Pflanzsysteme mit Reihenabständen zwischen 90 und 110 cm und Abständen in der Reihe von 25–40 cm bewährt. In Selbstpflückeanlagen, wo die Ernteleistung nicht so relevant ist, werden meist breite Beete mit Doppelreihenbepflanzung, aber mit weiten Pflanzabständen gewählt. Die breiten Reihen wachsen mit der Zeit durch die Ausläufer zu. So werden weniger Pflanzen benötigt.

Auf Mulchfolie gibt es sowohl schmale Einzel- als auch breitere Doppelreihensysteme. Einzelreihensysteme sind pro Kilo Erntegut aufwendiger zu kultivieren, allerdings werden durch sie Frühzeitigkeit, Ernteleistung und Fruchtqualität gefördert.

HAUSGARTEN-TIPP

Im Hausgarten werden am besten leicht erhöhte Drei-Reihen-Beete angelegt. Der Abstand zwischen den Reihen beträgt hier 35–45 cm, nach jeweils drei Reihen folgt ein Ernteweg von 60 cm Breite. Bei Verwendung von Mulchfolie häuft man einen Damm aus Erde und Kompost auf, der mit einer Einzel- oder Doppelreihe bepflanzt wird. Achten Sie auf die Qualität des Kompostes! Legen Sie unbedingt auch im Hausgarten zumindest alle drei Jahre ein neues Beet mit frischen Ausläuferpflanzen an! Sie beugen so der Bodenermüdung und dem Auftreten von Krankheiten vor.

Während bei Kultur auf Mulchfolie meist noch von Hand gepflanzt wird, werden auf offenem Boden Setzmaschinen eingesetzt. Wichtig ist dabei die Einhaltung der idealen Pflanztiefe. Ragt das Rhizom zu weit aus der Erde heraus, so steigt die Gefahr von Vertrocknung und Frostschäden. Zu tief gesetzte Pflanzen treiben ebenfalls nicht optimal aus.

Sehr lange Wurzeln sind ein Qualitätsmerkmal, stören aber manchmal bei der Pflanzung. Dennoch sollten sie keinesfalls geschnitten werden. Getopfte Pflanzen

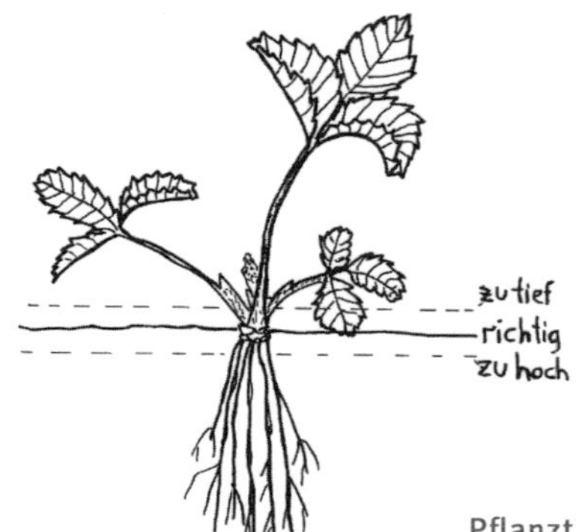

Pflanztiefe

sollten mehr in das Pflanzloch gestellt als hineingedrückt werden, um die außenliegenden Feinwurzeln nicht zu verletzen.

In den ersten Tagen sollte bei Bedarf mehrmals täglich eine Überkronenberegnung erfolgen. Neben der Wasserversorgung spielt hier, vor allem auf schwarzer Mulchfolie, der Kühlungseffekt eine entscheidende Rolle.

Düngung

Der Nährstoffbedarf der Erdbeere ist im Vergleich zu Ackerkulturen sehr gering.

Grundlage einer gezielten Düngung ist die Kenntnis der Nährstoffgehalte des Standortes (Bodenuntersuchung), der Entzugswerte und der Bedarfsschwankungen im Jahreslauf. Durch das flache, bei vielen modernen Sorten schwach entwickelte, Wurzelsystem reagiert die Erdbeerpflanze empfindlich auf Mangelsituationen, aber auch auf Überversorgung und zu hohe Salzkonzentrationen. Eine gezielte, fachgerechte Düngung entscheidet daher über den Kulturerfolg. Zu bedenken ist auch, dass die Nährstoffaufnahme nur bei ausreichender Wasserversorgung ungehindert möglich ist.

Nährstoffbedarf: Ertragsabhängige Richtwerte bei mindestens zwölf Tonnen Ertrag pro Hektar
N: 100–120 kg/ha
P_2O_5: 35–45 kg/ha
K_2O: 130–170 kg/ha
MgO: 20–25 kg/ha

Das optimale Nährstoffverhältnis in der Bodenlösung beträgt dabei:
$N : P_2O_5 : K_2O = 1 : 1{,}6 : 1{,}5$

Düngemaßnahmen

Im Zuge der Bodenvorbereitung für die Pflanzung erfolgt auch die Grunddüngung mit Phosphor, Kali, Magnesium und Kalzium auf Basis einer Bodenuntersuchung.

Bei der Wahl der Düngemittel ist besonders darauf zu achten, dass nur chloridarme und tendenziell sauer wirkende Düngemittel verwendet werden. Gut geeignet sind Superphosphat, Patentkali und Bittersalz.

Für eine richtige Stickstoffversorgung sind viel Fingerspitzengefühl und Sachkenntnis notwendig. Stickstoff beeinflusst einerseits die vegetative Entwicklung, also das Pflanzenwachstum, und ist andererseits auch für das Fruchtwachstum relevant. Zu hohe Stickstoffgaben führen zu starkem Laubwachstum und weichen, aufgedunsenen Früchten. Zu üppige Bestände führen außerdem zu einem feuchten Mikroklima in der Anlage, lassen die Früchte schlechter abtrocknen und begründen so einen höheren Botrytisdruck.

Die Freisetzung von Stickstoff aus der organischen Substanz, seine Aufnahme oder Auswaschung erfolgen in Abhängigkeit von Temperatur und Niederschlägen. Stickstoff kann daher nicht als Depotdüngung ausgebracht, sondern muss so punktgenau als möglich gedüngt werden. Umso häufiger und kleiner die Stickstoffgaben, umso geringer sind die Auswaschungsverluste und umso besser ist die Pflanzenverfügbarkeit. Üblicherweise werden vor der Pflanzung einmal – auf Basis der Bodenuntersuchung – alle Makronährstoffe inkl. Stickstoff gedüngt. Im Laufe des Pflanzjahres können – bei zu schwachem Wachstum – zusätzliche Gaben notwendig sein. Im Erntejahr steigt der Bedarf im Frühjahr schnell an und erreicht kurz vor der Reife einen Höhepunkt. Ein weiterer Zeitraum mit hohem Stickstoffbedarf ist die Blüteninduktion im Herbst.

Der erfahrene Anbauer kann den aktuellen Versorgungsgrad meist durch Beobachtung von Wuchsstärke, Ausläuferstärke, Blattfarbe und -größe gut einschätzen. Ansonsten gibt eine Nmin-Analyse der obersten 30 cm des Bodens, am besten mehrmals nach der Pflanzung sowie zwischen Austrieb und Blüte, Aufschluss darüber. Ein Nmin-Wert von 60 kg N/ha ist anzustreben.

In der Praxis hat sich in der Strohkultur eine Aufteilung der Stickstoffdüngung auf drei Gaben etabliert. Die erste Gabe erfolgt meist zum Austrieb, die zweite in die Blüte vor der Stroheinlage und die dritte im August zur Blütendinduktion. Die Gabe zur Stroheinlage ist besonders wichtig, da das Stroh Stickstoff bindet und so der Nährstoff für die Fruchtbildung fehlen kann. Wird die Anlage über das Bewässerungssystem mit Nährstoffen versorgt, werden meist wöchentlich anteilsmäßige Düngegaben verabreicht. Dabei wird zwischen vegetativen Phasen (Austrieb, Nachernte) und generativen Phasen (Blüte, Fruchtwachstum) unterschieden. In vegetativen Phasen erfolgt die Düngung stickstoffbetont, in generativen Phasen für die Fruchtfestigkeit kalibetont. Im biologischen Anbau muss der Schwerpunkt auf den Stickstoffaufbau vor der Pflanzung gelegt werden. Eventuell können bei Bedarf organische Handelsdünger wie Ölpresskuchen, Hornprodukte oder Vinasse (fermentierte Melasse) eingesetzt werden.

HAUSGARTEN-TIPP

Gartenböden weisen meist einen hohen Humusgehalt auf und sind in der Regel reichlich mit Nährstoffen versorgt. Mineralische Düngung ist daher nicht sinnvoll. Meist genügt eine leichte Kompostgabe mit gut verrottetem Kompost bei der Pflanzung. Steht kein Kompost zur Verfügung, haben sich Hornspäne oder Biosol als lange wirkender Stickstoffdünger bewährt. Sie können auch gut vor dem Verlegen der Mulchfolie in den Boden eingemischt werden. Tauchen akute Mangelerscheinungen auf oder ist der Wuchs zu schwach, können Flüssigdünger schnell und effizient Abhilfe schaffen.

Entfernen von Blütenständen im Pflanzjahr

Drei Wochen nach der Pflanzung zeigen sich bei Frigopflanzen die Blütenstände. Wird keine Terminkultur, bei welcher starkes Pflanzmaterial für Ertrag im Pflanzjahr eingesetzt wird, angestrebt, werden die Blütenstände üblicherweise entfernt. Der geringe Ertrag, welcher im ersten Jahr durch leichtes Pflanzmaterial zu erwarten wäre, rechtfertigt den komplexen und umfangreichen Pflanzenschutz zwischen Blüte und Ernte meist nicht. In Strohkulturen müsste außerdem noch die vollständige Stroheinlage durchgeführt werden. Jedenfalls kosten die Blüten der Pflanze viel Kraft, was den Fruchtansatz für das Folgejahr reduziert. Ein weiterer Grund, warum häufig im Pflanzjahr auf den Ertrag verzichtet wird, ist der Umstand, dass während der Fruchtreife keine chemische Unkrautregulierung möglich ist. Viel Handarbeit und erhöhter Unkrautdruck im nächsten Jahr wären die Folge.

Ausläufermanagement

Im Sommer setzt die Ausläuferbildung ein. Diese werden, soweit sie zum Aufbau des Bestandes benötigt werden, in die Reihe gelegt und angedrückt. Werden die Ausläufer nicht benötigt, sollten sie – um die Mutterpflanzen zu stärken – entfernt werden. Bei offenem Boden kann dies maschinell mit Schneidrädern erfolgen, bei Anbau auf Folie muss mit einer Gartenschere oder einer speziellen Schneidvorrichtung zur Ausläuferabtrennung gearbeitet werden. Das Abreißen der Ausläufer ist nicht zu empfehlen, weil hier häufig die ganze Pflanze mit ausgerissen oder zumindest gelockert wird.

HAUSGARTEN-TIPP

Bilden die Erdbeerpflanzen Ausläufer können diese einfach in einen kleinen Topf mit Erde gelegt und bewurzelt werden. Es entstehen neue, vollwertige Pflanzen. Diese Pflanzen sollten erst im Herbst abgetrennt werden – dies reduziert des Gießaufwand und stärkt die frischen Grünpflanzen.

Frühjahrsputz

Über den Winter stirbt das Laub der Erdbeerpflanzen überwiegend ab und trocknet im Januar und Februar komplett ein. Um das Infektionsrisiko für Blattkrankheiten und Graufäule zu senken, sollte das abgestorbene Laub unmittelbar vor dem Austrieb entfernt werden. Dies sollte während einer Trockenphase erfolgen, da hier das Altlaub sehr spröde ist und sich gut entfernen lässt. Auf Folie kann es abgeschnitten oder abgebürstet werden. Bei großflächigem Anbau auf offenem Boden bewirkt ein vorsichtiges Striegeln und späteres Fräsen der Zwischenreihenbereiche eine Zerkleinerung und damit schnellere Umsetzung des alten Laubs.

Frühjahrsputz Foto: Manfred Wiesenhofer

Bewässerung

Die Investition in eine Bewässerungsanlage macht sich schnell bezahlt. Die Erdbeere stellt hohe Anforderungen an die Wasserversorgung. Besonders in der Anwachsphase und zwischen Blüte und Reife haben Trockenperioden fatale Folgen, wenn nicht bewässert werden kann.

Überkronenberegnung

Werden solche Beregnungsanlagen eingesetzt, genügen je nach Wasserhaltefähigkeit des Bodens oft drei bis vier Wassergaben von jeweils 20–30 mm. Die Aufteilung der Wassermenge auf mehrere kleinere Gaben ist hier nicht sinnvoll, da sie zu größeren Wasserverlusten führt und die Ausbreitung von Pilzkrankheiten fördert. In der Regel wird mit Überkronenregnern am Vormittag beregnet. Wenn mit der Maßnahme auch die Beeren gekühlt werden sollen, werden die höheren Verdunstungsverluste in Kauf genommen und direkt in die Mittagshitze beregnet.

Tröpfchenbewässerung

In Dammkulturen, wo die Pflanzreihe mit einer Mulchfolie abgedeckt ist, muss die Bewässerung mit Tropfschläuchen erfolgen. Meist kommen günstige Einwegschläuche zum Einsatz, die nach Entfernung der Mulchfolie ebenfalls entsorgt werden. Auch Strohkulturen können mittels Bewässerungsschläuchen bewässert werden. In diesem Fall werden die Tropfschläuche zur

Blüte zwischen die Pflanzen gelegt. Hier finden meist robustere Schläuche, die mehrere Jahre verwendet werden können, Verwendung. Für Erdbeeren eignen sich am besten Modelle mit einem Abstand von 20–30 cm zwischen den Tropfern und einer stündlichen Wasserabgabe von drei Litern pro Tropfer. Beim Einsatz von Tröpfchenbewässerungsanlagen ist die Verwendung von sauberem Wasser extrem wichtig. Sowohl im Erwerbsanbau als auch im Hausgarten müssen (außer es wird nur Leitungswasser verwendet) Filter vorgebaut werden, um ein Verstopfen zu verhindern.

Die Vorteile der Tropfbewässerung liegen in den geringen Verlusten sowie in der Tatsache, dass das Laub und die Früchte trocken bleiben. Dadurch kann auch über die ganze Ernteperiode weiterbewässert werden, was sich sehr positiv auf die Fruchtgröße auswirkt. Ein weiterer Vorteil ist die Möglichkeit der Fertigation – also von Düngegaben über das Bewässerungssystem. Durch die Mitgabe von Dünger mit dem Gießwasser kann punktgenau auf das Stadium der Pflanze und den dadurch resultierenden Nährstoffbedarf eingegangen werden.

Die Gießwassermenge resultiert einerseits aus der Länge der Gabe und andererseits aus dem Intervall. Jedenfalls sollte mit einer Wassergabe der ganze Wurzelraum durchnässt werden. Wie lange dies dauert, ist von der Bodenbeschaffenheit abhängig. Zwischen den Intervallen sollte der Pflanze die Möglichkeit des Trockenfallens möglich sein – Vernässung wirkt sich sehr negativ aus.

Stroheinlage

Bei der Kultur auf offenem Boden, oft aber auch zusätzlich zur Mulchfolie, wird zur Zeit der Blüte Stroh eingelegt. Die Früchte bleiben dadurch sauber und trocknen nach Regenfällen schneller ab. In Anlagen mit Mulchfolie fördert die Stroheinlage bei schlechtem Erntewetter die Begehbarkeit der Anlage. Der richtige Zeitpunkt für das Einstreuen ist gekommen, wenn sich erste Früchte bilden und die Blütenstände sich dadurch zu Boden neigen. Wird das Stroh früher eingebracht, steigt die Gefahr von Schäden durch Strahlungsfröste, da durch die Stroheinlage die Erdwärme isoliert wird und die Temperatur an der Pflanze leichter absinken kann. Versäumt man hingegen den richtigen Zeitpunkt, werden Blütenstände beschädigt und unter der Strohschicht begraben. Pro Quadratmeter benötigt man ca. 0,6 bis 1 kg Stroh, pro Hektar also sechs bis zehn Tonnen. In breiten Beetsystemen, wie sie für die Selbstpflücke zum Einsatz

Tropfschläuche in Strohkultur

Stroheinlage mit Rundballenstreuer

Fotos: Manfred Wiesenhofer

kommen, wird weniger Stroh benötigt als in Einzelreihensystemen. Großer Wert muss auch auf die Qualität des Strohs gelegt werden: Es darf weder verschimmelt sein noch zu hohe Grannen- und Staubanteile enthalten. Am besten eignet sich gehäckseltes Weizenstroh mit niedrigem Anteil an Ausfallkörnern und Unkrautsamen – solche führen bei feuchtem Erntewetter zu massiver Verunkrautung des Bestandes.

Frostschutz

Erdbeeren sind aufgrund ihrer frühen Blüte sehr frostempfindlich. Während geschlossene Blüten mehrere Minusgrade aushalten, können offene Blüten bereits geschädigt werden, wenn das Trockenthermometer noch ein oder zwei Plusgrade anzeigt. Im Profibereich werden für die Messung gefährlich niedriger Temperaturen Feuchtthermometer eingesetzt, welche die Temperatur bei einer fiktiven Luftfeuchtigkeit von 100 Prozent anzeigen. Diese Temperatur ist für allfällige Frostschäden relevant.

Die gängigste Methode des Frostschutzes bei Erdbeeren ist die Abdeckung mit einem Vlies. Die Leistungsfähigkeit dieser Abdeckung ist abhängig von der Dicke des Materials und kann – vor allem bei feuchter Witterung – durchaus guten Schutz bis minus 2,5 °C bieten. Noch effektiver ist die Doppelabdeckung, vor allem mit einer Lochfolie, welche bis minus 5 °C Schäden minimieren kann. Gut vor Frost schützen kann außerdem eine Frostberegnung, wodurch die beim Gefrieren des Wassers freigesetzte Wärme die Blüten geschützt werden. Da dadurch vor allem bei langen Frostperioden eine Vernässung des Bodens droht, hat sich die Kombination mit einer Abdeckung etabliert. Durch das gefrorene Wasser schließen sich die Öffnungen des Vlieses und der Zufluss von Kaltluft wird unterbunden. Außerdem rinnt überschüssiges Wasser ab. Werden Frostschutzmaßnahmen gesetzt, muss unbedingt auf die Pflanzengesundheit geachtet werden. Lange Abdeckung und/oder Bewässerung fördern Blattnässeperioden und somit den Befall mit Fruchtfäulen.

Ernte, Ertrag und Vermarktung

Die Ernte unverfrühter Bestände setzt, sortenabhängig, zwischen Mitte Mai und Anfang Juni ein. Stark beeinflusst ist der Erntebeginn und -verlauf von der Frühjahrswitterung und kann sich 14 Tage nach vor oder zurück verlagern. Zunächst werden nur einzelne Früchte reif, es genügt ein Pflückdurchgang alle vier Tage. Beim Einsetzen der Haupternte muss dann aber alle zwei Tage durchgepflückt werden.

Idealerweise wird in den frühen Morgenstunden geerntet, solange die Früchte noch kühl und damit haltbarer und weniger druckempfindlich sind. Gepflückt wird direkt in die Verkaufsgebinde, wobei auch kranke und unbrauchbare Früchte getrennt geerntet und aus dem Feld verbracht werden sollten. Eine schnelle Kühlung der Früchte sichert die Haltbarkeit auf dem Weg zum Verbraucher.

Die Pflückleistung hängt stark von der Fruchtgröße, der Übersichtlichkeit des Bestandes und der Sorte ab und beträgt 8–15 kg in der Stunde. Je Hektar Erdbeeren benötigt man daher zehn bis zwölf Arbeitskräfte. Je besser es gelingt, im Betrieb durch Kulturmaßnahmen und Sortenwahl die Erntespitze zu brechen, umso effizienter können die Arbeitskräfte eingesetzt werden und umso sicherer ist ein kontinuierlicher Absatz.

In einem gut gepflegten Freilandbestand kann mit Erträgen zwischen 15 und 25 Tonnen pro Hektar gerechnet werden, im Dammanbau sind auch über 30 Tonnen pro Hektar möglich.

Die Erdbeere ist eine attraktive und sehr beliebte Frucht. Viele Studien haben gezeigt, dass der Erdbeerkauf meist ein Impulskauf ohne vorherige Absicht ist. Wenn die Kunden schöne Erdbeeren sehen, dann kaufen sie diese, egal, ob sie auf der Einkaufsliste stehen oder nicht. Deshalb sind erstklassige äußere Qualität und eine optimale Präsentation für den Vermarktungserfolg entscheidend.

Abmähen

Nach Abschluss der Ernte muss abgeschätzt werden, ob der Bestand für eine weitere Saison genutzt werden kann oder nicht. Wirtschaftlich ist es sicherlich leichter, die beträchtlichen Anlagekosten auf zwei Erntejahre zu verteilen. Im zweiten Erntejahr nehmen aber die Fruchtgröße und Qualität ab, Krankheits- und Unkrautdruck steigen. Bestände die selbst beerntet werden, werden meist zwei Jahre bewirtschaftet, auf Selbstpflückfeldern, wo die Ernteleistung nicht so wichtig ist, bleiben die Pflanzen oft drei bis vier Jahre stehen.

Auf Feldern, die für eine weitere Ernte vorgesehen sind, ist das Abmähen des Laubes in den Wochen nach der Ernte eine sehr wichtige hygienische Maßnahme. Während der Ernte werden nur wenige neue Blätter gebildet, das Laub ist also zu diesem Zeitpunkt relativ alt und verfügt nur noch über ein eingeschränktes Assimilationsvermögen. Oft kommt es in der Ernte auch zum Befall mit Blattkrankheiten. Das Laub wird am besten mit dem Mähwerk abgemäht oder mit dem Schlegelmulcher abgehäckselt. Dabei ist zu beachten, dass das Herz der Erdbeerpflanzen nicht beschädigt wird. Nach dem Abmähen sollte das alte Laub eingefräst oder zumindest zerkleinert werden. Die Pflanze macht nach dem Abmähen einen starken Wachstumsschub und die neuen Blätter können sich bei geringerem Infektionsdruck gut entwickeln. Einen weiteren Vorteil und eine große Arbeitsersparnis stellt die verzögerte Ausläuferbildung dar.

Mit dem Zeitpunkt des Abmähens kann mit dem Wachstum der Pflanzen die Blüteninduktion für das Folgejahr beeinflusst werden. Wird früh gemäht, entwickeln sich sehr starke Pflanzen, viele Ausläufer und damit viele Fruchtstände und Früchte. Der Ertrag ist im nächsten Jahr zwar hoch, allerdings etwas verspätet und mit geringen Fruchtgrößen. Wird erst im August abgemäht, leidet die Pflanze etwas stärker, der Neuauswuchs ist nicht so massiv und es werden weniger Blütenstände angelegt, welche jedoch größere Früchte hervorbringen. In Kulturverfahren, wo die Ernteleistung nicht so wesentlich ist (z. B. Selbstpflücke) wird daher in der Regel früh abgemäht. In Betrieben, welche selbst Ernten und auf große, frühe Beeren zählen meist später oder sogar zweimal, wobei beim zweiten Durchgang nur noch sehr hoch gemäht wird.

Abgemähter Bestand, junges Laub
Foto: Helmut Weiß

SPEZIELLE PRODUKTIONSVERFAHREN IM FREILAND

Methoden zur Verschiebung des Erntezeitpunkts

Waren Erdbeeren noch vor wenigen Jahren ein ausgesprochenes Saisonobst, findet man sie heute das ganze Jahr über in den Regalen der Supermärkte. Der Grund dafür liegt allerdings nicht nur in den durch EU-Binnenmarkt und bessere Transportmöglichkeiten gestiegenen Importen aus dem Süden. Die Erdbeere eignet sich vielmehr besonders gut für eine Verschiebung des Erntetermins durch Verfrühung, Verspätung, Tunnel- und Glashausanbau.

Durch die kombinierte Nutzung mehrerer, den Erntezeitpunkt beeinflussender Faktoren, wird die größtmögliche Verlängerung der Saison in die gewünschte Richtung bewirkt. Die folgende Tabelle zeigt mögliche Einflussfaktoren.

Folgende Faktoren verfrühen den Erntetermin um ca. x Tage	
Zweijähriger Bestand	2 Tage
Schwarze Mulchfolie	3 Tage
Grünpflanzen	3 Tage
Süd-Westlagen	3–5 Tage
Frühe Sorten	3–5 Tage
Einfachvlies	3–7 Tage
Tiefe Lagen	4 Tage/100 m
Doppelvlies	7–14 Tage
Vlies mit Lochfolie	21 Tage
Wandertunnel	21–28 Tage

Folgende Faktoren verspäten den Erntetermin um ca. x Tage	
Einjähriger Bestand	2 Tage
Weiße Mulchfolie	3 Tage
Frigopflanzen	3 Tage
Nord-/Ostlagen	3–5 Tage
Stellagenanbau	3–7 Tage
Strohauflage	3–7 Tage
Hochlagen	4 Tage/100 m
Spätsorten	14–28 Tage
Spätertrag remontierender Sorten	Ab 28 Tage

Verfrühung mit Vlies oder Lochfolie

Dies ist eine einfache und verhältnismäßig billige Methode, den Erntezeitpunkt um bis zu einer Woche vorzuverlegen. Den größten Verfrühungseffekt erzielt man in Kombination mit frühen Sorten (z. B. ´Flair´, ´Clery´) in frühen Lagen. Die Bestände sollten möglichst gesund und unkrautfrei sein, da sich im warm-feuchten Mikroklima sehr schnell Schädlinge, Krankheiten und Unkraut ausbreiten können.

Zur Verwendung kommt ein speziell für die Verfrühung von Gemüsekulturen im Handel angebotenes Acryl-Vlies (Stärke: 17–22 g/m²) oder Polyethylen-Lochfolien (500 Loch/m², 0,01 mm Stärke). Die Kombination aus Vlies (unten) und Lochfolie (oben) verstärkt durch den eingeschlossenen Luftposter zwischen den Schichten den Verfrühungseffekt massiv. In Gartencentern sind auch Kleinpackungen für den Selbstversorgergarten erhältlich.

Das Vlies wird ab Mitte Jänner – wenn die für den Austrieb notwendige Kältesumme erreicht ist – locker über die Kultur gelegt, seitlich eingegraben oder gut mit Sandsäcken beschwert. Besonders in windexponierten Lagen wird es ansonsten sehr leicht vertragen oder beschädigt.

An warmen, sonnigen Tagen, wenn die Temperatur unter dem Vlies auf über 25 °C steigt, muss tagsüber abgedeckt werden. Damit werden Hitzeschäden zu vermieden. Spätestens zu Beginn der Blüte muss das Vlies, zumindest tagsüber dauerhaft, entfernt werden. Dabei ist zu beachten, dass die Blätter der frisch freigelegten Pflanzen eine nur dünne Wachschicht aufweisen und sensibel auf Herbizide oder auch Fungizide der Gruppe der Strobilurine reagieren. Nach dem Abdecken sollte der Kultur daher eine mehrtägige Abhärtephase gegönnt werden.

Das Vlies bzw. die Lochfolie bleiben jedoch weiterhin zusammengerollt mitsamt den Beschwerungssäcken zwischen den Reihen liegen. Bei Frostgefahr können die Bestände so wieder rasch abgedeckt werden. Der Erfolg der Vliesverfrühung hängt zu einem großen Teil vom Witterungsverlauf ab. Den größten Effekt erzielt man bei kühlem, regnerischem Frühjahrswetter, wo der Temperaturunterschied zwischen dem Bereich unter dem Vlies und außerhalb am größten ist. Bei optimalen Wetterbedingungen entwickeln sich dagegen auch unverfrühte Bestände rasch und der doch beträchtliche Arbeits- und Kontrollaufwand rechnet sich kaum.

Verfrühung mit Wandertunneln

Wandertunnel sind einfache, nicht winterfeste, Tunnelkonstruktionen, welche im Spätwinter über einjährigen, vliesverfrühten Anlagen aufgebaut und mit Folie bezogen werden. Sie bleiben nur wenige Monate bis Ernteende stehen. Wandertunnel können die Ernte um über einen Monat verfrühen. Eine Ernte ist somit bereits Mitte April möglich. Neben den Kosten für die Tunnel, muss natürlich auch der Aufwand für den jährlichen Auf- und Abbau kalkuliert werden. Voraussetzung ist weiters eine Bewässerungs- und Fertigationsmöglichkeit.

Vorteile des Anbaues im Tunnel sind neben der Frühzeitigkeit der Frost- und Hagelschutz, höhere Erträge und der Schutz gegen Fruchtfäulen – besonders bei schwierigem Erntewetter. Zudem kann der arbeitswirtschaftliche Vorteil, dass die Erntehelfer bei jedem Wetter arbeiten können, nicht hoch genug einzuschätzen.

Verspätung durch Höhenanbau

Der alpine Raum bietet durch Verlagern des Anbaus in verschiedene Höhenlagen die Möglichkeit einer natürlichen Erntestaffelung. Pro 100 m Höhendifferenz ergibt sich eine Verspätung um durchschnittlich vier Tage. Die Früchte aus dem Höhenanbau sind aufgrund des schwächeren Ansatzes und der gleichmäßigeren Sommertemperaturen oft aromatischer als solche zur gleichen Zeit aus tiefen Lagen.

Die raue Witterung im alpinen Raum begründet die Gefahr von Winterfrösten. Da die Schneesicherheit immer mehr abnimmt, sollten die Erdbeerpflanzen im Höhenanbau den ganzen Winter mit einem Vlies geschützt werden. Eine möglichst frühe Pflanzung von Frigopflanzen (bis Anfang Juni) ist empfehlenswert. Grünpflanzen können nicht verwendet werden, da die nach der Pflanzung verbleibende Vegetationszeit zu kurz ist.

Verspätung durch remontierende (immertragende) Sorten

Immertragende Erdbeersorten legen laufend neue Blütenstände an und erlauben so eine durchgehende Ernte zwischen Mai und dem Spätherbst. Diese Erdbeersorten weisen meist einen starken Erntepeak zur selben Zeit wie einmaltragende Sorten, dann eine Schwachertragsphase und in Folge bis in den Herbst mehr oder minder schwankende Erträge auf. Durch die Entfernung der ersten Blütenstände, wird eine Überlappung mit dem Ertrag von Frühsorten vermieden und die Ernte verspätet. Der Anbau erfolgt in der Regel im geschützten Anbau, da aufgrund des Umstandes, dass unter dem Jahr Früchte und Blüten parallel vorhanden sind, Pflanzenschutzmaßnahmen nur schwerlich möglich sind.

Remontierende Sorten haben enormes Ertragspotential. Dieses hat jedoch auch seinen Preis – die Früchte solcher Sorten sind oft kleiner und auch geschmacklich etwas schwächer als jene einmaltragender Sorten.

HAUSGARTEN-TIPP

Im Erwerbsanbau hat sich der Freilandanbau remontierender Sorten aufgrund der vielen kulturtechnischen Schwierigkeiten nicht durchgesetzt. Für den Hausgarten ist der Anbau solcher Sorten aber eine interessante Möglichkeit, den ganzen Sommer über Erdbeeren ernten zu können.

Terminkultur mit Frigo-, Wartebeet- oder Traypflanzen

Jene Ausläufer, die sich im Vermehrungsfeld als erste bilden, setzen im Herbst vor der Rodung die meisten Blüten an. Sie werden nach Rhizomdurchmesser sortiert, als „Starke Frigopflanzen“ (sog. A+-Qualität) verkauft und neben Wartebeet- und Traypflanzen (siehe Abschnitt Pflanzmaterial) für die Terminkultur verwendet.

Bei allen drei genannten Pflanztypen kann, unabhängig von der Jahreszeit, ca. acht Wochen nach der Pflanzung mit einer Ernte gerechnet werden.

Wird also im Mai gepflanzt, so fällt die Ernte in den Juli, eine Zeit, in der die hohen Preise den erhöhten Aufwand rechtfertigen.

Im Freiland stehen die Erträge und somit Erlöse leider häufig in keinem guten Verhältnis zu den hohen Pflanz- und Kulturführungskosten sowie Risiken von Terminkulturen. Diese werden daher in der Regel im geschützten Substratanbau ausgeführt.

Traypflanze Foto: Manfred Wiesenhofer

ANBAUSYSTEME IM SUBSTRATANBAU

Anlage

Meist wird im Erdbeersubstratanbau mit winterfesten Folientunneln gearbeitet, da hier im Gegensatz zu Regendächern eine Verfrühung der Ernte möglich ist. Daneben kommen auch Foliengewächshäuser und Glashäuser zum Einsatz. Umso größer das Volumen umso gleichmäßiger ist das Klima im Tunnel oder Haus. Die Erdbeere dankt ein solches mit stärkerem Wuchs, geringerer Krankheitsanfälligkeit und somit höheren Erträgen. Die häufigste Bauart sind technisch gut ausgestattete Tunnelkonstruktionen. Die drei im Substratanbau umfangreichsten Tätigkeitsbereiche, die Bewässerung, die Düngung und die Klimaführung werden inzwischen zu einem großen Teil automatisiert. Je nach Automatisierungsgrad und Tunnelqualität kosten diese System zwischen 300.000 und 500.000 Euro pro Hektar.

Substrat

Im Substratanbau kommt entweder reines Torfsubstrat, reines Kokossubstrat oder eine Mischung (manchmal auch in Kombination mit Perlitte) zum Einsatz. Torf ist ein trägeres, stärker pufferndes Substrat, das in der Kulturführung mehr verzeiht, aber etwas schwieriger in der Wasserführung ist. Kokos führt überschüssiges Wasser besser ab, verzeiht aber keine Fehler in der Wasser- und Düngeversorgung. Viele Kokossubstrate müssen vor der Bepflanzung mit einer speziellen Düngelösung gepuffert werden.

Substratbehälter und Unterstützung

Erdbeeren können in Rinnen, Kisten, Töpfen oder Säcken gepflanzt werden. Pro Laufmeter ist ein Volumen von mindestens 15 l Fassungsvermögen notwendig. Rinnen, Kisten und Töpfe werden meist selbst mit dem Substrat befüllt, was zwar günstiger ist, jedoch auch einen Mehraufwand bedeutet. Substratsäcke werden üblicherweise fertig gefüllt geliefert, und müssen dann nur noch zum Aufquellen an die Bewässerung angeschlossen werden.

Im Stellagenanbau müssen entweder am Trägersystem oder den Kisten zwei Arten von Halterungen angebracht sein. Die sogenannten Trossbänder halten die Fruchtstände und verhindern das Abknicken, zwei Schnüre oder Drähte halten das Laub senkrecht.

Bewässerungs- und Düngesystem

Je nach Behälterform werden in Erdbeeren Tropfschläuche oder Einzeltropfer eingesetzt. Über dieses System wird auch fertigiert, also Dünger ausgebracht. Für die Fertigation gibt es zwei Systeme: Zudüngungssysteme für Volldünger und Einzelnährstoffdüngungssysteme.

Einfache Zudosierungssysteme für Volldünger

Hierbei werden nahezu fertig abgemischte Volldünger aufgelöst und über eine Dosierpumpe (Dosadron, Mixrite) dem Gießwasser zugegeben. Einfachste Systeme kosten etwa 1.000 Euro, komplexere teilautomatisierte Systeme um die 5.000 Euro.

Einzelnährstoffdüngungssysteme

Mit diesen Systemen werden keine teuren Volldünger verwendet, sondern die wesentlich günstigeren Einzelkomponenten im richtigen Verhältnis zusammengemischt und zum Gießwasser dosiert. Solche Systeme sind flexibler (können auch verschiedenen Kulturen und Vegetationsstadien düngen), exakter aber auch wesentlich teurer. Bei Investitionshöhen von 30.000 bis 70.000 Euro werden sie daher meist von Großbetrieben eingesetzt.

Da im Erdbeeranbau eine große Menge überflüssiges Gießwasser anfällt (Drainwasser), muss dieses aufgefangen und abgeleitet werden – hierfür ist ein Gefälle von mindestens 1 % notwendig. Aufgrund potentieller Verunreinigung mit Pilzsporen kann es nur in phytophorafesten Kulturen (Apfel, Johannisbeere) eingebracht werden. Da das Drainwasser natürlich auch viele Nährstoffe enthält, wird es – vor allem in großen Betrieben – gesammelt und wiederverwendet. Um dies möglich zu machen, muss das Wasser desinfiziert und filtriert werden.

Produktionssysteme

Im geschützten Erdbeersubstratanbau sind im Wesentlichen drei Produktionssysteme möglich: die Terminkultur, die Durchkultur und der Anbau remontierender Sorten. Welches gewählt wird, hängt von der Vermarktungart ab.

Terminkultur

Hierbei werden starke Pflanzen gepflanzt. Der Erntebeginn startet etwa sechs bis acht Wochen nach der Pflanzung. Nach der Ernte werden die Pflanzen wieder gerodet. Um einen langen Erntezeitraum zu erreichen, werden die Pflanzen gestaffelt gepflanzt. Aufgrund der hohen Pflanzkosten, des aufwendigen Systems und der kurzen Nutzung der Anlage im Jahr wird dieses System nur selten eingesetzt.

Durchkultur

Hierbei handelt es sich um das gängigste Verfahren. Es werden starke Pflanzen Mitte Juni gepflanzt, um dann im August mit der Herbsternte zu starten. Nach dieser werden die Pflanzen geschnitten, auf den Boden gestellt und eingewintert. Im Folgejahr wird ein Frühertrag im Mai erzielt. Danach werden die Pflanzen gerodet. Vorteile sind die hohen Erträge mit einem kumulierten Ertrag von über 7 kg pro Quadratmeter. Leider können im Herbst nicht so hohe Preise wie im Frühjahr erzielt werden, was gerade für große Betriebe ein zunehmendes Problem darstellt.

Anbau remontierender Sorten

Mit dem Anbau solcher Sorten können wesentliche Probleme der klassischen Durchkultur gelöst werden. Es werden relativ schwache Pflanzen von remontierenden Sorten im August gepflanzt. Diese wachsen im Herbst an und werden im Winter eingewintert. Alternativ können auch starke Pflanzen im späten Winter gesetzt werden. Im Frühjahr wird ein Frühertrag im Mai erzielt. Danach werden die Blütenstände entfernt und somit auf eine Ernte im Juni (wo es genug Freilanderdbeeren gibt) verzichtet. Ab Juli fangen die remontierenden Sorten dann wieder an zu tragen und es können in dieser absatzstarken Zeit noch deutliche Erträge erzielt werden. Spätestens Mitte August wird die Ernte abgebrochen und es werden wieder Pflanzen fürs Folgejahr gepflanzt. Vorteile dieses Systems sind die hohen Erträge, gute Absatzmöglichkeiten und gute Anlagennutzung. Nachteile sind die geschmacksschwachen Sorten und die Schädlingsanfälligkeit im Sommer gegenüber Spinnmilben und Thripsen.

Die Höhe des ersten Erntepeaks und die das Ausmaß der Niedrigertragsphase können durch die Überwinterungstemperatur der Pflanzen gesteuert werden. Relativ warm (semi-chilled) überwinterte Pflanzen zeigen geringer ausgeprägte Schwankungen in der Erntemenge. Je nach der Planung der betrieblichen Abläufe, ob nur Remontierer oder ob remontierende und einmaltragende Sorten abgestimmt auf einander angebaut werden, wird hier die Wahl getroffen.

Pflanzung

Pflanzdichte

Die Pflanzdichte ist abhängig von und der Erdbeersorte der Stärke des Pflanzmaterials. Bei Durchkulturen mit starken Pflanzen werden zwischen 10 und 15 Pflanzen je Laufmeter gepflanzt, bei Einsatz von schwachen Frigos können sogar bis zu 30 Pflanzen je Laufmeter zum Einsatz kommen. Bei remontierenden Sorten, die einen üppigeren Wuchs aufweisen, werden oft nur sechs bis acht Pflanzen je Laufmeter gepflanzt.

Pflanzhöhe

Die Oberkante des Pflanzgefäßes weist eine Höhe von 1,35 bis 1,45 m auf. So wird die optimale Erntehöhe im Stehen erreicht. Wie im Freilandanbau werden die Pflanzen bis zur Mitte des Rhizoms eingepflanzt. Bei Topfkulturen wird der Pflanzbehälter zu 2/3 mit Substrat gefüllt, die Pflanzen mit den Kronen nach außen in Topf oder Kiste gelegt und anschließend abgedeckt. So müssen die Wurzeln nicht eingekürzt werden und die Blütenstände schauen automatisch nach außen.

Reihenabstände

Werden die Erdbeeren auf Stellagen kultiviert müssen zwischen den Reihen mindestens 1,20 m eingehalten werden. Bei zu geringen Reihenabständen oder Systemen mit mehreren Stellagen übereinander leiden die Pflanzen häufig an Lichtmangel, was geringeren Ertrag bewirkt.

Kulturmaßnahmen

Pflanzenschutz

Die Schwerpunkte des Pflanzenschutzes liegen im geschützten Anbau auf wärme- und trockenheitsliebenden Schadorganismen. Bei einmaltragenden Sorten muss besonderes Augenmerk auf Spinnmilben und Mehltau gelegt werden. Bei remontierenden Sorten bereiten Blattläuse und vor allem Thripse im Hochsommer massive Probleme. Bei der Durchkultur mit reifen Früchten im Herbst dürfen außerdem Botrytis und die Kirschessigfliege nicht außer Acht gelassen werden. Gegen viele tierische Schadorganismen kann effektiv mit Nützlingen vorgegangen werden. Bei Überschreiten von Schadschwellen müssen aber chemische Maßnahmen gesetzt werden, um den Schädlingsdruck zu reduzieren. Pilzkrankheiten werden in der Regel durch einen Mix aus biologischen und konventionellen Behandlungsmethoden kontrolliert und so für die nötige Fruchtqualität gesorgt.

Laubarbeit

Zu Beginn der Blüte muss die Blatt- und die Blütenzone getrennt werden. Dies erfolgt indem Laubblätter nach oben zwischen die Laubdrähte eingestrickt und Blütenstände herunter auf die Trossbänder gelegt werden. Altes, kurzes Laub, welches nicht eingestrickt werden kann, wird dabei entfernt. Damit wird eine bessere, seitliche Durchlüftung der Pflanzen erreicht. Durch diese Maßnahmen wird Krankheiten vorgebeugt, Pflanzenschutz erleichtert und die Fruchtqualität verbessert.

Ernte

Die Ernte von Stellagenkulturen erfolgt im Stehen oder teilweise auch im Sitzen durch Nutzung von Pflückschlitten, welche auf Rollen zwischen den Reihen fahren. Die Höhe der Stellagen muss der geplanten Erntetechnik angepasst sein, um die Ernte zu erleichtern und optimale Pflückleistungen zu ermöglichen. Während im Freilandanbau

Ernteleistungen zwischen 10 und 15 kg pro Stunde angepeilt werden, sind im Substratanbau bis zu 25 Kilo möglich.

Einwintern

Werden Erdbeerpflanzen bei zu hoher Luftfeuchte über den Winter gebracht, fangen die Rhizome an zu schimmeln – die sogenannte Rhizombotrytis. Diese führt zu Ertragsminderungen und erhöhtem Pflanzenschutzmitteleinsatz. Um Rhizombotrytis zu reduzieren, wird folgende chronologische Vorgangswiese empfohlen:

1. Möglichst langes Zuwarten bis zum Einwintern. Die Pflanzen lagern im Herbst noch Stoffe ein. Mit dem Hinunterstellen auf den Boden sollte somit bis zu relevanten Frösten, die für das Bewässerungssystem zum Problem werden können, zugewartet werden. Ab der zweiten Novemberhälfte ist das Hinunterstellen jedenfalls möglich.
2. Bewässern um Austrocknung zu vermeiden. Anschließend Einwintern des Bewässerungssystems.
3. Fungizidbehandlung nach dem Hinunterstellen oder spätestens vor der Vliesabdeckung. Im Optimalfall mit einem Wirkstoff bzw. einer Wirkstoffgruppe, welche in der Frühjahrsspritzfolge nicht eingesetzt wird.
4. Abschneiden des Laubes und Putzen der Bestände vor dem Abdecken mit Vlies. Absterbendes Laub unter dem Vlies führt zu höherer Luftfeuchte und besseren Bedingungen für Botrytis. Bei sehr später Pflanzung oder schwachen Beständen sollte die Maßnahme – nach dem selbstständigen Absterben des Laubes – jedenfalls erst im Jänner erfolgen.
5. Abdecken der am Boden stehenden Behälter mit Vlies erst bei Frösten unter minus 5 °C.
6. Mehrmaliges Lüften der Bestände bei frostfreier und v. a. bei warmer Witterung. Optimal ist langes Lüften nach dem Bewässern.

Rhizombotrytis Foto: Manfred Wiesenhofer

PFLANZENSCHUTZ, KRANKHEITEN UND SCHÄDLINGE

Sowohl im integrierten als auch im ökologischen Erdbeeranbau spielt der Pflanzenschutz eine wesentliche Rolle. Im bodengebundenen Erdbeeranbau sind die Schwerpunkte die Bekämpfung von Fruchtfäulen sowie die Unkrautregulierung, welche gerade in der ökologisch wertvollen Strohkultur eine große Herausforderung ist. Werden Erdbeeren biologisch produziert, hat die Unkrautregulierung rein mechanisch zu erfolgen. Zwischenreihenbehandlungen sind dabei relativ einfach zu bewerkstelligen, der Aufwand für das Entfernen von Unkräutern in der Reihe ist allerdings enorm. Dies und der Umstand, dass Unkraut-, Krankheits- und Schädlingsdruck mit den Standjahren generell zunehmen, führen dazu, dass biologische Erdbeerkulturen häufig nur einjährig geführt werden. Darüber hinaus findet deren Anbau hauptsächlich unter Dach statt. Vor allem Fruchtfäulen werden dadurch gut in Schach gehalten – leider führt der Anbau im Tunnel zu höherem Druck mit Mehltau und Spinnmilben – beides ist aber auch im biologischen Anbau mit den verfügbaren Möglichkeiten gut regulierbar.

Im integrierten Anbau findet eine Kombination aus mechanischen Unkrautregulierungsmaßnahmen (Zwischenreihenfräsen) und chemischen Maßnahmen statt. Durch den Einsatz von Herbiziden kann der Arbeitsaufwand für die Unkrautentfernung stark reduziert werden. Im Frühjahr wird häufig auf solche Maßnahmen verzichtet, um den Wuchs der Erdbeere nicht zu behindern – es ist gut investierte Zeit vor der Stroheinlage den Bestand einmal manuell „durchzuputzen“, um deren beikrautregulierende Wirkung optimal nutzen zu können. Auch nach der Ernte ist zumindest einmal händische Arbeit erforderlich. Zu hohe Beikräuter können nicht mehr chemisch bekämpft werden. Sie sind vor dem Einsatz von vorbeugenden Bodenherbiziden manuell zu entfernen.

Während Fruchtfäulen im biologischen Anbau – aufgrund potenziell zu hoher Behandlungsdichten – mit befallsmindernden Pflanzenschutzmitteln nur kulturtechnisch kontrolliert werden können, ist im integrierten Anbau eine effektive Bekämpfung möglich. Diese findet schwerpunktmäßig in der Blüte statt und verhindern Primärinfektionen durch Botrytis, Colletotrichum oder Gnomonia. Wird die Primärinfektion verhindert, sind in der Erntephase nur bei ausgesprochen schlechter, nasser Witterung Behandlungen notwendig.

Mit steigender Kulturdauer nehmen die Pflanzenschutzprobleme jedenfalls zu. Besonders Populationen von Schadinsekten wie Spinn- und Weichhautmilben, Blattläusen oder auch Dickmaulrüsslern bauen sich in der Anlage auf. Durch dichter werdende Bestände werden auch Grauschimmel, Mehltau und andere Blattkrankheiten gefördert. Frühzeitiges Erkennen von Schadbildern und vorbeugendes Arbeiten sind die Schlüssel für ein erfolgreiches Erdbeerjahr und die Möglichkeit, den Bestand ein weiteres Jahr zu bewirtschaften.

Im Folgenden sind die wichtigsten Erdbeerschaderreger kurz erörtert. Neben den angeführten können jedoch noch eine Vielzahl von anderen Schädlingen und Krankheiten – die teilweise in den Pflanzenschutz-Kapiteln der anderen Beerenarten behandelt werden – schädigend auftreten.

Krankheiten

Grauschimmel (*Botrytis cinerea*)

Dieser Pilz verursacht, besonders bei feuchter Witterung zwischen Blüte und Ernte, die größten wirtschaftlichen Schäden in Erdbeere. Botrytis ist ein omnipräsenter Pilz, d. h. seine Pilzsporen kommen überall in der Umwelt vor. Botrytissporen infizieren während der Blüte, wobei nasse Witterung den Befall fördert. Leider ist Regen dafür zwar förderlich, aber keine zwingende Voraussetzung, da bereits bei 60 % Luftfeuchtigkeit Infektionen auftreten. Der Pilz wächst zunächst in die sich

Grauschimmel Foto: Helmut Weiß

bildende Beere hinein, kann sich aber erst weiterentwickeln, sobald im Zuge der Reife die Stärke in Zucker umgewandelt wird. Die Frucht erscheint so zunächst gesund, erst bei der Reife bilden sich dann – ausgehend vom Kelch – braune Flecken und später der typische Grauschimmel-Pilzrasen. Zudem kann Botrytis über Verletzungen bei der Ernte und direkten Kontakt zwischen infizierten und gesunden Früchten übertragen werden.

Vorbeugung und Bekämpfung

Durch Beachtung einiger vorbeugender Maßnahmen können größere Schäden reduziert werden. Die Wahl robuster Sorten, einreihiger Anbau mit großen Pflanzabständen, zurückhaltende Stickstoffdüngung und rechtzeitige Stroheinbringung reduzieren das Schadenspotenzial. Weiters sollten bei der Ernte auch die befallenen Früchte aus dem Feld entfernt werden, um das Infektionspotenzial möglichst niedrig zu halten.

Im Freiland sind gegen Botrytisinfektionen jedenfalls Pflanzenschutzmaßnahmen in der Blüte anzuraten. Dabei sind die Behandlungen zu Blühbeginn und in die Vollblüte besonders wichtig. Das Abwechseln von Wirkstoffen stellt die nachhaltige Wirksamkeit von Pflanzenschutzmitteln sicher.

HAUSGARTEN-TIPP

Haben Sie Mut zur Lücke und werfen Sie, wenn sie erste faule Früchte sehen, nicht die Flinte ins Korn. Die Erdbeere blüht gestaffelt und so ergeben sich nicht für alle Blüten Botrytis-Infektionsbedingungen. Es ist durchaus möglich, dass im Falle eines verregneten Blühbeginns die ersten Früchte faul sind, die späteren aber tadellos durchreifen. Faule Früchte sollten allerdings laufend entfernt werden.

Erdbeermehltau
(Sphaerotheca macularis)

Diese Krankheit weist zwei Ausprägungen auf. In Freilandkulturen tritt Erdbeermehltau meist nach der Ernte und im Herbst auf und kann zu deutlichen Blattschäden, somit zu verminderter Assimilationsfläche und Wuchsdepressionen führen. Massive Probleme bereitet der Erdbeermehltau im Freiland selten, da er mit angepasster Düngung und wenigen Pflanzenschutzmaßnahmen gut kontrolliert werden kann.

Problematischer ist Erdbeermehltau im geschützten Anbau. Je nach Jahr und Sorte werden nicht nur die Blätter, sondern auch die reifenden Früchte befallen. Totalausfälle können die Folge sein. Zwar gibt es in der Resistenzzüchtung schon Fortschritte, aber bei entsprechender Witterung kann der Befall nur mit engmaschigen Fungizidbehandlungen kontrolliert werden. Besonders remontierende Sorten neigen zu Mehltauanfälligkeit.

Mehltau zeigt sich am Blatt durch einen zart-weißen bis silbernen Belag auf der Blattunterseite. Später falten sich die Blätter nach oben und verfärben sich rötlich-violett. Im Freiland sind Fruchtsymptome sehr

Erdbeermehltau Foto: Manfred Wiesenhofer

selten, im geschützten Anbau können diese jedoch schon ohne Blattsymptome auftreten. Dabei beginnen sich grüne Beeren bis hin zu ganzen Fruchtständen – teils direkt nach der Blüte – mit dem namensgebenden weißen Belag zu belegen. Befallene Früchte müssen geerntet werden – eine kurative Behandlung ist nicht möglich.

Bekämpfung

Im Freiland kann der Befall durch wenige Fundizidbehandlungen nach der Ernte, welche auch Nebenwirkungen auf andere Blattkrankheiten haben, gut kontrolliert werden. Im geschützten Anbau sind bei empfindlichen Sorten wöchentliche Behandlungen ab dem Austrieb notwendig. Dabei werden biologische und konventionelle Präparate abgewechselt.

Gnomonia Fruchtfäule
(Gnomonia comari)

Die auch als Kelchfäule bezeichnete Krankheit führt oft in verfrühten Beständen zu Schäden. Nach der Blüte verbräunen die Kelchblätter und der Fruchtstiel. An den befallenen Früchten breiten sich vom Kelch her eher feste Faulstellen aus. Die Symptome könnten mit Lederbeeren verwechselt werden, bei denen die Kelchblätter allerdings grün bleiben. Oft überwuchert auch Grauschimmel die Faulstellen.

Der Pilz überwintert auf oberirdischen Pflanzenteilen, die Hauptinfektion erfolgt über Stomata (Spaltöffnungen) und Verletzungen an warmen Regentagen vor der Blüte.

Bekämpfung

Viele Pflanzenschutzmittel, welche auch Wirkung gegen Blattkrankheiten haben, wirken auch gegen Gnomonia. Bei anfälligen Sorten ist eine Behandlung während des Schiebens der Blütenstände notwendig.

Rote Wurzelfäule
(Phytophthora fragariae)

In den frühen 1990er Jahren wurde diese erdbeerspezifische Krankheit mit verseuchtem Pflanzgut in viele Betriebe Mitteleuropas eingeschleppt und verursacht seither große Schäden. Felder, die einmal mit den Dauersporen des Erregers verseucht sind, können, wenn überhaupt, erst nach einer Anbaupause von mindestens zehn Jahren wieder mit Erdbeeren bepflanzt werden.

Befallene Pflanzen wachsen schlecht, die Blätter bleiben klein und verfärben sich rötlich. Gräbt man eine Pflanze aus, so fällt auf, dass die Seitenwurzeln fehlen (die Wurzeln sehen aus wie Rattenschwänze).

Die Ausbreitung im Bestand erfolgt bei tiefen Temperaturen über das Bodenwasser besonders schnell, weshalb staunasse Felder stark gefährdet sind.

Bekämpfung

Gesundes Pflanzmaterial und gesunde Böden sind die Zauberworte der Phytophtora-Vorsorge. Wird bei der Übergabe des Pflanzmaterials Phytophtora-Befall festgestellt, sollten diese Pflanzen nicht übernommen werden. Befallene Flächen sind absolut zu meiden, wobei der Anbau auf Dämmen den Befall reduziert.

Rhizomfäule *(Phytophthora cactorum)*

Hier handelt es sich um denselben Erreger, der beim Apfel die Kragenfäule verursacht und auch bei vielen anderen Kulturpflanzen vorkommt.

Anfangs gesund entwickelte Pflanzen brechen zwischen Blüte und Ernte plötzlich zusammen. Zunächst verwelken die jüngsten, später auch die älteren Blätter. Schneidet man das Rhizom durch, so wird ein deutlich abgegrenzter, rotbraun verfärbter, abgestorbener Bereich sichtbar. Bei starken Niederschlägen können auch Früchte direkt befallen werden, bekommen zuerst braune Flecken und werden bitter. Später verfärben sich die Früchte komplett und sinken weich, aber trocken in sich zusammen – die sogenannten Lederbeeren. Meist ist der Erreger im Boden bereits vorhanden. Die Sporen verbreiten sich bei hohen Temperaturen (Juli, August) über das Bodenwasser und dringen über Wachstumsrisse in die Wurzeln ein.

Bekämpfung

Zur Vorbeugung sollten Flächen, die vorher mit Obstanlagen, Baumschulen oder anfälligen Vorfrüchten bepflanzt waren, gemieden werden. Zu tiefes Pflanzen und schwere Böden fördern den Befall.

Rhizomfäule Foto: Helmut Weiß

Schwarze Wurzelfäule (Schadkomplex aus Schwächepilzen und Bakterien)

Frostschäden oder Nematodenbefall schaffen Eintrittspforten für eine Vielzahl von unspezifischen, im Boden vorkommenden Pilzen und Bakterien. Ist der Boden zusätzlich kalt und staunass, kommt es zu Schäden. Die Pflanzen kümmern bereits im Frühjahr und sterben zu Erntebeginn ab. Die Früchte bleiben klein und werden notreif. Rhizom und Wurzeln weisen eine verkorkte Rinde auf, die sich vom hellen Zentralzylinder leicht abschälen lässt.

Verticillium-Welke *(Verticillium albo-atrum* und *V. dalhiae)*

Im Gegensatz zu den Wurzelfäulen treten Welkeprobleme vor allem auf leichten, eher warmen Böden auf. Meist bleiben in frisch gesetzten Beständen zunächst einzelne Pflanzen im Wachstum zurück. In Hitzeperioden beginnen die ältesten Blätter zu welken, später auch die jüngeren, das Herz bleibt dabei lange Zeit frisch.

Die Symptome breiten sich nesterweise im Bestand aus und sind teilweise reversibel. In feuchten Wetterphasen können sich einzelne Pflanzen wieder erholen und gesund erscheinen.

Die Ursprünge der Infektion sind das Pflanzmaterial oder verseuchter Boden. Kartoffeln, Tomaten und Lein werden ebenfalls befallen und sind daher als Vorfrucht ungeeignet.

Viele Hauptsorten, wie ´Honeoye´ und ´Elsanta´ oder ´Symphony´, sind leider besonders anfällig. Im Hausgarten kann an Problemstandorten auf die robusteren Sorten ´Korona´ zurückgegriffen werden.

Bekämpfung

Eine befriedigende chemische Bekämpfung ist derzeit nicht möglich. Als vorbeugende Maßnahme können Böden auf das Vorhandensein von Verticillium-Dauersporen analysiert werden.

Weißflecken
(Mycosphaerella fragariae)

In Jahren mit feucht-warmem Frühjahrswetter kann es vor allem im zweiten Erntejahr zu einer raschen Ausbreitung dieser Blattkrankheit kommen.

Auf den Blättern zeigen sich zunächst einzelne, dann viele kleine weiße Flecken, die meist von einem rötlich braunen Hof umgeben sind. Fallweise fließen diese Flecken ineinander und ganze Blätter sterben ab.

Bekämpfung

Die Infektion geht meist von altem Laub aus, weshalb die wichtigsten vorbeugenden Maßnahmen das Entfernen des abgestorbenen Laubes im Frühjahr sowie das Abmähen des Bestandes nach der Ernte darstellen.

Der Erreger wird durch Pflanzenschutzmaßnahmen gegen Mehltau und Botrytis mitbekämpft und verursacht so nur selten wirtschaftlichen Schaden.

Weißfleckenkrankheit Fotos: Manfred Wiesenhofer

Anthraknose-Fruchtfäule

(Colletotrichum acutatum)

Dieser Pilz kann zwar auch Blattstiele und Ausläufer befallen, der wirtschaftliche Schaden entsteht jedoch in der Regel durch den Fruchtbefall. Die Frucht zeigt kleine hellbraune Flecken, die sich schnell vergrößern und sich bei trockener Witterung schwarz-violett verfärben. Das befallene Gewebe ist fest und eingesunken (mumifiziert). In der Mitte der schwarzen Flecken werden bei feuchter Witterung die rosafarbenen Sporenlager sichtbar.

Ein besonderes Problem stellt die Tatsache dar, dass sich die Flecken an den Früchten häufig erst auf dem Handelsweg entwickeln und einwandfrei angelieferte Ware verdorben beim Verbraucher ankommt.

Anthraknose tritt als problematischer Schaderreger dann auf, wenn es während der Erntephase viele Niederschläge bei hoher Temperatur gibt. Im biologischen Anbau ist dann überhaupt keine Bekämpfung möglich, im integrierten Anbau sind bei ständigem Regen schnell die Grenzen der Wirksamkeit von Fungiziden erreicht und Totalausfälle die Folge. Die Sorte ´Elsanta´ ist hochanfällig, weniger befallen werden ´Honeoye´ und ´Polka´.

Bekämpfung

Breitwirksame Fungizide, die zur Bekämpfung der Graufäule eingesetzt werden, haben eine Nebenwirkung auf Anthraknose. Auf Wirkstoffwechsel ist jedenfalls zu achten.

Schwarzflecken/Anthraknose

Eckige Blattfleckenkrankheit

(Xanthomonas fragariae)

Diese von Bakterien verursachte Krankheit wurde aus den USA nach Südeuropa eingeschleppt und verbreitete sich schnell in den wärmeren Erdbeeranbaugebieten. In kühleren, trockenen, kontinental beeinflussten Gebieten ist ihr Auftreten eher selten.

Befallene Pflanzen zeigen meist einen ungestörten Wuchs. Bei genauem Hinsehen treten im Frühling, zunächst auf den älteren

Blättern an der Blattunterseite, kleine, von den Blattadern begrenzte, eckige Flecken auf. In der Aufsicht erscheinen sie dunkel, gegen das Licht gehalten allerdings fettig durchscheinend. Nach einigen Tagen bildet sich auf den Flecken ein glänzender, klebriger Schleim, der auch auf die sich entwickelnden Blütenstände gerät. Der Hauptschaden von *Xanthomonas* ist die massive Verbräunung der Kelchblätter, welche eine Vermarkung unmöglich macht.

Die Bakterie breitet sich systemisch in der ganzen Pflanze aus. Die Übertragung erfolgt über die Ausläufer auf die Jungpflanzen. Im Bestand wird der Bakterienschleim durch Pflücker, Maschinen und Regenspritzer rasch verbreitet.

Bekämpfung

In befallenen Beständen hat sich aber eine zwei- bis dreimalige Behandlung mit Kupfer vor der Blüte bewährt. Die Schleimbildung und damit die Verbräunung der Kelchblätter kann so minimiert werden.

Eckige Blattflecken Foto: Manfred Wiesenhofer

Schädlinge

Schnecken

Besonders bei kleineren Parzellen und im Hausgarten richten Nacktschnecken oft beträchtlichen Schaden an. Sie hinterlassen Fraßstellen und Schleimspuren an den Früchten. In größeren Beständen und bei häufiger Bodenbearbeitung sind Schäden seltener.

Bekämpfung

Zur Vorbeugung sollten umliegende Wiesenflächen häufig gemäht und das Mähgut abgeführt werden.

Verschiedene Schneckenkornarten auf Basis von Eisen-III-Phosphat haben sich bewährt. Es kann bei nassem Erntewetter vor der Ernte zwischen den Reihen und im Randbereich ausgebracht werden. Gegen Ackerschnecken können auch Nematoden (Fadenwürmer) eingesetzt werden.

Erdbeerblütenstecher
(Anthonomus rubi)

Dieser kleine Rüsselkäfer tritt besonders häufig in Waldnähe oder bei Windschutzgürteln auf. Das Tier ist schwarzgrau gefärbt, 2–3 mm lang und hat charakteristische, in Längsrichtung gepunktete Deckflügel. Bei der leichtesten Erschütterung lässt sich der Käfer sofort fallen.

Das Weibchen wandert zu Blühbeginn bei höheren Temperaturen zu, legt je ein Ei in die Blüten und sticht dann die Blütenstiele so an, dass diese abknicken und vertrocknen. Da jedes Weibchen 30 Blüten vernichtet, kann der Schaden bei schwach blühenden Sorten und in Problemlagen beträchtlich sein.

Bekämpfung

Der Blütenstecher kann in der Nähe von Saumstrukturen und in kleinen Anlagen erheblichen Schaden anrichten. Bei schwerem Befall sind Behandlungen mit einem zugelassenen Insektizid vor der Blüte notwendig.

Spinnmilben *(Tetranynchus urticae)*

Gefährdet sind vor allem mehrjährige Bestände, mit Vlies verfrühte Kulturen sowie Kulturen im Tunnel- und Glashausanbau.

Die mit freiem Auge gerade noch sichtbaren Milben wandern im Frühjahr auf die Pflanze auf. Im Frühsommer erscheinen zunächst die älteren Blätter gesprenkelt gelblich und sterben später ab. Auf der Blattunterseite sind ein feines Gespinst und, unter der Lupe betrachtet, eine Vielzahl beweglicher Milben sowie weißer, runder Eier sichtbar.

Besonders bei warmer, trockener Witterung – häufig nach der Stroheinlage – kommt es zu einer Massenvermehrung.

Die Spinnmilbe hat viele natürliche Feinde, wie Raubmilben oder Blumenwanzen, die sie, solange das biologische Gleichgewicht nicht gestört ist, auch in Schach halten. Diese Nützlinge leiden besonders unter dem Einsatz unspezifisch wirkender Insektizide.

Bekämpfung

Bei Befall im Erntejahr sollte ehestmöglich eine Behandlung mit einem zugelassenen Akarizid erfolgen. In geschützten Kulturen können zur biologischen Bekämpfung auch Raubmilben eingebracht werden.

Bei Behandlungen ist immer darauf zu achten, dass auch die Blattunterseite gründlich benetzt wird.

Erdbeermilbe *(Tarsonemus fragariae)*

Im Gegensatz zu den mit einer Lupe leicht sichtbaren Gemeinen Spinnmilben ist die Erdbeermilbe nur unter starker Vergrößerung zu sehen. Die Tiere sind kleiner als 0,3 mm und halten sich zudem ganz im Herzen der Pflanze auf.

Durch ihre Saugtätigkeit an den ganz jungen Blättern bleiben diese klein, kräuseln sich und sterben häufig sogar ab. Die ganze Pflanze macht einen gedrungenen Eindruck, kümmert, die Blüten bleiben aus. Die Einschleppung erfolgt meist durch verseuchtes Pflanzgut und zunächst sind nur einzelne Pflanzen betroffen. Diese ersten Befallsnester werden häufig übersehen, breiten sich aber rasch aus, da die Milbe bis zu fünf Generationen pro Jahr hervorbringt.

Schadbild der Erdbeermilbe Foto: Helmut Weiß

Bekämpfung

Da die Tiere so geschützt leben, ist die chemische Bekämpfung schwierig und bleibt oft erfolglos. Gesundes Pflanzmaterial, laufende Kontrollen und das sofortige Entfernen der befallenen Pflanzen sind daher umso wichtiger.

Gefurchter Dickmaulrüssler *(Otiorhynchus sulcatus)*

Die weißen oder auch rosa gefärbten, bis über 1 cm langen Larven dieses Rüsselkäfers fressen Feinwurzeln und Rhizom von unten ab. Befallene Pflanzen welken und sterben ab. Von ersten Befallsnestern breitet sich der Befall in wenigen Jahren auf die ganze Fläche aus.

Es handelt sich hier um ein Fruchtfolgeproblem, das häufig bei einem Anbau unmittelbar nach Wiesenumbruch, bei zu häufigem Erdbeeranbau auf derselben Fläche und bei mehrjähriger Kultur auftritt.

Bekämpfung

In der Anlage kann der Dickmaulrüssler nicht bekämpft werden. Im Freiland ist die Verwendung von Nematoden nicht ausreichend wirksam. Nur eine Schwarzbrache mit einer tiefen Pflugfurche nach einem Umbruch hat sich als zweckmäßig herausgestellt. Der Boden sollte gut durchfrieren, damit Dickmaulrüsslerlarven bestmöglich reduziert werden.

Thripse *(Thrips* spp., *Frankliniella occidentalis)*

Neue Produktionsmethoden bieten auch neuen Schädlingen Platz. Bei Terminkulturen in den heißen Sommermonaten und im geschützten Anbau – vor allem von remontierenden Sorten – gewinnen Thripse an Bedeutung.

Die 0,6–2 mm kleinen schmalen geflügelten Tiere leben versteckt in den Blüten und bilden bis zu vier Generationen. Die reifenden Früchte verfärben sich durch ihre Saugtätigkeit bronzefarben, werden hart und rissig.

Bekämpfung

Die Bekämpfung sollte zu Blühbeginn erfolgen. Durch regelmäßige Blütenkontrolle und den Einsatz von Blautafeln kann der Befall rechtzeitig erkannt werden. Dann ist im geschützten Anbau auch der Nützlingseinsatz mit Raubwanzen *(Orius)* und Raubmilben *(Amblyseius)* erfolgreich. Ein kaum lösbares Problem kann der massenhafte Zuflug aus benachbarten Getreidebeständen darstellen, welcher im Spätsommer schnell die Ursache für die Rodung der Anlage sein kann.

Tripsbefall in Erdbeerblüte

Durch den Fraß am Blütenboden berostet die Frucht. Fotos: Manfred Wiesenhofer

SORTENWAHL

In den letzten 200 Jahren hat die Erdbeerzüchtung weltweit über 1.000 Sorten hervorgebracht. Durch ihre Anpassung an Tageslänge und Temperaturverlauf sind jedoch nicht alle für unsere Klimaverhältnisse geeignet und nur wenige haben heute wirtschaftliche Bedeutung. Viele Neuzüchtungen werden für spezielle Anbausysteme oder als exklusive Clubsorten entwickelt. Für den Liebhaberanbau, wo oft Geschmack und Robustheit entscheidender sind als Rentabilität, gelten jedoch ganz andere Maßstäbe als für den großflächigen Anbau und auch ältere, weniger verbreitete Sorten haben hier ihre Berechtigung.

Sorte	Herkunft	Reifezeit	Ertrag	Geschmack	Großhandel	Ab Hof	Bioanbau
Flair	NL	seh früh	* * *	* * * *	* * *	* * * * *	* *
Alba	I	früh	* * * * *	* * *	* * * * *	* * *	* * *
Clery	I	früh	* * * *	* * * *	* * * *	* * * *	* * * *
Daroyal	F	früh	* * *	* * * *	* *	* * * *	* * * * *
Lambada	NL	früh	* * *	* * * *	* *	* * * * *	* * *
Aprica	I	früh	* * * *	* *	* * * * *	*	* * * *
Eiianny	NL	mittel	* * *	* * * *	* * *	* * *	* * * * *
Honeoye	USA	mittel	* * * * *	* * *	* * *	* * *	* * *
Darselect	F	mittel	* * * *	* * * *	* * * * *	* * * * *	* * * *
Malling Cente-nery	GB	mittel	* * * *	* * * *	* * * *	* * * *	* *
Korona	NL	mittel	* * * * *	* * * *	*	* * * * *	* *
Elsanta	NL	mittel	* * * * *	* * * * *	* * * * *	* * * *	* *
Sonata	NL	mittel	* * *	* * * *	* * * *	* * * *	* * *
Asia	I	mittel	* * * * *	* * * *	* * *	* * * *	* * *
Senga Sengana	D	mittel	* * * *	* * * * *	*	*	* *
Sym-phony	GB	spät	* * * *	* * *	* * * * *	* * * *	* * * *
Florence	GB	spät	* * * * *	* * *	* *	* * * *	* * * * *
Faith	NL	sehr spät	* * * *	* * * *	* * * *	* * * *	* *
Malwina	I	sehr spät	* * *	* * *	* * * *	* * * *	* * * *

Sortenübersicht Erdbeere (einmaltragende)

Festigkeit	Transport-fähigkeit	Anfällig für:	Besonderheiten
* * *	* * *	Wassermangel, Herbizide	gut zu verfrühen
* * * * *	* * * * *	Gnomonia, Anthraknose, Herbizide	Vorsicht, reagiert
* * * *	* * * *	Blattflecken, Botrytis, Spinnmilben	
* *	* *	Druckstellen	dunkelrotes Fruchtfleisch, starkwüchsig
* * *	* * *	extrem Mehltauanfällig	dicht pflanzen
* * * * *	* * * * *	Herbizide	
* * *	* * *	Druckstellen	robust
* * *	* * *	Wurzelfäule	säuerlich, guter Geschmack erst bei Vollreife
* * * *	* * * *	Verticillium, Mehltau	exponierte Blüte spätfrostgefährdet
* * * *	* * * *	Mehltau, Phytophtora	gut für den Substratanbau
* *	* *	Botrytis, Rote Wurzelfäule	Stock wird sehr dicht
* * *	* * * *	Wurzelkrankheiten, Verticillium, Anthraknose	
* * *	* * *	Verticillium und Schwarzfäule	hitzeempfindlich
* * * *	* * * *	Anthraknose und Mehltau	Früchte springen bei Regen auf
* * *	* * *	Graufäule	ausgezeichnet für Verarbeitung
* * * *	* * * *	Verticillium	grüne Spitze, säuerlich
* * *	* *		Direktvermarktung und Selbstpflücke
* * * *	* * * *	Mehltau, Phytophtora	hohes Fruchtgewicht
* * *	* * *		typisch sind Blättchen an Blütenständen

***** sehr gut, **** gut, *** mittel, ** gering, * sehr gering

Beim Anbau für den Obstgroßhandel spielen besonders Aussehen, Transportfähigkeit und Haltbarkeit der Früchte eine Rolle. Die Früchte müssen groß, leuchtend orangerot und fest sein und sollten auch noch nach Tagen in den Regalen der Supermärkte einladend aussehen.

Wesentlich für die Sortenwahl ist also der Vermarktungsweg – über diesen muss man sich vor der Pflanzung jedenfalls im Klaren sein.

Die wichtigsten Erdbeersorten im Porträt (geordnet nach Reifezeit)

Flair

Herkunft: Goosens Flevo Plant, Niederlande
Diese Sorte reift vier Tage vor ´Clery´. Die Frucht ist hell- bis mittelrot, konisch und wird als schön und geschmacklich gut empfunden. ´Flair´ blüht über dem Laub. Markant ist das schwache Wachstum der Pflanzen, daher sind enge Pflanzabstände sinnvoll.

Aprica

Herkunft: CIV, Italien
Aprica ist eine klassische Großhandelssorte, sehr fest, aber geschmacklich unterdurchschnittlich. Sie reift vier Tage nach ´Clery´, weist ein hohes Ertragspotential und eine gute Haltbarkeitsdauer (Shelf-Life) auf.

Aprica Foto: Manfred Wiesenhofer

Clery

Herkunft: CIV, Italien
Weit verbreitete Frühsorte, gut geeignet für Vlies-Anbau und Folientunnel.

Mittelgroße, leuchtend rote, spitz-kegelige Früchte mit ausgezeichnetem Geschmack und gleichbleibender Größe bei mittlerem Ertrag.
Gesunde Wurzel, eher anfällig für Botrytis und Rotflecken.

Daroyal

Herkunft: Darbonne, Frankreich (´Elsanta´ x ´Parker´)
Diese robuste, frühreifende Sorte ist besonders für die Selbstpflücke und Direktvermarktung, eventuell auch im Bio-Anbau, geeignet. ´Daroyal´ weist große, gut schmeckende aber relativ dunkle Früchte auf. Aufgrund des Nachdunkelns sollten die Früchte zügig vermarktet werden.

Lambada

Herkunft: CPRO-DLO Wageningen, Niederlande (´Sivetta´ x ´Holiday´) x (´Karina´ x ´Primella´)
Liebhabersorte mit ausgezeichnetem Geschmack und sehr frühem Erntebeginn. Die Früchte sind mittelgroß, hellrot und von sehr einheitlicher Größe. Im ersten Ertragsjahr bleibt die Pflanze sehr locker, die Zahl der Blütenstände und die Ertragserwartung sind niedrig. Die Sorte kann daher eher dicht gepflanzt werden. Sehr hohe Anfälligkeit gegenüber Erdbeermehltau, ansonsten robust.

Darselect

Herkunft: Darbonne, Frankreich (´Elsanta´ x ´Parker´)
Diese Sorte wurde als Ersatz für ´Elsanta´ mit robusten Wurzeln gezüchtet; reift mittelfrüh. Gleichmäßig konische, eher mattrote Früchte. Geschmack und Ertrag gut,

Transportfähigkeit und Haltbarkeit sehr gut. Die Sorte zeichnet sich durch ein robustes Wurzelsystem aus, ist aber gegenüber *Verticillium* empfindlich.

Fruchtgröße auch im zweiten Jahr gleichbleibend. Übersichtlicher Aufbau erlaubt hohe Pflückleistung. ´Darselect´ ist eine häufige Sorte in der Direktvermarktung und im Hausgarten.

Malling Centenery

Herkunft: East Malling, Großbritannien
Die Sorte ´Malling Centenery´ reift ähnlich wie ´Darselect´ und zeichnet sich durch ihre großen Früchte, den guten Ertrag und guten Geschmack aus. Leider ist diese Sorte sehr mehltauanfällig. ´Malling Centenery´ ist etwas regenempfindlich und anfällig für Wurzelkrankheiten, was für ihren Anbau auf Dämmen oder in Substrat spricht.

Korona

Herkunft: CPRO-DLO Wageningen, Niederlande (´Tamella´ x ´Induka´)
Alte Sorte, die vor allem im Hausgarten Verwendung findet und in vielen Baumärkten angeboten wird. Dunkelrote, glänzende Früchte, allerdings öfter mit weißer Spitze, hohe Erträge.

Asia

Herkunft: New Fruits, Italien
Diese Sorte reift zur gleichen Zeit wie ´Elsanta´ und zeichnet sich durch ihren guten Geschmack und ihre großen, gleichmäßigen Früchte aus. ´Asia´ zeigt mittlere Erträge und ist sehr gut für die Tunnelverfrühung geeignet. Im Freiland neigt sie bei nassem Erntewetter zum Aufreißen am Kelch. ´Asia´ ist für alle Vermarktungsarten geeignet. Die mittelroten glänzenden Früchte sind besonders am Anfang sehr groß und leicht gefurcht.

Elsanta

Herkunft: CPRO-DLO, Wageningen, Niederlande (´Gorella´ x ´Holiday´)
Aufgrund der Kombination aus hohem Ertrag und gutem Geschmack noch immer eine Hauptsorte. Festere Konkurrenz vertreibt diese Sorte zunehmend aus dem Großhandel, in der Direktvermarktung und in der Selbstpflücke ist sie aber immer noch gesetzt.

Der Nachteil der Sorte ´Elsanta´ ist ihr extrem schwach ausgebildetes Wurzelsystem. Sie ist hochanfällig gegen Wurzelkrankheiten und Anthraknose. Daher hohe Ansprüche an den Boden und die Fruchtfolge.

Elsanta Foto: Manfred Wiesenhofer

Asia Foto: Helmut Weiß

Elianny

Herkunft: Vissers, Niederlande
Sehr robuste Sorte, deren hellrote, große und feste Früchte an ´Elsanta´ erinnern. Guter Geschmack bei mittlerem Ertragsniveau. Diese Sorte ist aufgrund ihrer Robustheit besonders für die Selbstpflücke geeignet.

Elianny Foto: Manfred Wiesenhofer

Senga Sengana

Herkunft: Deutschland (´Markee´ x ´Sieger´)
Diese Sorte war einmal deutsche Hauptsorte, in Westeuropa am Frischmarkt inzwischen bedeutungslos. Im Anbau für die verarbeitende Industrie weiterhin mit Relevanz. Entscheidend sind ihr guter Geschmack, das durchgefärbte Fruchtfleisch und die hervorragende Tiefkühleignung. Der Flächenertrag ist hoch. Ansonsten sind die Früchte allerdings klein, weich und, besonders bei Überdüngung, sehr anfällig für Grauschimmel.

Faith

Herkunft: Goosens Flevo Berry, Niederlande
Sie ist eine spätreifende Sorte (Reife eine Woche nach ´Elsanta´), die sich durch ihren hohen Ertrag, ihren guten Geschmack und die gute Pflückbarkeit auszeichnet. Die Früchte sind etwas heller als ´Florence´ und fest. ´Faith´ ist eine interessante Ergänzung für das Reifefenster zwischen ´Elsanta´ und ´Malwina´. Sie ist hoch mehltauanfällig.

Malwina

Herkunft: H. Schimmelpfeng/P. Stoppel, Deutschland (´Sofie´ x ´Klon´)
Späteste anbauwürdige Sorte, reift rund drei Wochen nach ´Elsanta´. Sehr robust und wüchsig, durch späte Blüte anfällig für Thripse. Guter Geschmack bei Vollreife, Früchte sind dann allerdings etwas dunkel und druckempfindlich. Sortentypisch bilden sich fallweise Blättchen an Blütenständen und Früchten.

Senga Sengana Foto: Helmut Weiß

Malwina Foto: Manfred Wiesenhofer

Immertragende Sorten

Mara des Bois

Herkunft: Fa. Marionnet, Frankreich
Auf Geschmack selektierte Sorte mit ausgeprägtem Walderdbeer-Aroma. Geschmack unerreicht. Ziegelrote, nicht nachdunkelnde, relativ kleine (10–12 g) Früchte. Aufgrund der eher weichen und wenig haltbaren Frucht ist die Sorte nur für kurze Vermarktungswege geeignet. Gesundes, kräftiges Laub, etwas anfällig auf Anthraknose.

Murano

Herkunft: CIV, Italien
´Murano´ ist die aktuell gängigste remontierende Sorte. Sie hat einen frühen Erntebeginn, gute Fruchtgrößen und einen hohen Klasse-1-Anteil. Ihr Geschmack ist – für eine remontierende Sorte – in Ordnung. Die Erträge von ´Murano´ sind hoch bis sehr hoch. Ein gewichtiges Problem dieser Sorte ist ihre Mehltauempfindlichkeit.

Favori

Herkunft: J. Marionett, Frankreich
Diese Sorte weist einen starken ersten und – nach einer Pause – zweiten Ertragspeak auf. Durch warm überwinterte Pflanzen kann ein gleichmäßigeres Ertragsniveau erreicht werden. ´Favori´ ist mittelgroß, hell, fest und durchaus geschmackvoll. Das Ertragsniveau dieser Sorte wird als mittelmäßig eingestuft. ´Favori´ kommt hautsächlich in der Direktvermarktung zum Einsatz.

HAUSGARTEN-TIPP

Für den Selbstversorgergarten sind bei der Wahl der Sorten bester Geschmack und möglichst lange Ernteperioden entscheidende Kriterien. Um von Ende Mai bis in den Herbst Erdbeeren zu ernten, pflanzen Sie je zur Hälfte einmaltragende und immertragende Sorten. Entfernen Sie bei den remontierenden Sorten so lange die Blüten, bis die Ernte bei den Einmaltragenden beginnt.

Monatserdbeeren

Rügen, Alexandria

Die Früchte der Monatserdbeeren sind den Walderdbeeren, aus denen sie gezüchtet wurden, sehr ähnlich, nur etwas größer. Da beide Sorten kaum Ausläufer bilden, müssen sie aus Samen herangezogen werden, die im Gartenfachhandel erhältlich sind.

Die Ernte dauert von Juni bis Ende September. Die Früchte sind länglich-spitz und haben ein ausgesprochenes Walderdbeeraroma. Die Pflanze bildet durch Seitenkronen einen dichten Horst und überdauert einige Jahre. Schaden verursachen häufig Frost oder Rote Wurzelfäule, ansonsten sind Monatserdbeeren sehr robust und eignen sich gut als dekorative Randbepflanzung im Hausgarten.

Monatserdbeere Foto: Helmut Weiß

HIMBEERE

Steckbrief Himbeere

Reihenabstand: 2–3 m, je nach System und Maschinenausstattung
Pflanzabstand in der Reihe: 0,3–0,5 m
Ertrag: ca. 10–130 kg/100 m²; im Substratanbau bis zu 500 kg/100 m²
Erntedauer:
Sommerhimbeere: bis zu sechs Wochen, drei Pflückgänge/Woche
Herbsthimbeere: bis zu zehn Wochen, drei Pflückgänge/Woche
Pflückleistung: ca. 6 kg/AKh
Erzeugerpreise:
Lieferungen Obstgroßhandel:
ca. 7,00–12,00 Euro/kg
Ab-Hof-Verkauf: 12,00–18,00 Euro/kg

Foto: Manfred Wiesenhofer

Die Himbeere ist ein Rosengewächs und zählt wie die Brombeere und über 300 weitere sehr unterschiedliche Arten zur Gattung *Rubus*.

Schon von den Griechen und Römern wurde die in ganz Europa in den Wäldern vorkommende Wildform *Rubus idaeus* als Heilpflanze sehr geschätzt. Der Legende nach war sie im Altertum allerdings nur auf dem Berg Ida auf Kreta zu finden, woher sich auch ihr lateinischer Name ableitet. Kultiviert wurde die Himbeere erst relativ spät in den Klöstern des Mittelalters. Sie fand außer in der Heilkunde auch zur Herstellung von Parfums und Getränken Verwendung. Erst nach 1800 wurden erste Sorten benannt, gezielte Kreuzungen europäischer und amerikanischer Himbeeren brachten dann im 19. und 20. Jahrhundert ein widerstandsfähiges, großfruchtiges Sortenspektrum hervor, das sich schnell über die Nordhalbkugel ausbreitete. Heute befinden sich die Anbauzentren für Verarbeitungsobst in Russland, Polen, Serbien und der Ukraine, für Tafelobst in den USA, Portugal, Spanien, Marokko und inzwischen auch in Chile.

Die Himbeere darf natürlich auch in keinem Hausgarten fehlen, hier erfreut sie sich besonders im deutschsprachigen Raum größter Beliebtheit.

Himbeerblüte Foto: Manfred Wiesenhofer

GESUND MIT HIMBEEREN

Inhaltsstoffe, Gesundheitswert & Heilwirkung

Himbeeren enthalten von allen Obstarten im Verhältnis zum Nährwert die größte Menge an Ballaststoffen. Sie sind reich an Flavonoiden, Tanninen und Pektin.

100 g frische Himbeeren enthalten durchschnittlich:

Energie	142 kJ/34 kcal	Ballaststoffe	4,7 g
Wasser	86,3 g	Eiweiß	1,3 g
Fett	0,3 g	Kohlenhydrate	4,8 g
Organische Säuren	2,1 g	Ungesättigte Fettsäuren	0,2 g
Vitamine B1 B2 B6	0,1 mg	Vitamin C	25 mg
Vitamin E	0,7 mg	Kalium	200 mg
Kalzium	40 mg	Magnesium	30 mg
Phosphor	44 mg	Eisen	1 mg
Mineralstoffe gesamt	510 mg		

(Quelle: ÖNWT, BLS3.01)

In der Volksmedizin finden alle Teile der Himbeerpflanze Verwendung. Die Ureinwohner Nordamerikas verwendeten den Sud gekochter Wurzeln als Augenheilmittel.

Die Blätter werden getrocknet und als Tee verwendet. Dieser soll gegen Durchfall wirken und, in den letzten drei Schwangerschaftsmonaten regelmäßig getrunken, die Geburt erleichtern.

Frische Früchte und deren Saft wirken kühlend und fiebersenkend. Mit Wasser und Apfelessig wird eine Mundspülung zur Behandlung von Zahnfleischbluten und Entzündungen zubereitet.

BIOLOGIE UND VEGETATIONSZYKLUS

Die wilde Himbeere kommt ursprünglich in gemäßigten bis kühlen Klimazonen bis in 2.000 m Seehöhe vor. Man findet sie meist auf Lichtungen, Schlägen und an Waldrändern mit lockerem Waldboden, hoher Luftfeuchtigkeit und eher kühlen Sommertemperaturen.

Allen Himbeersorten ist das flache Wurzelsystem, das über viele Jahre ausdauernd wächst, gemein. Die oberirdischen Ruten sind hingegen nicht ausdauernd und sterben nach einer Überwinterung und der folgenden Ernte ab.

Anhand der Entwicklung der oberirdischen Pflanzenteile unterscheidet man Sommerhimbeeren (nicht remontierende Sorten – Floricanes) und Herbsthimbeeren (remontierende Sorten – Primocanes).

Sommerhimbeere

Der Entwicklungszyklus der Sommerhimbeere erstreckt sich über zwei Jahre. Im ersten Jahr bilden sich zunächst vegetative Jungruten, an denen im August und September Blütenknospen angelegt werden. Erst nach einer Überwinterung bilden sich aus diesen Knospen von der Triebspitze beginnend die flachen Blütenstände, an denen im Juni und Juli die Früchte reifen. Anschließend vertrocknen die Triebe und werden durch die ab Mai heranwachsenden Jungruten ersetzt.

Herbsthimbeere

Die Entwicklung der Herbsthimbeere ist grundsätzlich gleich. Der Unterschied besteht lediglich darin, dass hier bereits vor der Überwinterung im Spätsommer des ersten Jahres die Bildung von Blütenständen einsetzt. Auch hier beginnt die Blüte und Reife von der Triebspitze. Die ersten Früchte reifen im Freiland im August, im Tunnelanbau ab Juli. Mit Einbruch des Winters wird die Fruchtbildung unterbrochen. Knospen an Triebmitte und Basis, die noch nicht gefruchtet haben, treiben im Frühsommer aus und entwickeln sich wie bei den Sommersorten. Grundsätzlich

Entwicklungszyklus Sommerhimbeere und Herbsthimbeere

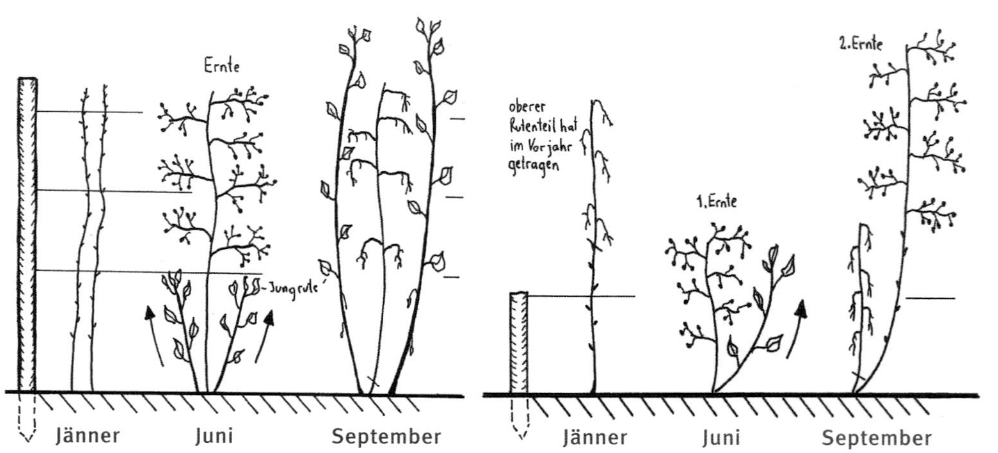

ist bei remontierenden Himbeersorten also eine Doppelbeerntung möglich. Aufgrund der phytosanitären Schwierigkeiten wird diese jedoch nur im Tunnelanbau und im Hausgarten praktiziert. Durch die längere Vegetationszeit und des damit verbundenen höheren Herbstertrages sowie des stärkeren vegetativen Wachstums ist diese Art des Anbaues hier wirtschaftlich.

Eine Hauptherausforderung im professionellen Anbau ist der rasche Abbau der Fruchtqualität in einer bestehenden Anlage und die geringe Lebenserwartung der Pflanzen. In Bodenkulturen beginnen die Pflanzen oft schon im zweiten oder dritten Standjahr auszufallen, nach fünf bis spätestens zehn Jahren sind die Lücken für eine wirtschaftliche Produktion zu groß. Gleichzeitig reduziert sich jährlich die Fruchtgröße der Beeren. Kurzumtriebssysteme mit Anbau in Substrat – in der Regel unter Regendächern oder im Gewächshaus – sind die logische Folge.

Tragrute/Jungrute Foto: Helmut Weiß

STANDORT UND BODENVORBEREITUNG

Ideal ist ein heller, sonniger Standort mit genügend Luftbewegung, damit ein rasches Abtrocknen der Pflanzen nach Niederschlägen gewährleistet ist. Himbeeren dürfen nicht auf Himbeeren, Erdbeeren oder Kartoffel folgen, Getreide oder Ackerfutter sind als Vorkultur ideal.

Von allen Beerenobstarten stellt die Himbeere die höchsten Ansprüche an den Boden. Nur wenn sich das empfindliche Wurzelsystem ungehindert entwickeln kann, sind lange Lebensdauer und guter Ertrag gesichert.

Gute Durchlüftung, ein hoher Anteil an organischer Substanz und eine gute Wasserführung bei leicht saurem pH-Wert (6–6,5) sind Voraussetzungen für eine gesunde Entwicklung. Ungeeignet sind schwere Lehmböden und verdichtete Standorte. Jegliche Staunässe, auch über kurze Zeit, führt zu Wurzelschäden und fördert das Auftreten von Wurzelfäule.

Sommerhimbeeren können bis in Seehöhen von 1.400 m, Herbsthimbeeren bis 800 m gepflanzt werden. 100 m Höhendifferenz bedeuten eine Ernteverspätung um vier Tage. So können im Alpenraum von Juni bis November kontinuierlich Himbeeren aus Freilandanbau angeboten werden.

Durch die späte Blüte sind Spätfröste nur selten ein Problem, eher bereiten kalte, schneearme Winter Probleme. In windexponierten, sonnigen Lagen kommt es häufig zu Verlusten durch Austrocknen der Ruten im auslaufenden Winter.

HAUSGARTEN-TIPP

Für den Eigenbedarf im Hausgarten genügen oft wenige Laufmeter als Randbepflanzung oder entlang eines Zaunes. Um möglichst lange Himbeeren aus dem eigenen Garten ernten zu können, sollte je die Hälfte der Fläche mit Sommer- und Herbsthimbeeren bepflanzt werden.

Himbeeren bilden – wenn der Standort passt – zahlreiche Jungruten. Diese wachsen aufgrund von Wurzelausschlägen auch außerhalb der Pflanzreihen – regelmäßiges Mähen der Zwischenreihenbereiche ist daher erforderlich. Alternativ kann eine Wurzelsperre verlegt werden.

Bereits im Jahr vor der Pflanzung ist der Anbau einer Gründüngung zum Bodenaufbau und zur Unterdrückung von Wurzelunkräutern sinnvoll. Das Einbringen von Kompost (10–20 kg/lfm) in den Pflanzstreifen, Drainage sowie der Anbau auf Dämmen schaffen gute Startbedingungen für die Kultur. Dämme können auch nachträglich durch regelmäßiges Einbringen großer Mengen qualitativ hochwertigen Komposts über Jahre (jeweils nach der Ernte) gebildet werden.

Kompostausbringung auf die Pflanzreihe
Foto: Helmut Weiß

Die Grundbodenbearbeitung kann sich bei Wiesenumbruch auch auf den Pflanzstreifen beschränken und sollte mit Pflug oder Spatenmaschine mindestens vier Wochen vor der Pflanzung erfolgen. Wurzelunkräuter, wie Quecke, Brennnesseln oder Winde, müssen bereits vorher, neu auflaufendes Unkraut unmittelbar vor der Pflanzung entfernt werden.

PFLANZMATERIAL UND PFLANZUNG

Optimales Pflanzmaterial zu finden ist eine der größten Herausforderungen im Himbeeranbau. So können mit den Pflanzen die Erreger der Wurzelfäule (*Phytophthora fragariae* var. *rubi*) eingeschleppt werden. Ein häufiges Problem – v. a. bei Long Canes (vorgezogene „lange Ruten“) – sind kranke Ruten oder mangelhafter Austrieb. Leider zeigt sich auch häufig, dass beliebte neue Sorten mangels weiterer Selektion der Mutterpflanzen abbauen. So wird in vielen Baumschulen mehr auf die Vermehrungsquote als auf Fruchtqualität des vermehrten Materials geachtet: Probleme mit geringen Fruchtgrößen und bröseligen Früchten sind die Folge.

Der Pflanzabstand in der Reihe beträgt 30–50 cm – angestrebt werden vier bis sechs Ruten pro Laufmeter. Der Reihenabstand beträgt in Abhängigkeit vom Erziehungssystem zwischen zwei und drei Meter. Um eine ungestörte Entwicklung der frischgesetzten Pflanzen zu gewährleisten, muss jede Beikrautkonkurrenz im Pflanzstreifen (80 cm) vermieden werden. Bewährt hat sich das Abdecken mit schwarzer Mulchfolie oder Bändchengewebe. Neben der Beikrautunterdrückung wirkt sich eine Abdeckung auch positiv auf den Feuchtigkeitshaushalt und die für Himbeeren besonders wichtige Bodenstruktur aus. Herbizide sollten im Pflanzjahr nicht zum Einsatz kommen. Sie hemmen oft das Wurzelwachstum. Auch eine mechanische Unkrautbekämpfung ist aufgrund des flachen Wurzelsystems ungeeignet. Zwischen den Reihen wird eine schwach wachsende Gründüngungsmischung eingesät und gemulcht.

Folgendes Pflanzmaterial wird angeboten: getopfte Grünpflanzen, wurzelnackte Ruten und Long Canes.

Getopfte Grünpflanzen

Es handelt sich um Grünpflanzen, die im Frühjahr unter kontrollierten Bedingungen im Gewächshaus aus Wurzelschnittlingen hergestellt werden. Da die Setzlinge noch relativ klein und unverholzt sind, ist in der ersten Zeit auf gute Wasserversorgung und lückenlose Unkrautbekämpfung besonders zu achten. Vorteile dieses Setzlingstyps sind ein schnelles Anwachsen durch den vitalen Wurzelballen und eine bessere Kontrollierbarkeit der Pflanzengesundheit.

Eine Spielform der gängigen Grünpflanzen sind sogenannte Micro-Shots. Dies sind extrem kleine, eben erst bewurzelte Grünpflanzen in Topfplatten, welche selbst in Zweilitertöpfen zu Long Canes erzogen werden. Perfekte Pflanzenernährung und Klimaführung sind die Voraussetzungen für den erfolgreichen Anbau dieser sensiblen Pflanzen. Grünpflanzen werden nach den letzten Spätfrösten ab Ende April bis Anfang Juni gepflanzt. Sie haben dann noch bis in den Spätherbst genug Zeit, ausreichend lange Ruten zu bilden.

Wurzelnackte Ruten

Hierbei handelt es sich um bewurzelte Ruten aus Freilandvermehrung. Die Pflanzung ist während der Vegetationsruhe von Mitte Oktober bis Mitte März möglich. Wichtig sind ein schonender Transport und eine gute Lagerung (Einschlagen) der Pflanzen, da die empfindlichen Wurzeln freiliegen und leicht austrocknen können. Nach der Pflanzung sollte die Rute auf 20 cm eingekürzt werden, um die Entwicklung der Jungruten zu fördern. Da die Triebe bei der Lieferung in Winterruhe sind, ist der Gesundheitszustand (Virosen, Wurzelfäule) schwer zu beurteilen, es sollten daher nur beste Bezugsquellen gewählt werden.

Wurzelnackte Pflanzen werden in der Regel beim Anbau von remontierenden Himbeersorten verwendet und im Spätherbst gepflanzt. Dadurch kann die Winterfeuchte optimal ausgenutzt werden. Außerdem erfolgt ein zeitiger Austrieb, welcher die erste Ernte im Folgejahr verfrüht. Bei der Pflanzung von nackten Ruten ist zu beachten, dass die an der Rutenbasis gebildeten Knospen ausreichend mit lockerer Erde bedeckt sind.

Long Canes

Long Canes werden Himbeerpflanzen genannt, deren Ruten – fertig ausgereift – eingefroren wurden. Die Pflanzen stehen meist im Zwei-Liter-Topf und weisen zwei 1,8 m lange, entlaubte Ruten auf. Sie sind – ähnlich wie Frigo-Pflanzen im Erdbeeranbau – eingefroren und können so je nach Bedarf aufgetaut und gepflanzt werden. So kann die Pflanzung gestaffelt erfolgen und so eine kontinuierliche Belieferung des Marktes mit derselben Sorte erreicht werden. Aufgrund der hohen Anforderungen an die Wasser- und Nährstoffversorgung dieser sehr teuren Pflanzen erfolgt der Anbau vorwiegend im Substrat.

Long Canes werden meist in der ersten Jahreshälfte gepflanzt. Die Pflanzung erfolgt im Tunnelanbau; wo Frühzeitigkeit gewünscht ist, bereits im Februar. Die Sätze zur Staffelung der Ernte werden im Drei- bis Vierwochenrhythmus gepflanzt.

HAUSGARTEN-TIPP

Im Hausgarten, wo die Befahrbarkeit mit Maschinen nicht gegeben sein muss, kann die Himbeere auch im Beet gepflanzt werden. Aufgrund ihrer Vermehrung durch Wurzelausschläge wird sie die ihr zur Verfügung stehende Fläche mit der Zeit ausfüllen. Gerne wachsen ihre Wurzeln auch unter Beetabgrenzungen hindurch – soll dies verhindert werden, müssen Wurzelsperren eingeplant werden.

Grünpflanze Foto: Helmut Weiß

Long Canes sind fertig ausgereifte, eingefrorene Ruten. Foto: Manfred Wiesenhofer

ANBAU- UND ERZIEHUNGSSYSTEME

Das Erziehungssystem für Himbeeren nimmt auf die besonderen Wuchseigenschaften der Obstart Rücksicht. So müssen bei Sommerhimbeeren sowohl für Trag- als auch für Jungruten geeignete Unterstützungen vorhanden sein. Bei reiner Herbstbeerntung braucht es diese „Doppelgleisigkeit“ nicht und die Systeme sind einfacher konstruiert. Im Optimalfall ermöglicht das Anbausystem ein einfaches Rutenmanagement – wie dieses zu geschehen hat, wird im Kapitel zu den Kulturtechniken noch ausführlich erörtert.

Für die Wahl des Anbau- und Erziehungssystems sind neben den Sorteneigenschaften besonders die arbeitswirtschaftlichen Überlegungen maßgeblich. Von herausragender Bedeutung ist die Reduktion des Kostenfaktors Ernte. Die Anlagen müssen so gestaltet sein, dass eine rasche Ernte möglich ist. In der Praxis bedeutet dies, dass die Abstände zwischen den Reihen ausreichend groß sind, um trotz langer Laterale (Seitenzweige) noch gut hindurch kommen zu können. Die Ertragszone sollte immer dort sein, wo man gut ernten kann – besonders bei remontierenden Sorten mit ihrem vitalen Wuchs ist das eine Herausforderung.

Ein Nebenschauplatz ist die Vermehrung der Himbeeren über Wurzelausläufer. Werden die Pflanzen im Topf angebaut, spielt dies natürlich keine Rolle, im Freiland jedoch sehr wohl. Das Pflanzsystem muss so gestaltet sein, dass einerseits ausreichend Ruten Platz haben, aber andererseits diese auch befestigt werden können. Zu breite Beetsysteme sollten aus Gründen des Pflanzenschutzes vermieden werden.

Folgende Erziehungssysteme sind im Himbeeranbau etabliert: die einfache Hecke, das Beetsystem und das Bandsystem.

Einfache Hecke

Bei diesem System werden alle 6–10 m Pfähle eingeschlagen und daran Drähte in 60, 120 und 180 cm Höhe gespannt. Auf Standorten ohne Hagel- und Witterungsrisiko können einfache Holzsäulen oder verzinkte Säulen verwendet werden. Aufgrund der geringen Standzeit und Belastung der Pflöcke kann hier gespart werden. In kritischen Lagen werden die Drähte an den Hagel- bzw. Regendachsäulen befestigt. Bei der Anlagenplanung sollte bereits über die Standzeit der Himbeere hinausgedacht werden. Die Reihenabstände sollten auch für Nachbaukulturen geeignet oder der Umstieg auf Substrat mitgeplant sein.

Sorten mit langen Fruchtständen oder Substratkulturen brauchen zusätzlich seitliche, an Querholmen befestigte, Stützdrähte. Mit diesen wird das Abknicken der Blütenstände während der Ernte verhindert. Aus arbeitstechnischen Gründen haben

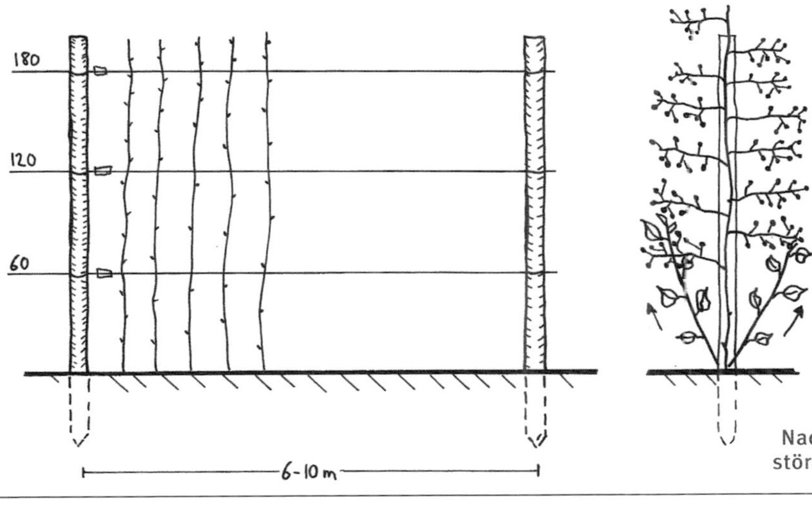

Einfacher Drahtrahmen
Nachteil: Jungruten stören bei der Ernte.

sich dabei bis zu sechs Drähte auf jeder Seite durchgesetzt. Großfeldrige Netze (wie sie etwa im Chrysanthemenanbau verwendet werden) sind zwar bei Gefälle praktisch, die Entfernung nach erfolgter Ernte ist aber sehr aufwendig.

Beetsystem der Herbsthimbeere

Herbsthimbeeren fruchten auf Trieben, die im gleichen Jahr gewachsen sind. Dieser Umstand ermöglicht eine arbeitstechnische Vereinfachung, die besonders im Freiland zum Einsatz kommt. So werden nach der Ernte im Spätherbst die Ruten bodeneben abgeschnitten – auf einen allfälligen Frühjahrsertrag wird also verzichtet. Dafür erspart man sich das Rutenmanagement, den Winterschnitt und hat ein erheblich geringeres Frostrisiko, da keine oberirdischen Teile überwintern.

Die Grundlage der Unterstützung ist ein 30 bis 50 cm breites Drahtgitter, durch welches die Jungruten hindurchwachsen. Der Schnittaufwand wird dadurch deutlich reduziert. In Hanglagen, bei starkwüchsigen Sorten und bei verfügbarem Hagelnetz oder einem Regendach hat sich außerdem das Anbringen eines Drahtpaares in 1,5 m Höhe etabliert. An diesem werden – bei entsprechender Starkwüchsigkeit – die Fruchtruten angeheftet. Dies erleichtert die Ernte enorm.

Herbsthimbeere im Frühjahr beim Austrieb
Foto: Manfred Wiesenhofer

Gerüst für Herbsthimbeere

In Beetsystemen werden zwischen 10 und 15 Ruten pro Laufmeter angestrebt.

Bandsystem der Herbsthimbeere

Vor allem im geschützten Anbau haben sich – aus dem Tomatenanbau kommende – Band- bzw. Schnursysteme etabliert. Diese sind für Herbsthimbeeren hervorragende geeignet. Bei diesem System wird oberhalb der Reihe ein Draht gespannt, an dem je Rute ein Band bzw. eine Schnur herunterhängt. Diese werden locker am Boden befestigt. Die Schnüre werden mit dem Wachstum der Ruten um diese gewickelt und die Pflanze damit stabilisiert. Neben dieser Befestigung sind in der generativen Phase auch Drähte oder Schnüre zum Halten der Fruchttriebe notwendig. Diese werden ab dem beginnenden Lateralwachstum gespannt.

Anbau von Himbeeren im Substrat

Ein großer Teil des Himbeeranbaues findet inzwischen im Substrat – meist unter Regendächern oder im Tunnel – statt. Die eingangs erwähnten Probleme mit den kurzen Standzeiten und dem raschen Qualitätsverlust können durch Kurzumtriebssysteme im Topf oder Substratsack am besten gelöst werden.

Die häufigste Form des Substratanbaues ist die Terminkultur mit Long Canes. Dabei werden tiefgefrorene Pflanzen gestaffelt in Sieben- bis Zehn-Liter-Töpfe gepflanzt. Nach acht bis zwölf Wochen (bei früher Pflanzung dauert es am längsten) beginnt die Ernte, welche in etwa vier Wochen dauert. Mit der gestaffelten Pflanzung kann eine kontinuierliche Belieferung des Marktes mit derselben Sorte erfolgen. Bei früher Pflanzung können auch mit Long Canes mehrjährige Anbauzyklen gestartet werden. Dabei werden nach Ernteende Jungruten belassen und für das Folgejahr aufgezogen.

Aufgrund ihres vitalen Wachstums eignen sich Herbsthimbeersorten besonders für den mehrjährigen Anbau. Ein Anbau wie im Freiland mit Totalrückschnitt nach Ernteende ist eine verhältnismäßig einfache Art, Himbeeren zu produzieren. Ein Erntebeginn ist im Tunnel auch auf diesem Weg bereits ab Juli möglich.

Remontierende Sorten, mit ihrer Eigenschaft zweimal im Jahr zu fruchten, ermöglichen außerdem komplexe mehrjährige Zyklen, welche betriebswirtschaftlich sehr interessant sind, aber auch hohe Anbaurisiken mit sich bringen. So können etwa zeitig gepflanzte Herbsthimbeerpflanzen im gleichen Jahr geerntet und die Ruten für eine Frühjahrsernte im Folgejahr verwendet werden. Für eine solche wird die abgetragene Fruchtzone zwei Knospen unterhalb der letzten Laterale (Seitenzweige) abgeschnitten und die Ruten so fit für den Frühling gemacht. Teilweise wird auch im zweiten Jahr noch eine Herbsternte angestrebt, bevor die Pflanzen getauscht werden.

Himbeertopfanbau: Himbeerpflanzen im zweiten Jahr in Sieben-Liter-Töpfen
Foto: Manfred Wiesenhofer

KULTURTECHNISCHE MASSNAHMEN

Rutenmanagement

Das Rutenmanagement ist sowohl bei Sommer- als auch bei Herbsthimbeeren von besonderer Bedeutung. Mit der Anzahl und Auswahl der Ruten kann wesentlich in Fruchtqualität, Größe und Erntezeitpunkt eingegriffen werden. Die Tendenz geht eindeutig zu weniger Ruten, um deren Potential optimal zu nutzen und Top-Qualitäten zu erzeugen.

Vereinzelt findet man noch Herbsthimbeeranlagen in Beetform mit bis zu 15 Ruten je Laufmeter. Besonders bei extensiver Bewirtschaftung ist diese Anzahl auch notwendig, um auf die gewünschten Ertragsmengen zu kommen. In Topfkulturen – besonders wenn Long Canes gepflanzt werden – spielen natürlich die Kosten des Pflanzmaterials und die Arbeit für das Topfen und Aufstellen eine wesentliche Rolle. Hier wird inzwischen mit 4,5 bis 5 Ruten pro Laufmeter gearbeitet. Geringere Dichten begründen mehr Fruchttriebe und somit mehr Ertrag pro Rute.

Ein wichtiger – für das Rutenmanagement relevanter – Aspekt ist die Gesundheit der Ruten. Werden diese zu spät ausgedünnt, führt dies häufig zu Befall mit Rostpilzen, was die Leistungsfähigkeit beeinträchtigt. Ein weiterer Punkt – vor allem im Freiland – ist die Frostproblematik. Himbeerruten treiben schon ab März aus und sind in dieser Zeit höchst frostgefährdet. Frostrisse, welche bis in den Mai hinein entstehen können, sind willkommene Eintrittspforten für Pilze und Schädlinge. Eine besondere Rolle spielt dies bei Sommerhimbeeren, deren Ruten ja ein ganzes Jahr Leistung bringen müssen. Bei remontierenden Himbeersorten führen Spätfröste zum Absterben der Triebspitze – ein vorzeitiger Austrieb der Laterale in Bodennähe ist die Folge. Bei Sommerhimbeeren sollte also zumindest bis Mitte Mai mit dem letztmaligen Komplettrückschnitt zugewartet werden. Bei entsprechendem Wuchs – gefördert durch den Anbau in Substrat oder durch konsequente Düngung – werden die Ruten sogar erst bei Erntebeginn letztmalig weggeschnitten. Bei Herbsthimbeeren ist ein so später Totalrückschnitt nicht möglich, da damit eine Verspätung des Erntebeginns verbunden ist.

Die Entfernung überzähliger Jungruten kann auf mehrere Arten erfolgen. Sehr junge Austriebe können händisch entfernt werden. Bis zu einer Wuchshöhe von max. 15 cm können Ätzherbizide, welche nichtsystemisch oberirdische grüne Pflanzenteile abbrennen, verwendet werden. Bei entsprechender Applikationstechnik ist es auch möglich, nur Ruten, die außerhalb des geplanten Pflanzbeetes auflaufen, abzubrennen. Jedenfalls ist beim Einsatz von Abbrenn-Herbiziden zu beachten, dass diese nicht selektiv sind – eine Auswahl, welche Ruten belassen werden sollen, ist nicht möglich. Das kann nur durch Wegschneiden erfolgen. Dabei ist zu beachten, dass die Triebe möglichst tief abgeschnitten werden. Werden oberirdische Teile belassen, führt dies zu einer ungewollten, bodennahen Blütenknospenbildung.

Bei Sommerhimbeeren im Freiland werden die Rutenauswahlmaßnahmen so gesetzt, dass zum Ende der Vegetationsperiode acht gut ausgereifte und ausreichend lange Ruten je Laufmeter verbleiben. Dies ermöglicht eine endgültige Reduktion auf die gewünschten sechs Ruten zum Austrieb im Frühjahr. Dann ist gut sichtbar, welche Ruten den Winter gut überstanden haben.

Bei Herbsthimbeeren ist der erste Schritt die Entfernung der Ruten links und rechts der Reihe. Diese ist mechanisch oder chemisch möglich und ermöglicht, dass Luft und Licht von der Seite an die Ruten im Pflanzbeet gelangen können und diese gesund bleiben. Diese Maßnahme kann auch wiederholt werden. Später werden die 10 bis 15 schönsten Ruten ausgewählt, eingestrickt oder angebunden und alle anderen bodeneben abgeschnitten.

Bei allen Kulturmaßnahmen ist darauf zu achten, dass die empfindlichen Ruten möglichst wenig verletzt werden, da jede Verletzung eine Eintrittspforte für Krankheiten und Schädlinge darstellt.

Düngung

Welche Düngemaßnahmen gesetzt werden, ist bei Himbeeren sehr stark davon abhängig, welches Produktionssystem gewählt ist. Beim Anbau im Boden ist zu beachten, dass die Himbeere ein Flachwurzler mit einem sehr empfindlichen Wurzelsystem ist. Nur in einem gut durchlüfteten, lockeren Boden mit einem hohen Gehalt an organischer Substanz entwickelt sich das für eine gute Nährstoffaufnahme notwendige, feine Wurzelgeflecht. Dieses weist zusätzlich noch eine hohe Empfindlichkeit gegen Salze auf. Vor der Anlagenerstellung ist daher auf den Humusaufbau zu achten. Nährstoffe werden zu einem wesentlichen Teil durch Komposte aus Stallmist und oder Grünschnitt eingebracht. Wichtig ist, dass die Komposte gut verrottet und salzarm sind. Werden lange Standzeiten angestrebt, sind Kompostgaben alle zwei Jahre einzuplanen. Beachten Sie, dass organisches Material zuerst Stickstoff bindet, bevor dieser wieder freigesetzt wird. Oft sind daher zusätzliche Stickstoffgaben mit schnellwirkenden Düngern notwendig.

Egal ob mit organischen oder mineralischen Düngern gearbeitet wird, die Basis für die Berechnung der Düngegaben ist eine Bodenuntersuchung. Jede Düngung sollte sich an den Entzugswerten und an den Untersuchungsergebnissen orientieren. Besteht die Möglichkeit, Dünger über die Tröpfchenbewässerung auszubringen, kann man eine gleichmäßige Versorgung der Pflanzen leichter gewährleisten als bei Streuware, wo man auf die Witterung angewiesen ist. Einfache Düngekonzepte für bodengebundene Kulturen sehen wöchentliche Düngegaben vor. Dabei wird die in der Bodenuntersuchung ermittelte Gesamtmenge durch die Wochen des Vegetationszyklus dividiert. Bei Herbsthimbeeren wird nach Ernteende gar nicht mehr gedüngt, bei Sommerhimbeeren deutlich reduziert.

Nährstoffbedarf: Ertragsabhängige Richtwerte ab mindestens acht Tonnen Ertrag pro Hektar
N: 90–110 kg/ha
P_2O_5: 40–60 kg/ha
K_2O: 90–120 kg/ha
MgO: 20–25 kg/ha

Substratkulturen werden grundsätzlich über den EC-Wert gedüngt. Dieser beschreibt die Summe der gelösten (Nähr-) Salze im Gießwasser. Für jede Kultur gibt es spezifische Zielwerte, also Werte, welche die Menge der einzelnen Nährstoffe in der Düngelösung beschreiben. Die Zielwerte werden durch Addierung der Nährstoffgehalte im verwendeten Wasser und der zugegebenen Düngermenge erreicht. Um also die richtige Menge an Dünger zum Gießwasser zudosieren zu können, ist eine Wasseruntersuchung unumgänglich.

Auf Düngeberechnung spezialisierte Institute können dann berechnen, in welchem Verhältnis entweder die Einzelnährstoffe in Kombination mit einer Säure zur pH-Wertoptimierung (5,5) oder die verwendeten Volldünger in einer Stammlösung angesetzt werden müssen. Diese Stammlösung wird dann zum Bewässerungswasser dosiert. Anschließend kann der EC-Wert einerseits des Gießwassers und andererseits des Drainwassers, welches aus dem Wurzelkörper wieder herausrinnt, messen und gegebenenfalls anpassen. Die Zusammensetzung des Gießwassers wird nur zur Fruchtreife verändert – dann wird etwa 20 % weniger Stickstoff und im gleichen Maß mehr Kalium für bessere Fruchtfestigkeit gegeben.

Während der EC-Wert relativ selten (nur bei Veränderungen und bei Umstellung von vegetativer Phase hin zum Fruchtwachstum) umgestellt werden muss, müssen die Drainwassermengen ständig an das Wetter (v. a. die Sonneneinstrahlung) angepasst werden. So braucht es während des Blattwachstums bei kühler Witterung nahezu kein Drainwasser, während der Vollernte bei Hitze kann bis zu 30 % des Gießwassers wieder abfließen. Ohne Drain kommt es zur Versalzung des Substrates, was schwere Pflanzenschäden nach sich zieht.

Düngung von überwinterten Ruten

Folgende EC-Wert im Gießwasser sind bei überwinterten Ruten üblich:
Austrieb bis Blühbeginn: 2,2–2,8
Blüte bis Beginn umfärben: 1,6–1,8
Umfärben bis Ernteende: 1,5

Sommerhimbeeren sind während des Lateralwachstums sehr anfällig für das Gelbwerden der Blätter von innen heraus. Während des Lateralwachstums ist daher auf eine gute Stickstoff- und Magnesium-Versorgung zu achten.

Wird der EC-Wert des Gieß- und des Drainwassers addiert, sollte dieser Wert während des Lateralwachstums zwischen 4,5 und 5, später zwischen 4,0 und 4,5 liegen. Bei höheren Werten sollte – um Versalzung zu vermeiden – kurzzeitig reines Wasser zur Spülung des Wurzelkörpers gegeben werden.

Düngung von Grünpflanzen und Neuaustrieben

Folgende EC-Wert im Gießwasser sind üblich:
Grünpflanzen ab zwei Wochen nach der Pflanzung: 2,4
Bei Doppelbeerntung nach Ernteende der Früherernte: 2,4
Blüte bis Beginn umfärben: 1,6–1,8
Umfärben bis Ernteende: 1,5

Wird der EC-Wert des Gieß- und des Drainwassers addiert, sollte dieser Wert zwischen 4,0 und 4,5 liegen. Bei höheren Werten sollte kurzzeitig reines Wasser zur Spülung gegeben werden.

Bewässerung

Bewässerung ist auch im Freilandanbau unter Regendach und in trockeneren Lagen unverzichtbar. Besonders von der Blüte bis Ende der Ernte kommt es auf eine optimale Wasserversorgung an. Bewährt hat sich die Tröpfchenbewässerung mit zwei Tropfschläuchen und 20 bis 30 cm Tropferabstand.

Bei Herbstsorten, welche oft noch im Mutterboden stehen, sind ein Richtwert zwei Wassergaben pro Woche mit jeweils 80 m^3/ha (8 mm). Nach der Ernte und im Frühjahr sollte möglichst wenig bewässert werden, um das Tiefenwachstum der Wurzeln zu fördern und das Befallsrisiko durch Wurzelfäulen nicht unnötig zu erhöhen.

Bewässerung von Substratkulturen

Nach der Pflanzung wird so bewässert, das kein (0–5 %) Drainagewasser anfällt. Das Drainagewasser oder Drainwasser ist jenes Wasser, dass unten aus den Töpfen wieder herausrinnt. Durch das wenige Wasser in dieser Phase wird die Wurzelbildung gefördert. Danach wird mit 5 % Drainwasser bei kühlem/regnerischem Wetter und bis zu 25 % Drainwasser bei Hitze/Sonnenschein bewässert. Dazwischen sind natürlich alle Abstufungen möglich.

Die Drainmenge vom Vortag wird täglich in der Früh überprüft und dann die Bewässerungsintensität für den Tag angepasst. Die Bewässerungslänge sollte so gewählt werden, dass je Bewässerungsgang mindestens 100 ml pro Tropfer Wasser fließen. Dies sind bei einem Zwei-Liter-Tropfer drei Minuten.

Befruchtung

Werden die Himbeeren unter einem Witterungsschutz, in einem Tunnel oder Glashaus produziert, muss für eine gute Befruchtung gesorgt werden. Himbeeren sind wichtige Futterpflanzen für Insekten mit einem reichen Nektar- und Pollenangebot. Für die Befruchtung werden Bienen eingesetzt. Diese fliegen auch bei höheren Temperaturen als Hummeln und sammeln den Nektar der Himbeerblüte effektiver, was Schwärzepilze vermeidet.

Ernte, Ertrag und Vermarktung

Die Himbeerernte von Sommerhimbeersorten tritt im Freiland in Mitteleuropa sortenabhängig ab Mitte Juni ein. Wird mittels Tunnel oder Gewächshaus verfrüht, ist bereits ein Erntebeginn in der zweiten Maihälfte möglich. Remontierende Himbeersorten starten im geschützten Anbau in der ersten Julihälfte mit der Ernte und im Freiland ab Anfang August. Die Ernte startet meist schleppend mit nur wenigen reifen Früchten, die den Königsblüten entspringen. Werden die Früchte der anderen Blüten reif, folgt ein starker Erntepeak.

Für die Produktion von Verarbeitungshimbeeren gibt es zwar Erntemaschinen, welche jedoch nur sporadisch zum Einsatz kommen. Die gestaffelte Reife der Himbeere, welche eine mindestens dreimalige Beerntung erfordert, führt beim Einsatz solcher Maschinen zu massiven Verlusten, was Handernte auch in diesem Bereich noch konkurrenzfähig macht.

In Westeuropa wird nahezu ausschließlich für den Frischmarkt produziert und die Ernte erfolgt ausschließlich von Hand. Nur so können die empfindlichen Früchte ohne Verletzungen direkt in ein Verkaufsgebinde geerntet werden. Die Ernteleistung liegt bei 4–6 kg pro Stunde, weshalb das Pflücken auch den wichtigsten Kostenfaktor bei dieser Kultur darstellt. Um die Früchte in idealem Reifezustand ernten zu können, sind Pflückdurchgänge alle zwei Tage notwendig. Aus phytosanitären Gründen sollten schimmlige und überreife Früchte ebenfalls geerntet und aus der Anlage entfernt werden. Im Erwerbsobstanbau erfolgt die Ernte in der Regel durch Erntehelfer, welche mit einem Prämiensystem entlohnt werden. Kollektivvertraglich geregelte Löhne müssen natürlich erreicht werden, aber solche Systeme gewährleisten einerseits eine gute Pflückleistung und andererseits eine gerechte Entlohnung bei unterschiedlichen Leistungen.

Die Ernte für den Frischmarkt erfolgt von Hand.
Foto: Manfred Wiesenhofer

Nach der Ernte ist die sofortige Kühlung der Beeren unumgänglich. Nur durch rasches Senken der Kerntemperatur im Inneren der Erntesteigen und -paletten kann die gute Haltbarkeit der Früchte während Lagerung, Transport und Verkauf gewährleistet werden. Um das Shelf-Life (Haltbarkeit) zu optimieren, finden häufig Durchzugskühler Anwendung, welche im Kühllager die kalte Luft durch die Kisten ziehen.

PFLANZENSCHUTZ, KRANKHEITEN UND SCHÄDLINGE

Durch gesundes Pflanzmaterial, vorbeugende Kulturmaßnamen sowie zurückhaltende und ausgewogene Düngung kann dem Auftreten von Schaderregern vorgebeugt werden.

Die kulturtechnischen Trends hin zu Witterungsschutz und Substratanbau haben auch die Schwerpunkte im Himbeerpflanzenschutz deutlich verändert. Sind im Freilandanbau die Graufäule, Rutenkrankheit, Rost- und bodenbürtige Pilze Hauptprobleme, verschiebt sich das Spektrum unter einem Regendach hin zu Mehltau, Blattläusen und Spinnmilben. Erfreulicherweise können diese Schaderreger durch integrierten Pflanzenschutz gut kontrolliert werden. Gegen Blattläuse und Milben ist der Einsatz von Nützlingen inzwischen Standard, gegen Mehltau gibt es gute konventionelle und biologische Pflanzenschutzstrategien, welche das Produktionsrisiko minimieren. Ein weiterer Trend im integrierten Pflanzenschutz sind Insektenschutznetze. Diese helfen dabei, die Zuwanderung von schädlichen Insekten wie Wanzen, Blütenstechern oder der Kirschessigfliege zu reduzieren. Leider behindern sie auch die Zuwanderung von Nützlingen, was den einen oder anderen zusätzlichen Einsatz von Schwebfliegen oder Marienkäfern begründet.

Erfolgreicher Pflanzenschutz bedarf umfassenden Wissens um die Schaderreger. So können viele Problemsituationen durch Sortenwahl, vorausschauendes Arbeiten, durch Lüften und Ausdünnen verhindert werden. Zu beachten ist jedenfalls, dass gerade im geschützten Anbau die Schadschwellen, welche eine Intervention begründen, sehr niedrig sind – eine laufende Kontrolle der Bestände ist daher unumgänglich.

Neben der bei allen Beerenobstarten vorkommenden Graufäule (siehe Abschnitt Erdbeere) und verschiedenen Virosen verursachen folgende himbeerspezifische Krankheiten und Schädlinge häufig Probleme:

Krankheiten

Wurzelfäule

(Phytophthora fragariae var. *rubi)*

Meist sterben vor der Ernte schlagartig Teilflächen ab. Typisch ist, dass auch die Jungruten rasch von oben her vertrocknen und keine neuen Triebe nachwachsen. Die Wurzelrinde ist dunkel verfärbt, Feinwurzeln fehlen. Der Erreger wird meist mit infiziertem Pflanzgut eingeschleppt. Die Dauersporen werden durch Wasser, Schuhe und Werkzeuge rasch im Bestand verbreitet und überdauern jahrelang im Boden. Ein Nachpflanzen auf befallenen Flächen ist daher nicht möglich.

Bekämpfung

Derzeit gibt es keine chemische Bekämpfungsmöglichkeit. Als vorbeugende Maßnahme hat sich das Einbringen von Kompost, der viele pilzliche Gegenspieler des Erregers enthält, bewährt. Sinnvoll sind auch der Anbau auf Dämmen, Drainage und Tiefenlockerung zwischen den Reihen. Die Sorte ´Rubaca´ weist eine hohe Widerstandsfähigkeit gegenüber dem Erreger auf, auch ´Meeker´ ist relativ phythophtorafest.

Wurzelfäule Foto: Manfred Wiesenhofer

Rutenkrankheit *(Didymella applanata)*

Der Pilz dringt durch Rutenverletzungen, Blattansatzstellen und Knospen in die einjährigen Ruten ein und breitet sich von der Eintrittspforte ausgehend aus. Zunächst bilden sich um die Eintrittsstellen violette Flecken, später verfärbt sich die abgestorbene Rinde silbergrau. Die Triebe entwickeln sich schwach und sterben meist zu Erntebeginn ab. Bei einem Befall mit *Didymella* zeigen sich typische, kleine schwarze Punkte in seitlichen Bereichen der Befallsstellen.

Die Krankheit tritt vor allem bei feuchter Witterung in zu dichten und überdüngten Beständen oder nach Hagelschlag auf.

Bekämpfung

In befallenen Anlagen sollten ab dem späteren Frühjahr vor Niederschlägen Behandlungen mit Kupferpräparaten oder anderen geeigneten Fungiziden gesetzt werden.

Rutenkrankheit Foto: Helmut Weiß

Himbeerrost
(Phragmidium rubi-idaei)

Diese zur Gruppe der Basidiomycotina gehörende Pilzkrankheit überwintert auf abgefallenem Laub. Im Laufe des Jahres infizieren diese Pilze Ruten und Blätter, wo sich markante, gelbe Pusteln bilden, aus denen der neue Zyklus startet. Die gelben Pusteln werden später häufig schwarz. In Ausnahmefällen und bei besonders anfälligen Sorten können sich die Pusteln auch auf den Früchten bilden, welche dadurch unverkäuflich werden.

Himbeerrost ist häufig in Herbsthimbeeranlagen, welche zu dicht gehalten werden, ein Problem. Der Befall tritt besonders bei feuchter, warmer Witterung auf. Bei starkem Befall kann es zu deutlicher Schädigung der Ruten und zu vorzeitigem Laubfall kommen.

Bekämpfung

Lockere Bestände und Regendächer sind die besten vorbeugenden Maßnahmen, um den Befall zu verhindern. Während der Primärinfektionsphase können in gefährdeten Anlagen bei nasser Witterung Fungizide zum Einsatz kommen.

Himbeermehltau
(Sphaerotheca alchemillae)

Mehltau kann vor allem im geschützten Anbau zum Problem werden. Immer wieder kommen hochanfällige Sorten auf den Markt, wo der Befall massiv werden kann. Grundsätzlich sollten anfällige Sorten vermieden werden.

Himbeermehltau überwintert in befallenen Knospen. Im späten Frühjahr infiziert der Pilz Triebspitzen und bei schwerem Befall auch Früchte. Der namensgebende weiße, pudrige Pilzbelag ist die Folge. Befallene Früchte bleiben außerdem in ihrer Entwicklung zurück und sind nicht vermarktbar.

Bekämpfung

Anfällige Sorten zu vermeiden, ist die wichtigste Bekämpfungsmöglichkeit. Überkronennebler, welche zur Kühlung der Bestände eingesetzt werden, können den Befall außerdem reduzieren. Bei leichtem Befall können befallene Pflanzenteile ausgeschnitten werden. Bei schwererem Befall ist der Einsatz von Fungiziden notwendig.

Schädlinge

Gemeine Spinnmilbe
(Tetranychus urticae)

Diese Spinnmilbenart ist vor allem bei hohen Temperaturen, unter Regendächern oder in Folienhäusern ein Problem. Sie ist gut an den schwarzen Tupfen auf der Körperoberseite zu erkennen. Befall führt zu Saugschäden an den Blättern, die gesprenkelt erscheinen. Bei starkem Befall kann das Laub eintrocknen und abfallen.

Bekämpfung

Feuchte Umgebung hemmt die Entwicklung der Spinnmilben. So werden auch Bestände im geschützten Anbau mehrmals täglich kurz überkronenberegnet. Die etwa zehn Minuten dauernden Wassergaben kühlen die Pflanzen und führen dazu, dass die Spinnmilbe in unteren, schattigen Pflanzenteilen verbleibt, wo sich auch Raubmilben wohl fühlen. Vorbeugender Raubmilbeneinsatz ist im professionellen Anbau aufgrund der Gemeinen Spinnmilbe unumgänglich. Immer wieder entstehen dennoch Situationen, wo der Spinnmilbendruck erst durch den Einsatz von chemischen Pflanzenschutzmitteln reduziert werden muss, um mit Raubmilben erfolgreich sein zu können.

Himbeerblütenstecher
(Anthonomus rubi)

Es handelt sich um den gleichen schwarzen Rüsselkäfer, der auch an Erdbeeren auftritt. In Waldnähe herrscht gelegentlich großer Befallsdruck und es entsteht erheblicher Schaden, besonders bei Sommersorten. Das Weibchen legt je ein Ei in bis zu 30 noch geschlossene Blüten und sticht die Blütenstiele anschließend so an, dass diese abknicken. In der trocknenden Knospe entwickelt sich die Larve.

Bekämpfung

Die Schadschwellen sind bei diesem Schädling sehr gering. In Problemanlagen sollten Insektizidbehandlungen knapp vor Blühbeginn erfolgen.

Himbeerkäfer *(Butyrus tomentosus)*

Dieser Schädling verursacht „wurmige" Früchte. Der 4–5 mm große, graubraune Käfer fliegt ab April zu, frisst zunächst nur an Blüten und Blättern und kann daher noch vor der Eiablage entdeckt werden. Die Larve frisst am Blütenboden und dann in der Frucht und verlässt die Frucht zur Ernte, um sich im Boden zu verpuppen.

Bekämpfung

Die Diagnose wird durch Lockstoff-Weißtafeln erleichtert, auch zur Befallsreduktion haben sich solche Lockfallen bewährt, die zwei Wochen vor der Blüte in die Bestände gehängt werden (1 Falle/10–20 lfm). Maßnahmen gegen den Blütenstecher erfassen den Himbeerkäfer meist mit.

Grüne Reiswanze *(Nezara viridula)*

Die Grüne Reiswanze wurde 2015 erstmals in Österreich festgestellt und hat sich seitdem fest etabliert. Dies polyphage, grüne Wanzenart wird bis zu 12 mm groß. Während die adulten Tiere mit der grünen Stinkwanze zu verwechseln sind, ist die auffällig, bunte Färbung der Nymphen eindeutig. Schäden entstehen durch den strengen Geruch, welcher die Früchte unverkäuflich macht.

Bekämpfung

Viele der Tiere wandern im Laufe des Frühjahrs aus ihren Überwinterungsquartieren zu. Eine Abschirmung der Anlagen mit einem Insektenschutznetz mit max. 1 x 1 mm Maschenweite zeigt sehr gute Erfolge. Alternativ ist das Absammeln adulter (erwachsener) Tiere möglich. Im geschützten Anbau zeigt das Einbringen von Schlupfwespen der Gattung *Trissolcus* gute Erfolge.

Kirschessigfliege *(Drosophila suzukii)*

Diese invasive Taufliegenart bereitet seit ihrem Erstauftreten in Mitteleuropa im Jahr 2011 massive Probleme. *Drosophila suzukii* hat ein enormes Vermehrungspotential und kann bei optimalen Bedingungen – kühler Witterung zwischen 20 und 25 °C und hoher Luftfeuchtigkeit – einen kompletten Vermehrungszyklus in unter zehn Tagen abschließen. Ein Weibchen legt bis zu 400 Eier in reifende Früchte. In unseren Breiten sind bis zu zehn Generationen möglich. Es kommt zu vermadeten Früchten und Sekundärinfektionen mit Pilzkrankheiten. Das Männchen der Kirschessigfliege ist an den markanten schwarzen Punkten auf den Flügeln, das Weibchen im Mikroskop am gezähnten Eilegeapparat erkennbar. Die Larven sind je nach Stadium ein bis drei Millimeter lang, hell-durchscheinend und verlassen beim Einlegen in Wasser die Frucht. Diese Eigenschaft wird für das Monitoring genutzt.

Bekämpfung

Trockene Bestände unter Regendächern reduzieren den Befall stark. In überdachten Anlagen hat sich das seitliche Anbringen von Insektenschutznetzen mit einer Maschenweite von max. 0,8 x 0,8 mm bewährt. Kurze Pflückintervalle schränken den Populationsaufbau ein. Wird beim Monitoring (z. B. durch die Wasserbadmethode) ein steigender Befallsdruck festgestellt, sind chemische Bekämpfungen notwendig.

HAUSGARTEN-TIPP

Während Pilzkrankheiten im Himbeerhobbyanbau kaum zu regulieren sind, können viele Schädlinge wie Blütenstecher, Himbeerkäfer oder Blattläuse auch mit biologischen Präparaten bekämpft werden. In der Regel reicht für eine ausreichende Dezimierung eine Behandlung vor Blühbeginn.

Kirschessigfliege Foto: Manfred Wiesenhofer

SORTENWAHL

Wie bei allen Beerenarten ist der Vermarktungsweg für die Sortenwahl ausschlaggebend. Für den Großhandel zählen Aussehen, Festigkeit und Haltbarkeit, für die Direktvermarktung ist der Geschmack wichtig. Für den Hausgarten sollten robuste Sorten zum Einsatz kommen.

In der Himbeerzüchtung hat sich in den letzten Jahren einiges getan. Leider dringen die massiven Fortschritte in der Züchtung kaum zu Kleinbetrieben oder Hobbygärtnern durch, da ein Großteil der Züchtungsarbeit von international agierenden Konzernen, die die Resultate in Lizenz an einen ausgewählten Kreis von Anbauern vergeben, ausgeht. Trotzdem stehen den Anbauern sehr viele Himbeersorten zur Verfügung.

HAUSGARTEN-TIPP

Für den Hausgarten spielen Transportfestigkeit und Haltbarkeit keine Rolle. Geschmack und Robustheit sind entscheidend, man wünscht sich eine Versorgung mit frischen Beeren möglichst von Juni bis zum Frost.

Mit folgenden Sorten sind Sie gut beraten:

- Sommersorten: ´Rubaca´, ´Meeker´, ´Nootka´
- Herbstsorten: ´Autumn Bliss´, ´Himbo-Top´ oder ´Fallred Streib´ (bester Geschmack)

Warum nur rote Himbeeren anbauen? Gerade im Hausgarten sind auch gelbe (´Fallgold´, ´Golden Queen´), violette (´Glen Coe´) oder schwarze (´Royalty´, ´Bristol´) Sorten echte Hingucker.

Die wichtigsten Himbeersorten im Porträt

Im Erwerbsobstbau haben sich folgende Sorten aufgrund ihrer breiten Anbaueignung, Robustheit und Beerenqualität durchgesetzt (Reihung nach Reifezeit):

Willamette

Herkunft: Oregon, USA (´Newburgh´ x ´Lloyd George´)
Reifezeit: früh, ab 15. Juni
Sehr robuste Sorte aus dem Jahr 1943 mit zahlreichen und stark wachsenden Jungruten. Bestachelt. Die Frucht ist eher weich, eher matt und dunkelt schnell nach. Mittelrote, bereifte, kegelförmige, etwas weiche Frucht mit gutem Geschmack.

Wegen ihrer Frühzeitigkeit am Frischmarkt sehr gefragt. Nur für Direktvermarktung geeignet.

Willamette Foto: Helmut Weiß

Tulameen

Herkunft: Vancouver, Kanada (´Nootka´ x ´Gien Prosen´)
Reifezeit: mittelspät, ab 1. Juli
Keine Dornen, lange Ruten, stabile Fruchtstände; wenig Pflücktage, anfällig gegenüber Botrytis und Rutenkrankheit, mittlere Anfälligkeit gegen Rutensterben und Frostschäden.

Sortenübersicht Himbeeren: einmaltragend

Sorte	Herkunft	Reifezeit	Ertrag	Fruchtgröße	Geschmack	Wuchs	Bewehrung	Frostfestigkeit	Frischmarkt	Verarbeitung	Liebhaber	Besonderheiten
Resa	D	sehr früh	niedrig	sehr groß	mittel	schwach	leicht bestachelt	gering	* *	*	* *	anfällig, wenige, große Früchte, trägt auch im Herbst
Marla/ Fertödi Karmin	CH/H	sehr früh	mittel	mittel	gut	mäßig, viele Jungruten, robust	bestachelt	hoch	* *	* *	* *	geringe Anfälligkeit gegenüber Botrytis, weich
Willamette	USA	sehr früh	mittel	groß	gut	rankend, schwach	bestachelt	hoch	* *	* * *	* *	robust, gesunder Wuchs
Elida	CH	sehr früh	mittel	mittel	mittel	viele, eher schwache Ruten	leicht bestachelt	mittel	* * *	* *	* *	eher empfindlich, brüchige Fruchttriebe, Frucht hell und stabil
Tulameen	CAN	mittel	sehr hoch	groß	gut	stark, mittellange Fruchttriebe	unbestachelt	mittel	* * *	* *	*	sehr regelmäßige, feste Frucht
Meeker	USA	mittel	hoch	mittel	sehr gut	sehr starke Ruten	stark bestachelt	gering	* * *	* * *	* * *	beste Verarbeitungssorte, intensives Aroma
Rubaca	CH	mittel	sehr hoch	sehr groß	mäßig	sehr stark	unbestachelt		*	* *	* * *	weiche Frucht
Glen Ample	GB	mittel	sehr hoch	sehr groß	sehr gut	sehr stark, aufrecht	unbestachelt	gering	* * *	* * *	* * *	lange Ernteperiode, robust gegenüber Grauschimmel
Schönemann	D	spät	sehr hoch	groß	gut	viele starke Ruten	bestachelt	mittel	* *	* *	*	anfällig gegen Wurzelfäule
Rumiloba	D	sehr spät	mittel	sehr groß	gut, aromatisch	sehr starke Ruten	bestachelt	sehr gut	* *	* * *	* * *	botrytisanfällig, sonst sehr robust, leicht pflückbar
Wei-Rula	D	sehr spät	mittel	mittel	gut	stark	bestachelt	gut	*	*	* * *	robust gegenüber Wurzelfäule

* * * gut, * * mittel, * gering

Sortenübersicht Himbeeren: remontierend

Sorte	Herkunft	Reifezeit im Herbst	Ertrag	Fruchtgröße	Geschmack	Wuchs	Bewehrung	Frostfestigkeit	Frischmarkt	Verarbeitung	Liebhaber	Besonderheiten
Autumn Bliss	GB	sehr früh	sehr hoch	klein	gut	mittel	bestachelt	sehr gut	* *	* *	* * * *	sehr anfällig für Bröselfrüchtigkeit
Enrosadira	I	sehr früh	sehr hoch	sehr groß	gut	sehr stark	wenig bestachelt	sehr gut	* * * * *	* *	* * *	robust, starkwüchsig
Polka	PL	früh	sehr hoch	mittel	gut	mittelstark	stark bestachelt	sehr gut	* * *	* * *	* * *	etwas anfällig gegen Wurzelfäulen
Himbo-Top	CH	mittel	sehr hoch	groß	gut	wenige, aber sehr lange Ruten	bestachelt	sehr gut	* * *	* * *	* * *	robust gegenüber Wurzelfäule, benötigt Gerüst
Fallred Streib	D	mittel	mittel	klein	sehr gut		bestachelt	sehr gut	* *	* * *	* * *	später Erntebeginn, robust gegen Wurzelfäule
Sugana	CH	mittel	hoch	sehr groß	gut	stark	bestachelt	gut	* * *	* *	* * *	geeignet für Zweimalernte, empfindlich
Endurance	I	spät	gering	sehr groß	mittel	sehr stark		gut	* * * * *	* *	* * *	Hauptertrag bei Doppelbeerntung im Sommer
Tulamagic	CH	spät	gering	groß	mittel	sehr starker Wuchs, lange Triebe	schwach bestachelt	hoch	* * *	* * *	* * * *	sehr robustes Wurzelsystem, sehr robust und langlebig, Hauptertrag bei Doppelbeerntung im Sommer

* * * gut, * * mittel, * gering

Sehr große, leuchtend hellrote, regelmäßig kegelförmige Früchte; hervorragender Geschmack.

Trotz ihrer Anfälligkeiten aufgrund der schönen, wohlschmeckenden Früchte immer noch eine Standardsorte in der Direktvermarktung.

Tulameen Foto: Helmut Weiß

Glen Ample

Herkunft: SCRI, Dundee, Schottland
Reifezeit: mittelspät, wie ´Tulameen´
Starke, unbestachelte Ruten mit langen Fruchtständen; eher wenig Jungruten.

Die Frucht ist mittelgroß, fest, rundlich und hellrot, aus sehr großen, etwas locker sitzenden Teilfrüchten zusammengesetzt. Hohe Erträge und hohe Pflückleistung. Guter bis mittlerer Geschmack. Immer wieder Bestände mit Bröselfrüchtigkeit.

Glen Ample Foto: Manfred Wiesenhofer

Meeker

Herkunft: Puyallup, Washington, USA (´Willamette´ x ´Cuthbert´)
Reifezeit: mittelspät, wie ´Tulameen´
Geschmackssorte aus dem Jahr 1967; Meeker ist eine wichtige Verarbeitungssorte in Südosteuropa, aber auch im Hausgarten immer noch aktuell. Gedeiht nur an geschützten Standorten, extrem starkes Jungtriebwachstum, kurze, stabile Fruchtstände.

Mittelgroße, rundliche, feste, sehr attraktive Früchte mit guter Haltbarkeit. Aufgrund ihres ausgezeichneten Geschmacks sehr beliebt für Frischmarkt und Verarbeitung. Mittlere Erträge.

Meeker Foto: Helmut Weiß

Himbo-Top

Herkunft: Hauenstein, CH (´Himbo Queen´ x ´Autumn Bliss´)
Reifezeit: Erntehöhepunkt nach ´Autumn Bliss´
Diese remontierende Sorte zeichnet ihr sehr starker Wuchs mit Trieblängen zwischen

Himbo-Top Foto: Manfred Wiesenhofer

zwei und drei Metern aus. Ein Drahtgerüst zum Halten der Triebe ist notwendig. Die Beeren sind hellrot, groß, kegelig und geschmacklich gut. Sie lösen sich leicht vom Zapfen und dunkeln wenig nach. Lange Anlagenstandzeiten, Fruchtgröße relativ gleichbleibend.

Enrosadira

Herkunft: Molari, Italien
Reifezeit: Erntehöhepunkt kurz nach ´Autumn Bliss´
Diese remontierende Hauptsorte zeichnet ihr starker Wuchs, ihre Robustheit und ihre sehr großen Früchte mit gutem Geschmack aus. Im Tunnel Reifebeginn Mitte Juli. ´Enrosadira´ ist auch im biologischen Anbau produzierbar und eine Hauptsorte für Großhandelslieferanten.

Endurance

Herkunft: Plant Science, Italien
´Endurance´ wird als remontierende Sorte für die Doppelbeerntung angepriesen, ihre Stärken liegen allerdings deutlich im Sommer. Gründe dafür sind der sehr späte Ertragsbeginn im Herbst und das geringe Zurückblühen der Primocanes (neuer Stock). Dadurch stehen im Sommer viele Knospen für Blütenstände zur Verfügung, was sich im Ertrag zeigt, der im Sommer sehr hoch ist. Die Früchte von ´Endurance´ sind sehr fest, hellrot, mit gutem Shelf-Life (Haltbarkeit) und gut zu ernten. Der Geschmack wird als mittelmäßig bis gut eingestuft. Diese Sorte gilt als für alle Vermarktungsarten geeignet.

Enrosadira Foto: Manfred Wiesenhofer

Gelbe Himbeeren – ein Blickfang auf jedem Obstkuchen Foto: Susanne Ederle/Pixabay

BROMBEERE

Steckbrief Brombeere

Reihenabstand: 3–3,5 m, je nach System und Maschinenausstattung
Pflanzabstand in der Reihe: 0,6–1 m im Hobbybereich auch deutlich weiter
Ertrag: ca. 150–300 kg/100 m^2
Erntedauer: 4–10 Wochen, drei Pflückgänge/Woche
Pflückleistung: ca. 4–8 kg/AKh
Erzeugerpreise:
Lieferung an Obstgroßhandel: ca. 6,00–8,00 Euro/kg
Ab-Hof-Verkauf: 8,00–12,00 Euro/kg

Foto: Manfred Wiesenhofer

Zu den, mit der Himbeere nah verwandten, Brombeeren zählen zahlreiche amerikanische und europäische Unterarten. Unter anderem haben sie zwei wesentliche Merkmale gemein: das lang andauernde Wachstum der Ranken und die sich nicht vom Zapfen lösende Frucht.

Die nahe Verwandtschaft der Himbeere (*Rubus idaeus*) mit der Brombeere (*Rubus fructicosus*) ermöglicht die Züchtung von Hybriden, also artübergreifender Kreuzungen. Solche sind etwa die Loganbeere oder die Boysenbeere.

Obgleich bereits im Altertum als Kulturpflanze erwähnt, fristete die Brombeere in Europa lange Zeit als Heckenpflanze und an Grundstücksgrenzen ein kaum beachtetes Dasein. Erst in den 1950er Jahren, als aus den USA erste dornenlose Sorten eingeführt wurden, stieg das Interesse, die Brombeere eroberte schnell die Liebhabergärten und wurde auch als Erwerbsobst in geringem Ausmaß zur Erweiterung des Sortiments gepflanzt. Leider waren lange Zeit nur Sorten verfügbar, welche bei Pflückreife nur ungenügende innere Fruchtqualität aufwiesen – ein Phänomen, dass man aus dem Garten kennt: Die Brombeere schmeckt erst richtig gut, wenn sich die Einzelbeeren abspreizen und die Frucht ganz weich ist. Diese Weichheit ist jedoch für die Vermarktung im Großhandel keine Option.

Erst in den letzten Jahren kamen neue Sorten, wie etwa ´Sweet Royala´, auf den Markt, welche auch bei entsprechender Festigkeit gut schmecken. Dadurch ergeben sich für die Zukunft – auch für die Vermarkung über den Großhandel – interessante Perspektiven mit dieser Frucht.

Brombeeren sind krautige, nur leicht verholzende, Sträucher die das Laub sortenabhängig im Winter oder Frühjahr abwerfen. Die oberirdischen, vegetativen Teile der Brombeere werden als Ruten oder Ranken bezeichnet. Letztere Bezeichnung ist da-

GESUND MIT BROMBEEREN

Inhaltsstoffe, Gesundheitswert & Heilwirkung

Schon zu biblischen Zeiten wurden die Blätter der Brombeere gekaut, um Zahnfleischbluten zu lindern. In der chinesischen Medizin verwendet man die unreifen Beeren als Mittel zur Behandlung von Inkontinenz und Impotenz.
Alle Pflanzenteile sind reich an Tanninen (20-%-Anteil in der Wurzelrinde), die stark adstringierend wirken.

100 g frische Brombeeren enthalten durchschnittlich:

Energie	152 kJ/36 kcal	Ballaststoffe	3,2 g
Wasser	86,2 g	Eiweiß	1,2 g
Fett	1,0 g	Kohlenhydrate	6,2 g
Organische Säuren	1,7 g	Ungesättigte Fettsäuren	0,7 g
Vitamine B1 B2 B6	0 mg	Vitamin C	17 mg
Vitamin E	0,6 mg	Kalium	190 mg
Kalzium	44 mg	Magnesium	30 mg
Phosphor	30 mg	Eisen	0,9 mg
Mineralstoffe gesamt	510 mg		

(Quelle: ÖNWT, BLS3.01)

Die jungen Blätter der Brombeere werden zur Blütezeit gepflückt und getrocknet. Der daraus bereitete Tee ist reich an ätherischen Ölen und Gerbstoffen und hilft bei Magen- und Darmentzündungen sowie bei Durchfall und Harnwegsbeschwerden.

Aus den Beeren bereiteter Brombeersaft hilft bei Entzündungen der Mundschleimhaut und Erkältungskrankheiten, er wirkt außerdem blutbildend und magenstärkend.

hingehend angebracht, da die Brombeere zwar keine Ranken im botanischen Sinn ausbildet, jedoch aufgrund ihrer Einordnung als Spreizklimmer, bei welchen sich starre Pflanzenteile mit dem Untergrund oder einer Rankhilfe verklemmen, die Eigenschaften einer Ranke aufweist.

Der Vegetationszyklus der Brombeere ist bei den meisten Sorten zweijährig und entspricht im Wesentlichen dem der Himbeere. In den letzten Jahren wurde jedoch auch intensiv an remontierenden Brombeersorten geforscht und diesbezügliche Sorten sind inzwischen in Prüfung.

STANDORT

An den Boden stellt die Brombeere eher geringe Ansprüche. Manche Arten sind sogar ausgesprochene Pionierpflanzen. Von Vorteil sind ein leicht saurer pH-Wert, ein hoher Humusgehalt und eine gute Wasserführung. Staunässe sollte jedenfalls vermieden werden sollte. Auf schweren Standorten bringt eine Pflanzung auf Dämmen Vorteile.

Der Anbau wird hauptsächlich durch klimatische Gegebenheiten begrenzt. Schneearme Lagen, Temperaturen unter −15 °C sowie früher Wintereinbruch sind hier die entscheidenden Faktoren und lassen einen Anbau nur bis in Seehöhen von 800 m zu.

Die Ruten sind empfindlich und vertragen schnelle Temperaturwechsel schlecht. Am besten gedeiht die Brombeere in offenen Lagen mit ausgeglichenem Klima. In zu sonnenexponierten Lagen besteht für die Früchte die Gefahr von Sonnenbrand.

Eine Bodenvorbereitung wie bei Himbeeren ist zu empfehlen, zumindest der Pflanzstreifen sollte mit organischem Material angereichert werden.

An kühleren, windexponierten und schneearmen Standorten ist die gleichzeitige Anlage von Windschutzhecken oder Netzen sinnvoll, um Winterfrostschäden vorzubeugen.

PFLANZMATERIAL, PFLANZUNG UND ERZIEHUNGSSYSTEM

Pflanzmaterial und Pflanzung

Bei Brombeeren werden bedornte und unbedornte Sorten angeboten, wobei die Dornen im botanischen Sinn Stacheln sind. In Europa sind nahezu ausschließlich unbedornte Sorten im Handel und im Erwerbsanbau in Verwendung. Sowohl im Hausgarten als auch im Erwerbsobstanbau sind die Erleichterungen bei Schnitt, Formierung und Ernte massiv, wenn nicht mit Vorsicht vor den spitzen Stacheln agiert werden muss.

Bei Brombeeren werden vorrangig drei Pflanzentypen angeboten: einjährige oder überwinterte, also zweijährige, Topfgrünpflanzen sowie Long Canes mit zumindest vier Ranken.

Long Canes, also Brombeerpflanzen, welche mit vier bis sechs fertig ausgereiften Ranken verkauft werden, können bereits im April gepflanzt werden. Bei diesem Pflanzmaterial dauert es meist etwas, bis die Jungruten austreiben. Die Frostgefährdung ist dadurch reduziert.

Grünpflanzen werden etwas später – ab Mitte Mai – gepflanzt. Die am Wurzelhals sitzenden Knospen müssen dabei ausreichend mit Erde bedeckt sein. Grünpflanzen, welche bereits einen Winter hinter sich haben, wachsen verlässlicher und stärker, was zu höheren Erträgen im ersten Ertragsjahr führt.

Um bereits im ersten Jahr eine hohe Anzahl von Ranken zu erreichen, ist im Pflanzjahr auf eine gute Wasser- und Nährstoffversorgung zu achten. Long Canes, welche ja schon im Pflanzjahr vollen Ertrag bringen können, müssen sowieso perfekt mit Wasser und Nährstoffen versorgt sein. Um Beikrautkonkurrenz zu vermeiden, werden Brombeeren häufig in Reihen gepflanzt, welche mit Mulchfolie oder Bändchengewebe abgedeckt sind. Dadurch wird v. a. in den ersten Jahren das Unkrautmanagement deutlich vereinfacht.

Erziehungssystem

Das Erziehungssystem der Brombeere wurde in den letzten Jahren für den Erwerbsobstanbau deutlich optimiert. Lange Zeit wurden weite Pflanzabstände gewählt, um die Wüchsigkeit der Brombeerpflanze, welche bis zu fünf Meter lange Ranken bilden kann, auszunutzen. Nachteile dieser langen Ruten sind allerdings die weiten Internodien und die Behinderung der fruchtenden Ruten. Aus diesen Gründen werden Brombeeren inzwischen kaum mehr weiter als einen Meter in der Reihe auseinander gepflanzt. Um die vorhanden Gerüstfläche optimal nutzen zu können, wird in der Regel die Staberziehung oder eine schmale Version der Fächererziehung angewandt. Anzustreben sind vier bis sechs Ranken pro Pflanze mit einer Maximallänge von 1,8 Metern.

HAUSGARTEN-TIPP

Im Hausgartenbereich, wo man nicht auf Maximalerträge angewiesen ist, können Brombeeren auch in traditionellen Formen, wie der Palmettenerziehung, erzogen werden. Dabei beträgt der Pflanzabstand bis zu drei Meter und die Ranken können je nach Belieben formiert werden. Sollen sich die Brombeeren nicht wild weitervermehren, muss jedenfalls darauf geachtet werden, dass die Triebspitzen nicht den Boden berühren. Geschieht dies, wurzeln die Triebspitzen an und bilden den Ausgangspunkt für eine neue Pflanze. Diese neuen Pflanzen sind sehr konkurrenzstark und können schon im zweiten oder dritten Jahr nur durch Ausgraben entfernt werden.

Bezüglich des Reihenabstandes muss beachtet werden, dass Brombeeren bis zu einem Meter lange Laterale (Fruchtstände) bilden können. Soll die Anlage also in der Ernte befahrbar bleiben, sind Reihenabstände von mindestens drei Metern einzuplanen.

Der Pflanzstreifen (ca. 50 cm) bleibt unbegrünt, damit sich die frisch gesetzten Pflanzen ungestört entwickeln können. Um den Jäteaufwand gering zu halten, hat sich das Abdecken mit einer Mulchfolie oder einem Bändchengewebe bewährt. Die Löcher, wo die Pflanzen eingesetzt sind, können mit den Jahren geweitet werden, um zusätzlichen Jungranken Platz zu schaffen. Ebenfalls eingesetzt werden kann organisches Material, am besten mit Kompost, Grasschnitt oder abgelegener Rinde. Zwischen den Reihen wird eine schwach wachsende Gräsermischung eingesät.

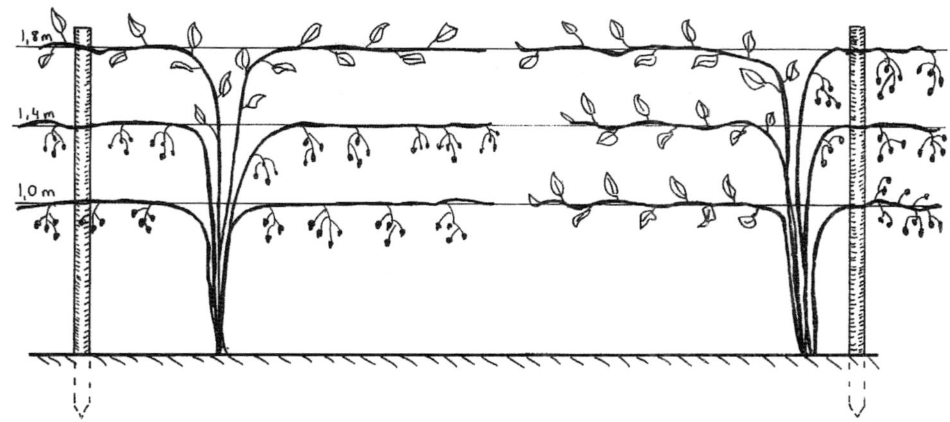

KULTURMASSNAHMEN

Rankenmanagement

Brombeerpflanzen bringen neben den Lateralen, welche die Blütenstände tragen, im Laufe des späten Frühjahrs auch neue Bodentriebe hervor. Meist sind es nur zwei bis vier Austriebe, welche die Wurzeln im Basisbereich hervorbringen. Bildet die Pflanze eine Unzahl schwacher, dünner Triebe ist dies ein Symptom für einen Mycoplasmenbefall durch die Rubusstauche – eine Rodung ist unvermeidbar. Die wenigen Ranken wachsen meist sehr stark, sind frostempfindlich und weisen aufgrund der weit auseinanderliegenden Nodien ein relativ geringes Ertragspotential auf. Um all diese Probleme zu beheben, werden junge Ranken bei einer Trieblänge von einem Meter auf 40 Zentimeter zurückgeschnitten. Die Verdichtung des Bestandes durch Ertrags- und Jungruten wird reduziert. Der Rückschnitt führt in weiterer Folge zu einem vorzeitigen Austrieb der Knospen, welche wiederum zwei bis vier neue Ranken bilden. Diese Ranken wachsen nicht mehr so stark, weisen daher kürzere Internodien und im Folgejahr mehr Knospen für Fruchttriebe auf. Eine Ertragssteigerung ist die Folge.

HAUSGARTEN-TIPP

Im eigenen Garten, wo Brombeerranken meist dekorative Aufgaben haben, werden häufig die langen, mastigen Ranken belassen. Bei diesen bilden sich an Scheitelpunkten oft vorzeitige Triebe, die im Folgejahr normal tragen. Um Ordnung in die Pflanze zu bringen, können diese im Winter auf zwei bis drei Knoten zurückgeschnitten werden.

In weiterer Folge ist die Rutenzahl auf das Erziehungssystem und den Pflanzabstand abzustimmen, meist werden vier bis acht Ruten pro Pflanze belassen. Überzählige und später nachwachsende Ruten werden entfernt.

Nach der Ernte werden die Tragruten sofort ganz am Boden abgeschnitten und möglichst aus der Anlage verbracht.

Ernte

Die Ernte der Brombeeranlage zieht sich je nach Sorte zwischen einem und zwei Monaten hin. Die Anzahl der Pflückdurchgänge ist stark abhängig von der Witterung – bei optimalen Bedingungen sind Pflücken alle zwei Tage anzuraten. Besonders bei der Produktion für den Großhandel werden alle schwarz gefärbten Früchte laufend geerntet. Ist kein außergewöhnlich gutes Shelf-Life erforderlich, können die Intervalle auch länger sein. In diesem Fall ist der Druck durch die Kirschessigfliege aber genau im Auge zu behalten, da lange Pflückpausen den Befall stark fördern können.

Die Pflückleistung beträgt je nach Zeitpunkt und Witterung zwischen vier und sechs, manchmal auch bis acht Kilogramm in der Stunde. Es werden somit für die Beerntung von einem Hektar Brombeeren zwischen sechs und acht Erntehelfer benötigt.

Winterschnitt

Im Winter oder im zeitigen Frühjahr, wenn man bereits erkennen kann, welche Ranken austreiben, werden abgestorbene und überzählige Ranken ausgeschnitten. Die verbleibenden Ranken werden auf 1,8 m eingekürzt und gleichmäßig auf den verfügbaren Raum verteilt. In frostgefährdeten Lagen ist es häufig von Vorteil, die Jungruten vor dem Winter auf den Boden zu legen und zu befestigen, um durch den Schutz der Schneedecke Winterfrostschäden vorzubeugen.

Eine neue Entwicklung sind remontierende Brombeersorten. Diese fruchten bereits im Jahr des Aufwuchses und können, ähnlich wie bei Herbsthimbeeren, im Spätherbst komplett entfernt werden.

Düngung

Die Düngezyklen der Brombeere ähneln jener der Himbeere. Die Grunddüngung, welche zum Vegetationsbeginn ausgebracht wird, ist abhängig von den Ergebnissen der Bodenuntersuchung. Danach wird zwischen vegetativer Phase mit erhöhtem Stickstoffbedarf und der generativen Phase des Fruchtwachstums unterschieden. Im Fruchtwachstum wird kalibetont gedüngt, um entsprechende Fruchtfestigkeit zu erzielen.

Grundsätzlich ist auf eine gleichmäßige Versorgung des Bestandes während des Vegetationszyklus zu achten. Wird der Dünger gestreut, sollte die Gesamtmenge auf mindestens drei Gaben aufgeteilt werden. Besteht die Möglichkeit Dünger über die Bewässerung einzuspeisen, sind wöchentliche Gaben anzuraten. Im Substratanbau wird laufend über den EC-Wert mitgedüngt. Hierfür ist ein Düngerezept aufgrund einer Gießwasseruntersuchung anzufordern.

Nährstoffbedarf: Ertragsabhängige Richtwerte ab acht Tonnen Ertrag pro Hektar
N: 90–120 kg/ha
P_2O_5: 35–45 kg/ha
K_2O: 70–85 kg/ha
MgO: 15–20 kg/ha

Bewässerung

Um Pilzbefall zu vermeiden, sollten Brombeeren nur mittels Tropfschläuchen bewässert werden. Optimal sind – vor allem in Anlagen unter einem Regendach – zwei Tropfschläuche pro Reihe, um eine gleichmäßige Wasserversorgung zu erreichen. Schwerpunkt der Bewässerungsarbeit ist während des Fruchtwachstums, wo der höchste Wasserbedarf herrscht.

PFLANZENSCHUTZ, KRANKHEITEN UND SCHÄDLINGE

Eine Überdachung der Brombeerpflanzen beugt einer ganzen Reihe von Schaderregern vor. So wird der Befall mit Graufäule, Rostpilzen, Falschem Mehltau und sogar der Kirschessigfliege deutlich reduziert. Leider werden durch das trockene, heiße Milieu aber auch manche Schaderreger gefördert: So können Spinn- und Gallmilben, aber auch invasive Arten, wie die Reiswanze, schnell zum Problem werden.

Schwerpunkte der Bekämpfungsstrategien sind im Freiland die Graufäule, welche der begrenzende Faktor bezogen auf die Lagerfähigkeit ist, und Falscher Mehltau. Während Botrytis auch im biologischen Anbau kontrolliert werden kann, gibt es in dieser Produktionsart gegen Peronospora – außer der Installation eines Regendaches – keine ausreichenden Bekämpfungsansätze. Grund dafür ist die teilsystemische Lebensweise des Pilzes, welche nur mit systemischen Fungiziden effektiv kontrolliert werden kann.

Krankheiten

Rankenkrankheit
(Rhabdospora ramealis)

Der Pilz dringt durch Verletzungen, Blattansatzstellen und Knospen ein und durchwächst die Rinde der Ruten. Zunächst bilden sich um die Eintrittsstellen violette Flecken, später verfärbt sich die Rinde. Die Krankheit tritt vor allem in zu dichten und überdüngten Beständen oder nach Hagelschlag auf.

Bekämpfung

In stark befallenen Beständen hat sich die vorbeugende Behandlung der Jungruten vor der Ernte und im Herbst die Behandlung mit Kupferpräparaten bewährt. Befallene Ruten sollten nach der Ernte sofort entfernt werden.

Rankenkrankheit Foto: Helmut Weiß

Brombeerrost *(Phragmidium violaceum, Kuehneola uredinis)*

Diese vor allem bei dornenlosen Sorten auftretende Krankheit ist zwar sehr auffällig und leicht zu erkennen, richtet aber in der Regel kaum wirtschaftlichen Schaden an.

An der Blattunterseite und auch an den Trieben werden orangerote Pusteln mit Sporenlagern sichtbar, die sich später schwarz verfärben.

Bekämpfung

Durch zurückhaltende Düngung und lockere Bestände kann dem Auftreten vorgebeugt werden.

Brombeerrost Foto: Helmut Weiß

Brombeer-Stauche
(Candidatus Phytoplasma rubi)

Zikaden sind die Hauptüberträger dieser Krankheit. Die infizierte Brombeerpflanze bildet dichte, kurze Ruten und verzwergt. Die Blätter sind hell, die Blüten vergrünt und missgebildet (lange, schmale Kelchblätter).

Bekämpfung

Befallene Pflanzen sofort entfernen!

Rubus-Stauche Foto: Manfred Wiesenhofer

Falscher Mehltau
(Peronospora sparsa)

Befallen wird vor allem die Sorte ´Loch Ness´.

Zunächst werden an den Blättern eckige, von den Blattadern begrenzte gelbliche Flecken sichtbar, die sich später braun verfärben. Unreife Früchte vertrocknen und bleiben als Mumien am Blütenstand hängen. Reife Beeren werden unansehnlich und unverkäuflich. Feuchte Witterung während der Fruchtreife fördert den Befall, weshalb Regendächer stark befallsreduzierend wirken.

Bekämpfung

Der Erreger verbreitet sich systemisch in der ganzen Pflanze, was die Bekämpfung sehr schwierig macht. Befallsmindernde chemische Bekämpfungsmaßnahmen erfolgen in der Regel während des Fruchtwachstums mit geeigneten Fungiziden vor Niederschlägen.

Falscher Mehltau Foto: Manfred Wiesenhofer

Schädlinge

Brombeermilbe *(Acalitus essigi)*

Diese 0,2 mm kleine Milbe verursacht durch ihre Saugtätigkeit ein nur teilweises Ausreifen der Früchte. Einzelne Teilbeeren bleiben rot und sauer, während die restliche Frucht bereits reif ist. Die Brombeermilbe überwintert direkt an den Trieben in Blattachseln und Knospen und wandert im Frühjahr auf Blätter und Blüten. Sie bildet schnell mehrere Generationen. Spätsorten sind daher stärker gefährdet.

Bekämpfung

Solange das natürliche Gleichgewicht intakt ist, wird der Schädling durch Raubmilben in Schach gehalten. In Anlagen mit starkem Befall müssen vor der Blüte regelmäßig Behandlungen mit Schwefel durchgeführt werden.

Kirschessigfliege *(Drosophila suzukii)*

Leider tritt diese Fliegenart auch gerne in Brombeeren auf. Da sich ihre Population bei feucht-warmer Witterung während des Sommers aufbaut, gefährdet sie vor allem Spätsorten. Da es die Kirschessigfliege gerne feucht hat, bevorzugt sie Anlagen ohne Regendach.

Bekämpfung

Wichtigste Bekämpfungsmaßnahme ist das Einhalten kurzer Pflückintervalle, welche einen Populationsaufbau verhindern. Zudem haben sich Insektenschutznetze mit einer Maschenweite von max. 0,8 x 0,8 mm bewährt. Kann ein Befall mit kulturtechnischen Maßnahmen nicht verhindert werden, ist eine komplette Beerntung auch halbreifer Früchte mit anschließender Insektizidbehandlung notwendig.

SORTENWAHL

Mit der Einführung neuer dornenloser Sorten hat in den letzten Jahren eine Umstellung stattgefunden. Laufend kommen neue Sorten auf den Markt.

Die wichtigsten Brombeersorten im Porträt (geordnet nach Reifezeit)

Loch Tay

Herkunft: SCRI, Schottland (´Loch Ness´ x ´SCRI 82417D´)

Mit ´Loch Ness´ verwandte Züchtung. Reift drei Wochen vor ´Loch Ness´ und schließt Ernte ab, wenn sie bei ´Loch Ness´ einsetzt. Früchte etwas kleiner und Ertrag geringer, geeignet für Maschinenernte.

Sweet Royalla

Herkunft: Royakkers, Belgien; Lizenzsorte

Diese Züchtung ist eine Vertreterin der neuesten Brombeergeneration. ´Sweet Royalla´ zeichnet sich dadurch aus, dass sie bereits kurz nach dem Umfärben ein gutes Aroma und geringe Säurewerte aufweist. Sie kann auch nach dem Umfärben noch am Stock verbleiben, ohne – wie vergleichbare Sorten – gleich weich zu werden. Mit dieser längeren Reifezeit kann auch der Geschmack weiter gefördert werden. Die Früchte sind groß, glänzend und fest.

Bei ´Sweet Royalla´ handelt es sich um eine Lizenzsorte – mit dem Bezug sind Auflagen verknüpft. So darf sie nur im Substrat gepflanzt und unter Regendach produziert werden. Die maximale Standzeit der Anlage ist ebenfalls vorgegeben.

Sweet Royalla Foto: Manfred Wiesenhofer

Loch Ness

Herkunft: SCRI, Schottland

Unbedornte, starkwüchsige, halbaufrechte Sorte. Erntezeit von Anfang Juli bis Ende August. Hohe Erträge und große längliche Früchte mit guter Haltbarkeit. Guter Geschmack bei Vollreife. Ihre Anfälligkeit für den falschen Mehltau und die Brombeer-Stauche stellt ein großes Anbaurisiko dar.

Loch Ness Foto: Helmut Weiß

Jumbo

Herkunft: Hengartner und Häberli, Schweiz; Mutation von ´Black Satin´

Sehr ertragreiche, frostfeste Sorte mit sehr großen Früchten. Geschmack, Festigkeit und Haltbarkeit lassen allerdings zu wünschen übrig. Anfällig für Graufäule.

Jumbo Foto: Helmut Weiß

Asterina

Herkunft: Hauenstein, Schweiz, Kreuzung aus Noch Ness und Chester Thornless

Diese schweizer Züchtung zeichnet sich durch den tollen Geschmack und die ausgesprochen lange Reifezeit – von Juli bis in den September – aus. Aufgrund dieser Eigenschaften ist sie besonders für die Direktvermarktung und den Hausgarten geeignet. Die Früchte sind rundlich und mittelgroß. Leider zeigt Asterina eine erhöhte Botrytisanfälligkeit.

Asterina Foto: Manfred Wiesenhofer

Chester Thornless

Herkunft: Southern Illinois University, USA (´SIUS 47´ x ´Thornfree´)

Diese dornenlose Sorte reift ab Mitte August und bringt bis zu den ersten Frösten Früchte hervor. Sie ist resistent gegen die Rankenkrankheit und winterhart. Die großen, eiförmigen Früchte sind fest, gut pflück- und haltbar. Aufgrund ihrer späten Reife ist sie sehr anfällig gegenüber Gallmilbe und Kirschessigfliege.

Sortenübersicht Brombeere

* * * gut, * * mittel, * gering

Sorte	Herkunft	Reifezeit	Ertrag	Fruchtgröße	Geschmack	Bewehrung	Ruten/Wuchs	Frostfestigkeit	Eignung	Besonderheiten
Loch Tay	GB	sehr früh	hoch	groß	gut	unbestachelt	aufrecht	mittel	Frischmarkt	konzentrierte Ernte in 4 Wochen
Sweet Royalla	B	sehr früh	sehr hoch	sehr groüß	sehr gut	unbestachelt	starkwüchsig	mittel	Frischmarkt, Direktvermarktung	sehr gutes Shelf-Life
Loch Ness	GB	früh	sehr hoch	sehr groß	gut	unbestachelt	mittelstark, halb aufrecht	mittel	Frischmarkt	empfindlich auf falschen Mehltau
Asteri-na	CH	früh	hoch	groß	sehr gut	unbestachelt	mittelstark	mittel	Direktvermarktung	sehr lange Ernteperiode, Botrytisanfällig
Navaho	USA	früh	sehr hoch	groß	sehr gut	unbestachelt	sehr stark, aufrecht	hoch	Frischmarkt	zweite, kleinere Ernte im Herbst
Jumbo	CH	mittel	sehr hoch	sehr groß	mäßig	unbestachelt	sehr stark	gering	Verarbeitung, Frischmarkt	weiche Frucht
Black Satin	USA	mittel	sehr hoch	mittel	mäßig	unbestachelt	sehr stark, aufrecht	mittel	Verarbeitung	Massenträger, sauer, lange Erntezeit
Thornfree	USA	spät	sehr hoch	groß	mäßig	unbestachelt	rankend, stark	mittel	Verarbeitung	empfindlich auf Rankenkrankheit
Chester Thornless	USA	spät	mittel	groß	gut	unbestachelt	rankend, sehr stark	mittel	Frischmarkt	Ernte bis zum Frost

Navaho

Herkunft: J. N. Moore, University of Arkansas, USA
Unbedornte, stark aufrecht wachsende, amerikanische Sorte. Erntezeit wie ´Loch Ness´, aber mit einer zweiten, kleineren Ernte im Oktober. Große, glänzende, sehr gut schmeckende Frucht. Fruchtform etwas unregelmäßig. Widerstandsfähig gegen Krankheiten und Frost.

Navaho Foto: Manfred Wiesenhofer

Hybridbeeren und andere Rubus-Arten

Da sich manche Brombeer- und Himbeerarten untereinander kreuzen lassen, hat die Züchtung zahlreiche Mischformen (Hybriden) hervorgebracht. Loganbeere, Taybeere, Tummelbeere und Boysenbeere gehören zu dieser Gruppe. Ihre wirtschaftliche Bedeutung ist gering, bei Liebhabern stoßen sie aber auf großes Interesse. Viele dieser Mischformen eignen sich auch hervorragend für die Verarbeitung zu Marmelade und Fruchtsäften.

Neben den Brombeer-Himbeer-Hybriden gibt es noch eine ganze Reihe eigener Rubus-Arten, welche vereinzelt im Hausgarten zum Einsatz kommen. Diese Gruppe umfasst mehrere Hundert Arten und ist über den ganzen Erdball verbreitet. Diese finden sich als Wildarten und haben, wie etwa die Moltebeere (*Rubus chamaemorus*) oder die Allackerbeere (*Rubus acticus*) in Skandinavien, für die Verarbeitung regionale Bedeutung. Wichtig sind die vielen Rubus-Arten für das Züchtungswesen. In modernen Züchtungen werden oft Merkmale wilder Arten eingekreuzt, um in den Genpool spezielle Eigenschaften, wie Frostfestigkeit oder eine Krankheitsresistenz einzubringen.

Taybeere

Herkunft: SCRI, Schottland (*Rubus fructicosus* x *Rubus idaeus*)
Diese Kreuzung aus der Brombeersorte ´Aurora´ und einer schottischen Himbeere ist in den 1980er Jahren entstanden.

Bei dieser Hybride handelt es sich um eine starkwüchsige Pflanze mit langen bestachelten Ranken. Zwar frieren die Ranken teilweise über den Winter ab, aber aufgrund der Vielzahl von Austrieben ist dies wirtschaftlich vertretbar. Taybeeren werden aufgrund ihres Aromas häufig in Hausgärten angebaut. Zwar gibt es inzwischen eine ganze Reihe von Züchtungen, welche auch für den Frischmarkt interessant sind, Erwerbsanlagen bestehen aber bislang nicht.

Taybeeren eigenen sich sehr gut für die Herstellung von Gelee und Marmelade.

Taybeere: Sorte Buckingham
Foto: Manfred Wiesenhofer

Loganbeere

Herkunft: USA (*Rubus ursinus* x *Rubus idaeus*)
Kreuzung aus einer Kalifornischen Wildbrombeere mit einer Himbeere.
Die Loganbeeere ist eine Kreuzung aus einer kalifornischen Wildbrombeere und Himbeeren. Sie weist stark wachsende, rankende und bestachelte Ruten auf. Die Frucht ist sehr groß, rot und länglich. Loganbeeren werden in den USA, England und auch in Australien kommerziell angebaut und dienen der Produktion von Obstweinen und Fruchtkonserven. Die sauren und wenig aromatischen Beeren eignen sich nur für die Verarbeitung.

Boysenbeere

Herkunft: USA (*Rubus ursinus* x *Rubus idaeus*)
Diese nach ihrem Züchter Rudolph Boysen benannte Kreuzung ist in den 1920er Jahren in den USA entstanden. Durch Kreuzung und Selektion entstanden danach viele, auch stachellose Typen der Boysenbeere. Sie gedeiht am besten in wärmeren Gebieten mit milden Wintern.

Die sehr großen Früchte sind dunkel, fast schwarz, weich und haben nur wenig Geschmack. Sie eignen sich primär für die Verarbeitung.

Allackerbeere *(Rubus arcticus)*

Herkunft: Nordeuropa, Nordamerika, China
Inzwischen werden etliche Sorten dieser Rubus-Art angeboten. Die Allackerbeere, auch Arktische Brombeere oder Polarhimbeere benannt, besticht jedoch weniger durch ihre Fruchteigenschaften als durch ihre dekorativen Blüten. Sie wird als Bodendecker in Naschgärten eingesetzt, bevorzugt feuchte, torfige Böden und bringt ein Zentimeter große, rundliche himbeerartige Beeren hervor, die durchaus gut schmecken können.

Japanische Weinbeere *(Rubus phoenicolasius)*

Herkunft: Ostasien, mit Himbeeren und Brombeeren nahe verwandt
Die langen weichen Ruten der Weinbeere sind rötlich gefärbt, dicht mit Drüsenborsten behaart, wodurch sie dekorativ wirken. Ende Juli bis Ende August bilden sich an den Fruchtständen leuchtend orangerote, kleine Früchte, die angenehm säuerlich schmecken.

Japanische Weinbeere Foto: Helmut Weiß

JOHANNISBEERE

Steckbrief Johannisbeere

Reihenabstand: 2,5–3,5 m, je nach System und Maschinenausstattung

Pflanzabstand in der Reihe:
Busch: 0,8–1,0 m
Hecke: 0,6–0,9 m
Spindel: 0,4–0,6 m

Ertrag:
Schwarze Johannisbeere:
ca. 20–100 kg/100 m²
Rote und weiße Johannisbeere:
ca. 120–200 kg/100 m²

Erntedauer: für Tafelware meist zwei Pflückgänge ausreichend, in schwarzen Johannisbeeren ein Durchlauf mit einem Vollernter

Pflückleistung: ca. 15 kg/AKh (Hecke)

Erzeugerpreise:
Verkauf an Großhandel: ca. 3,00–4,50 Euro/kg
Schwarze Bio-Johannisbeeren für Verarbeitung: 1,50 bis 2,00 Euro/kg

Foto: Manfred Wiesenhofer

Während die meisten anderen Beerenobstarten bereits im Altertum erwähnt und in Medizin und Küche verwendet wurden, stammt der erste Hinweis auf die Johannisbeere erst aus dem 15. Jahrhundert. Sie wurde vermutlich erstmals im Baltikum kultiviert und verbreitete sich von dort aus in die Klöster Englands, Russlands und Mitteleuropas. Ihr lateinischer Name *Ribes* könnte sich aus dem Wortstamm des heutigen deutschen Wortes Ribisel, „kleine Rebe“, ableiten.

Zu den mehr als 300 Arten gehören neben den Obst-Kultursorten auch Zierpflanzen, wie Gold- und Blutjohannisbeere.

Die heutigen roten Sorten sind durch Kreuzung und Selektion aus vier botanischen Wildarten verschiedener Herkunft entstanden: *Ribes sativum*, *Ribes rubrum* und *Ribes petreum* wurden von den Züchtern gezielt untereinander und mit der langtraubigen Art *Ribes multiflorum* aus dem Mittelmeergebiet kombiniert, um neue Sorten hervorzubringen. Viele Kultursorten lassen anhand ihrer Eigenschaften und Ansprüche noch erkennen, von welchen Wildformen sie abstammen.

Die Schwarze Johannisbeere, *Ribes nigrum*, kommt natürlich in einem großen Gebiet von Osteuropa bis Sibirien und Armenien vor.

GESUND MIT JOHANNISBEEREN

Inhaltsstoffe, Gesundheitswert & Heilwirkung

100 g frische Johannisbeeren enthalten durchschnittlich:

	Rote	Weiße	Schwarze
Energie	139 kJ/33 kcal	170 kJ/41 kcal	186 kJ/40 kcal
Ballaststoffe	3,5 g	3,5 g	3,5 g
Wasser	87,4 g	85,5 g	85,5 g
Eiweiß	1,1 g	0,9 g	1,3 g
Fett	0,2 g	0,2 g	0,2 g
Kohlenhydrate	4,8 g	6,7 g	6,1 g
Organische Säuren	2,4 g	2,6 g	2,6 g
Ungesättigte Fettsäuren	0,1 g	0,1 g	0,1 g
Vitamine B1 B2 B6	0 mg	0,1 mg	0,2 mg
Vitamin C	36 mg	35 mg	177 mg
Vitamin E	0,6 mg	0,1 mg	1,8 mg
Kalium	257 mg	268 mg	290 mg
Kalzium	29 mg	30 mg	46 mg
Magnesium	13 mg	9 mg	17 mg
Phosphor	27 mg	23 mg	40 mg
Eisen	0,9 mg	1,0 mg	1,3 mg
Mineralstoffe gesamt	630 mg	600 mg	800 mg

(Quelle: ÖNWT, BLS3.01)

Schwarze Johannisbeeren sind besonders reich an Vitamin C und antioxidativ wirkenden Anthocyanen (roten Farbstoffen). Der Genuss des Saftes beugt daher Erkältungskrankheiten vor und wirkt außerdem blutreinigend und entwässernd.

Die Blätter finden als Tee Verwendung. Dieser wirkt schweißtreibend und regt die Nierentätigkeit an.

BIOLOGIE UND VEGETATIONSZYKLUS

Die Wildarten der Johannisbeere gedeihen an ganz unterschiedlichen Standorten, vom Auwald bis an Gebirgshänge, von Sardinien bis Sibirien. Der Strauch kann bis zu 2 m hoch werden und verjüngt sich laufend durch Bodentriebe. Auch auf dem Boden aufliegende Äste bewurzeln sich rasch und bilden so einen neuen Busch. Während die roten Sorten weitgehend selbstfruchtbar sind, sollten bei schwarzen Johannisbeeren zur besseren Bestäubung immer mehrere Sorten gepflanzt werden. Die schönsten Früchte entwickeln sich bei den roten und weißen Johannisbeeren am einjährigen Holz der flachen Seitentriebe, ältere Triebe vergreisen häufig und bringen nur mehr wenig Ertrag. Schwarze Johannisbeeren bringen die schönsten Früchte am oberen Drittel einjähriger Bodentriebe. Für alle gilt, dass die Leittriebe nicht älter als vier Jahre sein sollten.

STANDORT UND BODENVORBEREITUNG

Johannis- und Stachelbeeren stellen geringe Bodenansprüche, allerdings werden die höchsten Erträge auf tiefgründigen, kalkarmen Böden mit hohen Gehalten an organischer Substanz und einem pH-Wert zwischen 6 und 7 erzielt. Das Holz der Johannisbeere ist außerordentlich frostfest, was den Anbau sowohl in Höhenlagen als auch in nordeuropäischen Grenzklimaten erlaubt. Ein zunehmendes Problem sind zu milde Winter, welche sich vor allem in südlichen Anbaugebieten häufen. Manche Johannisbeersorten erfahren so keine ausreichende Winterkälte, um die Dormanz, die Winterruhe, zu überwinden. Bei zu hohen Wintertemperaturen erfolgt ein mangelhafter Austrieb und Trauben rieseln verstärkt aus. Das Ausrieseln kann jedoch noch andere Ursachen haben, welche im Kapitel „Ausrieseln“ speziell behandelt werden.

Bei beschränktem Platzangebot im Hausgarten können Johannisbeeren auch im Halbschatten unter Obstbäumen oder als Randhecke gepflanzt werden.

Die Grundbodenbearbeitung beschränkt sich bei Wiesenumbruch auf den Pflanzstreifen und sollte mit Pflug oder Spatenmaschine mindestens vier Wochen vor der Pflanzung erfolgen. Wurzelunkräuter müssen bereits vorher, neu auflaufendes Unkraut unmittelbar vor der Pflanzung entfernt werden. Ein Einbringen von Kompost oder gut verrottetem Stallmist in den Pflanzstreifen ist zu empfehlen.

PFLANZMATERIAL UND PFLANZUNG

Gesundes, gleichmäßiges Pflanzgut ist eine entscheidende Voraussetzung für eine zügige Entwicklung und einen frühen Ertragsbeginn. Hier sollte nicht am falschen Fleck gespart werden. Ein durch zögerndes Jugendwachstum verspätet einsetzender Ertrag verursacht ein Vielfaches der beim Pflanzgutkauf gesparten Kosten.

Man verwendet ein bis drei Jahre alte bewurzelte Stecklinge mit kräftigen Wurzeln. Diese werden in der Regel sortiert nach Triebzahl angeboten.

Pflanzmaterial, verschult

Pflanzmaterial, Stecklinge

Fotos: Helmut Weiß

Für die Heckenerziehung sollten die Pflanzen zwischen drei und fünf 60–100 cm lange Bodentriebe aufweisen. Mit so starkem Pflanzmaterial kann der Vollertrag ein Jahr früher erzielt und der Aufwand in Bezug auf das Unkrautmanagement reduziert werden.

Die Stecklinge können auch leicht selbst hergestellt werden. Dazu werden im Frühjahr 15–20 cm lange Steckhölzer am besten direkt bis auf zwei bis drei Augen in zuvor aufgebrachte Mulchfolie gesteckt. Unkrautkonkurrenz wird so ausgeschlossen, die Bodenfeuchte bleibt lange erhalten und ermöglicht eine sichere Bewurzelung.

Neben den genannten Pflanzentypen sind im Handel auch veredelte Johannisbeer-Bäumchen erhältlich. Diese eignen sich für die Gestaltung von Gartenanlagen und den Liebhaberobstbau. Sie sollten jedenfalls mit einem Stützpfahl gesetzt werden.

Pflanzung

Die Pflanzung kann während der ganzen Winterruhe erfolgen, wobei sich die Herbstpflanzung besonders bewährt. Eine lange Lagerung der Jungpflanzen entfällt so, über den Winter kann sich der Boden gut setzen und die Winterfeuchte ist voll verfügbar. Die Pflanze startet außerdem mit Vorsprung in das Jahr, was optimale Zuwächse ermöglicht.

Der Reihenabstand beträgt – je nach Maschinenausstattung und Erziehungssystem – zwischen 2,5 und 3,5 m. In der Reihe wird bei Buschkultur ein Abstand von 1–1,5 m, bei Drei-Ast-Hecke 0,8 m und bei Spindelerziehung 0,4 m angestrebt.

Wichtig ist bei Johannisbeeren die Pflanztiefe. Oft sieht man, dass Jungtriebe aus den Steckhölzern und nicht direkt aus dem Wurzelkörper entstanden sind. Die Pflanzen sollten jedenfalls so tief gesetzt werden, dass der Triebansatz unter der Erde ist. Dies fördert die Neigung zur Bildung von weiteren Bodentrieben.

Nach der Pflanzung muss entsprechend der Wuchsstärke der Pflanzen und dem Erziehungssystem vorgegangen werden. Stark wachsende Pflanzen für Buschanlagen werden kaum in der Anzahl der Triebe reduziert oder zurückgeschnitten. Pflanzen für Spindel- oder Heckenanlagen werden auf die gewünschte Triebzahl reduziert. Als Faustregel kann man jedenfalls annehmen, dass Triebe welche kürzer als 50 cm sind, in jeder Kulturform bis auf zwei Augen zurückgeschnitten werden müssen. Der Grund ist, dass solche Triebe sehr generativ sind, also mehr Blüten- als Blatt- bzw. Triebknospen aufweisen. Die Blüten und der folgende Ertrag würden den Wuchs im Pflanzjahr zu sehr reduzieren.

ERZIEHUNGSSYSTEME

Busch

Diese Erziehungsform eignet sich am besten für schwarze Johannisbeeren, wenn diese für die Verarbeitungsindustrie oder im Haugarten angebaut werden. Im Liebhaberobstbau werden aber auch rote Sorten häufig als Busch gezogen. Dieses Erziehungssystem benötigt keine Unterstützung und Anlagen können daher einfach mit Vollerntern beerntet werden.

Für den Kulturerfolg ist es entscheidend, den Busch durch regelmäßigen Schnitt und ausreichende Düngung laufend zur Bildung junger, kräftiger Bodentriebe zu bringen. Beste Fruchtqualität entwickelt sich am einjährigen Holz. Das Ziel ist ein locker aufgebauter Strauch mit acht bis zehn Trieben, die in einem Zyklus von drei Jahren erneuert werden. Jährlich müssen daher drei bis vier neue Bodentriebe hochgezogen werden. Bei guter Versorgung können Johannisbeersträucher in einem Jahr Triebe mit eineinhalb Metern Länge hervorbringen. Diese sind sowohl bei schwarzen Sorten, welche auf starken Trieben fruchten, als auch bei roten Sorten gewünscht, um Leitäste aufzubauen.

V-System

Schwarze Johannisbeeren sind im Tafelanbau zwar nur eine kleine Nische, aufgrund ihrer gesundheitsfördernden Eigenschaften entstehen aber immer wieder Anlagen auch zur Belieferung des Frischmarktes. Für die Tafelobstproduktion kommen nur wenige – ausreichend traubenbildende – schwarze

V-System Foto: Manfred Wiesenhofer

Sorten infrage. Um bei diesen Sorten attraktive Früchte zu erzielen, wird das V-System angewandt. Dabei wird der Stock intensiv verjüngt und die langen einjährigen Triebe auf Seitendrähten, welche in einer Höhe von 1,4 m angebracht sind, angebunden. Dadurch wird die Ernte enorm erleichtert. Durch das V-System können mehr Langtriebe je Laufmeter untergebracht werden und das natürliche Wuchssystem mit Verjüngung durch die Mitte wird unterstützt.

Drei-Ast- und Zwei-Ast-Hecke

Die Heckenerziehung hat sich im Erwerbsanbau durchgesetzt, da sie beste Fruchtqualitäten, gleichzeitige Reife, gute Bearbeitbarkeit und hohe Pflückleistung gewährleistet. Die Mehrkosten für das Gerüst und der etwas geringere Ertrag werden durch diese Vorteile mehr als ausgeglichen. In der Praxis hat sich eine dynamische Mischvariante durchgesetzt, bei der die Anzahl der Leitäste pro Pflanze von der Wuchskraft und Verjüngungsleistung des Stockes abhängig gemacht wird. Oft wird bei einem Pflanzabstand von 80 cm mit drei Leitästen gestartet und zu späterer Zeit – wenn die Anlage dichter wird – jede zweite Pflanze

Pflanzung 3-triebiger Jungpflanzen
Foto: Manfred Wiesenhofer

Junganlage Foto: Manfred Wiesenhofer

auf zwei Triebe reduziert. Angestrebt wird jedenfalls ein Leitast pro 30 cm.

In der Regel werden drei dünne Stahldrähte (2–2,5 mm) in 60, 120 und 170 cm Höhe gespannt – frisch gesetzte Pflanzen sollten so stark sein, dass die Triebe am ersten

Befestigung der Spindel am Gerüst
Foto: Helmut Weiß

Draht befestigt werden können. Moderne Anlagen sind mit Hagelnetzen geschützt und am untersten Draht sind Tropfschläuche angebracht. Die Leittriebe werden mit Kunststoffklammern oder Drahtschlaufen an den Querdrähten fixiert. An ihnen bilden sich in die Reihe gerichtete Fruchttriebe, die jährlich umgetrieben werden.

Spindelerziehung

Vereinzelt werden rote Johannisbeeren auch als Spindel erzogen. Diese Erziehungsform

3-Ast-Hecke (links) und Spindel (rechts)

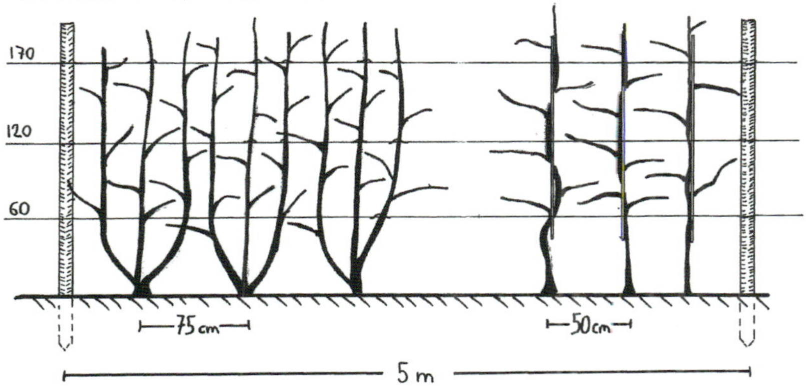

ermöglicht zwar sehr hohe Erträge, bereitet aber im Anbau – v. a. bezogen auf die Nachzucht von Jungtrieben – Probleme. Während bei Zwei- oder Drei-Ast-Hecken schnell ein Trieb ausgetauscht werden kann, bedeutet dies bei Spindeln im ersten Schritt eine Verdichtung des Bestandes und infolge ein erhöhtes Risiko, wenn sich der gewünschte Neutrieb nicht so entwickelt, wie erhofft. Weitere Kritikpunkte der Spindel sind die höheren Pflanzkosten und das Problem, dass bei einem Krankheits- oder Schädlingsbefall nicht nur ein Trieb, sondern gleich die ganze Pflanze abstirbt.

SCHNITT VON JOHANNISBEERKULTUREN

Ziel der ersten beiden Standjahre ist es, die Ertragszone der Pflanze schnell in den Bereich zwischen 60 cm und 180 cm zu bringen. Dies ist die optimale Höhe, um beste Resultate bezogen auf den Arbeitsaufwand, die Ernte und die Pflanzengesundheit zu erreichen. Höhere Pflanzen haben sich nicht bewährt, da dies zum Vergreisen der unteren Stockbereiche führt. Ein kräftiges Längenwachstum der Leitäste ist dafür notwendig. Bei der Pflanzung werden nur die stärksten Triebe belassen und am Draht angeheftet. In weiterer Folge werden die Triebe um mindestens fünf Zentimeter eingekürzt und in diesem Arbeitsschritt alle Triebe des Stockes auf die gleiche Höhe gebracht. Mit dem Einkürzen wird die Apikalknospe entfernt und ein rosettenartiger Austrieb der vielen Knospen an der Triebspitze verhindert.

Nach wenigen Wochen, noch bevor die frisch ausgetriebenen Triebe an der Basis verhärten, werden die Austriebe auf die stärksten zwei im oberen Triebbereich reduziert. Einer der beiden Neutriebe wird die Triebverlängerung, der zweite ist Reserve und begründet ev. auch schon einen Teilertrag im zweiten Standjahr.

Im zweiten Jahr kann man bei ausreichendem Wuchs bereits zwei bis drei, im dritten Jahr alle gewünschten – meist fünf bis sechs – Seitentriebe (= Fruchttriebe) pro Achse belassen. Überzählige Triebe werden nun nicht ganz entfernt, sondern auf Stummel geschnitten, um genügend vitale Knospen für die Triebbildung im nächsten Jahr zu erhalten. Diese Stummel mit einer Länge von zwei bis drei Augen erleichtern die weitere Fruchttriebbildung und verhindern das Eindringen von Krankheiten und Schädlingen in den Leitast.

In den ersten Jahren ist besonderer Wert auf die Wasser- und Nährstoffversorgung der Pflanzen zu legen. Die im ersten und zweiten Standjahr gewünschten Verlängerungstriebe sollten mindestens 60 cm lang werden, ansonsten werden sie zu generativ und die Fruchtbildung reduziert das Wachstumspotenzial. Um diesen vitalen Wuchs zu fördern, ist auch ein gutes Unkrautmanagement unumgänglich. Beikraut kann durch den Einsatz von Mulchfolie oder Bändchengewebe unterdrückt werden. Bei starkem Pflanzmaterial, wo mit den verholzten Trieben weitergearbeitet werden kann und nicht schon im ersten Jahr neue Bodentriebe notwendig sind, kann auch mit Herbiziden gearbeitet werden. Gerade nach der Pflanzung sollte auf gut verträgliche Bodenherbizide gesetzt werden, aber bereits im zweiten Jahr können auch Blattherbizide im Nachauflauf eingesetzt werden.

Winterschnitt von roten und weißen Johannisbeeren

Ab dem dritten Standjahr werden über den Schnitt Fruchtqualität, Ertrag und Wuchsleistung reguliert.

Die längsten und schönsten Trauben bilden sich an den einjährigen Seitentrieben. Diese Seitentriebe bilden sich zwischen April und Juni. Im Laufe des Mai muss also erkannt werden, ob das Wachstum ausreichend ist oder durch Düngung und Bewässerung ein weiterer Wachstumsimpuls gesetzt werden muss. Bereits im Juni ist das Triebwachstum überwiegend abgeschlossen. Dann müssen die im Folgejahr benötigten Fruchttriebe mit entsprechender Länge vorhanden sein. Beim Winterschnitt müssen die jeweiligen Sorteneigenschaften beachtet werden. Fruchtet etwa die Hauptsorte ´Rovada´ am 30 bis 60 cm langen Holz am schönsten, bringt die Frühsorte ´Jonkheer van Tets´ auf kurzen Spießen bis 15 cm die besten Früchte hervor.

Beim Winterschnitt selbst werden abgetragene Triebe bis zurück an die Basis auf Stummel geschnitten. Diese Stummel verhindern das Eindringen des Johannisbeerglasflüglers, einem Hauptschädling in Johannisbeeren, in den Leitast. Außerdem fördert der Stummel, welcher meist zwei bis drei Nodien lang ist, den Neuaustrieb und so das Entstehen neuer Fruchttriebe. Gewünschte Fruchttriebe entstehen in der Regel an der Triebbasis, direkt am alten Holz oder eben an den Stummeln der Vorjahrestriebe. Es werden in der Hauptertragsphase (ab dem dritten Standjahr) vier bis acht lange oder bei Sorten, welche auf kurzem Holz fruchten, bis zu 15 kurze Triebe belassen. Fruchttriebe sollten möglichst flach, stark ausgebildet und gut ausgreift sein.

Da nur ein bestimmter Triebabschnitt Blütenknospen trägt, spielt die Trieblänge bei der Auswahl eine große Rolle. Die Ideallänge der Fruchttriebe beträgt bei ´Jonkheer van Tets´ und ´Red Lake´ 5–15 cm, bei fast allen anderen Sorten, wie ´Rovada´, ´Detvan´, ´Tatran´ und ´Rodneus´, 30 bis 60 cm.

Die Leitäste selbst werden, sobald ihr vegetatives Wachstum nachlässt, durch neue Bodentriebe ersetzt. Die Lebensdauer eines Leitastes ist abhängig vom Boden, von der Nährstoffversorgung und von allfälligen Schädlings- oder Krankheitsbefall. Sollen die Leitäste getauscht werden, werden im Vorjahr junge Bodentriebe nachgezogen.

Schnitt bei Buscherziehung (vorher/nachher)

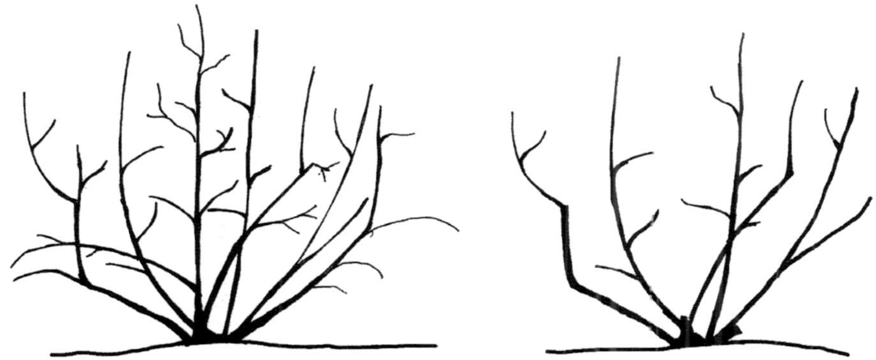

Wenn diese im zweiten Jahr garnieren, kann die Entwicklung der Triebe abgeschätzt und die Alttriebe entsprechend reduziert werden. Da das Auswechseln der Leittriebe arbeitsintensiv ist und damit auch eine Ertragsreduktion einhergeht, wird diese meist nur alle zwei bis sechs Jahre durchgeführt und dann gleich mehrere Leitäste ausgetauscht.

Winterschnitt von Busch- und V-Kulturanlagen

Auch Johannisbeerbüsche müssen regelmäßig geschnitten und verjüngt werden. Während im Hausgarten vor allem die höhere Fruchtqualität im Mittelpunkt steht, sind es in Erwerbsanlagen, welche mit dem Vollernter geerntet werden, höherer Ertrag und verminderter Holzbruch, welche angestrebt werden.

Der Schnitt erfolgt in zwei Etappen von außen nach innen. Im ersten Schritt werden außenliegende, abgetragene, unter die Waagrechte neigende Triebe weggeschnitten. Der Strauch wird damit kompakter. Dieser Schritt erfolgt in großen Anlagen auch mittels Maschinenschnitt. Danach werden im Stockinneren komplett vergreiste Alttriebe entfernt und innenliegende mehrjährige Triebe auf einen jungen, vitalen Austrieb zurückgeschnitten. Der Stock wird dadurch lockerer, jünger und wüchsiger. In V-Kulturen für die Tafelobstproduktion werden im Anschluss die verbleibenden Triebe auf den beiden Seitendrähten angeheftet.

Regendach Foto: Helmut Weiß

KULTURMASSNAHMEN

Johannisbeeranlagen unterscheiden sich stark in der Bearbeitungsintensität. Während Verarbeitungsanlagen oft extensiv – ohne Pflanzenschutz, mit nur wenig Düngung und Bodenpflege – bewirtschaftet werden, muss in Tafelobstflächen hoher Wert auf Schnitt, Düngung und phytosanitäre Sauberkeit gelegt werden.

Düngung

Die Phosphor-, Kali- und Magnesiumversorgung des Standortes wird am besten bereits vor einer Pflanzung geklärt und eventuell durch eine Grunddüngung im Zuge der Bodenbearbeitung ergänzt (chloridarme Düngemittel).

Nährstoffbedarf: Ertragsabhängige Richtwerte ab zehn Tonnen Ertrag pro Hektar
N: 90–120 kg/ha
P_2O_5: 55–70 kg/ha
K_2O: 130–170 kg/ha
MgO: 15–20 kg/ha

Besonders die modernen Heckensysteme stellen hohe Anforderungen an die Nährstoff- und hier vor allem an die Stickstoffversorgung. Die jährliche Fruchtholzerneuerung ist nur bei ausreichendem vegetativem Wachstum möglich. Dieses Wachstum wird durch Stickstoffgaben reguliert. Trotz des hohen Bedarfes muss aber auch auf die Blüte Rücksicht genommen werden: Zuviel freier Stickstoff in der Blüte fördert das Ausrieseln der Beeren. Daraus resultiert – im Falle der klassischen mineralischen Düngung mittels Streudünger – ein Düngezeitpunkt direkt zum Vegetationsbeginn und ein zweiter in die abgehende Blüte. Mit ersterem wird die vegetative Entwicklung gefördert, mit zweitem wird für ausreichend Stickstoff für die Fruchtentwicklung gesorgt. Ist im Laufe des Mai absehbar, dass das Wachstum zu gering ist, kann noch eine dritte Gabe mit schnellwirksamen Stickstoffdüngern angedacht werden. Düngegaben sollten im Johannisbeeranbau als Reihendüngung ausgebracht werden.

Deutlich verbessert wird die gleichmäßige Nährstoffversorgung durch Einrichtung einer Fertigations-Anlage. Wird Dünger mit der Tropfbewässerung mitgegeben, sind die Gaben viel geringer, Nährstoffe laufend verfügbar und können auch bei trockener Witterung wirken.

Da das Wachstum der Johannisbeere – v. a. das der Bodentriebe – sehr früh einsetzt, sollten organische Düngemittel, welche im biologischen Anbau verwendet werden, bereits im Spätherbst oder sehr zeitig im Frühjahr ausgebracht werden. So kann der in verrottetem Stallmist oder Kompost enthaltene Stickstoff rechtzeitig wirken.

Problem „Ausrieseln"

Unter Verrieseln der Johannisbeere versteht man das Ausfallen einzelner Beeren aus der Traube. Solange nur einzelne Beeren ausfallen, ist dies weder in Bezug auf Optik noch auf Wirtschaftlichkeit ein Problem. Unter gewissen Umständen tritt Ausrieseln aber massiv auf – ganze Traubenteile können fehlen. Dies entwertet die Ernte, führt zu einem hohen Sortieraufwand, geringer Ernteleistung und natürlich zu einem Mengenverlust. Wirtschaftliche Totalausfälle sind möglich und kommen vor allem bei Spätfrostereignissen immer wieder vor.

Für das Ausrieseln sind eine ganze Reihe von Faktoren verantwortlich. Hervorzuheben ist die Qualität des Fruchtholzes bzw. der Schnitt der Anlage. Junges, starkes, vitales Holz bringt grundsätzlich stabilere Trauben hervor. Daneben sind es Umstände in der Blüte, welche das Ausfallen einzelner Beeren aus der Traube bewirken. Förderlich für das Ausrieseln sind Spätfröste, Staunässe, Stickstoffüberschuss, Bormangel und Hitze. Tendenziell neigen Frühsorten und früh blühende Sorten stärker zum Verrieseln.

Bewässerung

Während extensiv bewirtschaftete Anlagen für Verarbeitungsjohannisbeeren oft noch ohne Bewässerung auskommen, ist diese im Tafelobstanbau inzwischen Standard. Besonders in den ersten Standjahren, wo das Wachstum intensiv gefördert werden muss, bringt sie enorme Vorteile und die Fläche deutlich schneller in Vollertrag. Zum Einsatz kommen Tropfschläuche mit einem Tropferabstand von 33 cm. Es reicht ein Tropfschlauch pro Reihe. Überkronenberegungsanlagen kommen aufgrund der verhältnismäßig geringen Spätfrostempfindlichkeit der Johannisbeere kaum zum Einsatz.

Etablierte Johannisbeeranlagen haben im Vergleich zu anderen Beerenarten eine gute Trockenheitstoleranz. Bewässerungsgänge sind somit nur bei länger anhaltenden Trockenphasen erforderlich. Als großer Vorteil haben sich Düngeeinspeisungsvorrichtungen herausgestellt. Durch diese Möglichkeit können Düngegaben geteilt und wöchentlich – unabhängig von der Witterung – ausgebracht werden. Dies bringt bezogen auf Ausrieseln und Wachstumssteuerung deutliche Verbesserungen mit sich und steigert den Ertrag und die Wirtschaftlichkeit der Anlage.

Unkrautmanagement und Jungtriebnachzucht

Zwischen den Reihen wird der Grasmulch während des Fruchtwachstums kurz geschnitten. Dies reduziert die Luftfeuchtigkeit und senkt den Krankheitsdruck. Die Pflanzreihe wird generell unkrautfrei gehalten. In Junganlagen kommen oft Mulchfolien bzw. in biologischen Anlagen Bändchengewebe zum Einsatz. Alternativ kann der Pflanzstreifen mit Herbiziden behandelt werden. Zum Einsatz kommen im zeitigen Frühjahr Bodenherbizide und in späterer Folge Abbrennmittel, welche auch die Neuaustriebe der Johannisbeere miterfassen. Die Entfernung überzähliger Jungtriebe ist eine der arbeitsintensivsten Tätigkeiten im Anbau von roten und weißen Johannisbeeren. Möchten junge Triebe nachgezogen werden, ist die einmalige händische Selektion und Entfernung schwacher, seitlicher Triebe alternativlos. Dieser hohe Aufwand ist auch der Grund, warum nicht jährlich Jungtriebe nachgezogen werden, sondern dies in der Regel alle zwei bis drei Jahre geschieht. Ohne Nachzuchtabsicht können im integrierten Anbau Jungtriebe mittels Abbrennherbiziden entfernt werden. Dafür ist im April und Mai eine wiederholte Anwendung bis 15 cm Trieblänge notwendig. Allfällige zweikeimblättrige Unkräuter in der Reihe werden miterfasst.

Im Anbau von schwarzen Johannisbeeren sind jährlich starke Jungtriebe erwünscht. Um den Neuaustrieb nicht zu schädigen, kommen Abschirmvorrichtungen, welche eine Benetzung der Triebe mit Herbiziden verhindern, zum Einsatz. Eine Behandlung direkt am Stock ist bei diesen – als Busch erzogenen Kulturen – auch oft nicht notwendig, da die Beschattung für einen geringeren Unkrautwuchs sorgt. Im biologischen Anbau kommen mechanische Unkrautbekämpfungsmaschinen zum Einsatz. Diese können die Bereiche zwischen den Pflanzen gut säubern, direkt am Stockansatz verbleiben jedoch oft Unkräuter, welche händisch entfernt werden müssen.

Ernte, Ertrag und Vermarktung

Rote Johannisbeeren sind vorwiegend Lagerfrüchte. Nur frühe Sorten werden binnen weniger Tage vermarktet. Später geerntete Sorten, wie die Hauptsorte ´Rovada´ kommen in der Regel in CA-Lager (engl. controlled atmosphere) mit kontrollierter Atmosphäre und werden dort oft mehrere Monate gelagert. Um diese Lagerfähigkeit zu erreichen, müssen mehrere Aspekte beachtet werden. Natürlich von großer Wichtigkeit ist der Erntezeitpunkt. Hier ist ein Kompromiss zwischen bestmöglicher Festigkeit durch frühe Ernte und arbeitswirtschaftlichen Überlegungen zu finden. In der Praxis wird bei Lagersorten im ersten Pflückdurchgang das Abernten von zwei Dritteln der Erntemenge angestrebt. Diese Früchte sind die an den schönsten Fruchttrieben außen frei hängenden Trauben und aufgrund ihrer Lage auch krankheitsresistenter. Aufgrund ihrer Position können sie schonend und beschädigungsfrei geerntet werden. Etwa zwei Wochen später wird das letzte Drittel der Beeren geerntet. Dies sind Beeren aus dem Stockinneren, oft ausgerieselt und an kurzen Trauben. Durch ihre Lage ist die Ernte erschwert und es geschehen leichter Verletzungen. Diese Nachernte muss schnell vermarktet werden.

Eine zweite Voraussetzung, um die Lagerfähigkeit roter Johannisbeeren zu gewährleisten, ist fehlerfreier Pflanzenschutz. Im Zeitraum knapp vor und während der Ernte ist die Johannisbeere anfällig für *Colletotrichum*. Im Lager selbst können sich eine ganze Reihe von Lagerfäulen entwickeln. Fungizidbehandlungen vor der Ernte schützen die Beeren und reduzieren Ausfälle im Lager maßgeblich.
Verbessert werden kann die Lagerfähigkeit von Johannisbeeren durch den Schutz mit einem Regendach. Beeren, die nie nass werden, weisen einen deutlich geringeren Krankheitsdruck auf. Früchte aus Anlagen mit Regendächern können bis zu sechs Monate gelagert werden.

Handernte

Für den Frischmarkt sind nur beste, handgepflückte Qualitäten geeignet. Bei Frühsorten akzeptiert der Handel auch kurze Trauben, bei spätreifenden Sorten werden höhere Qualitätsmaßstäbe angelegt. Jedenfalls muss das Schalenbild attraktiv sein.

Bei der Heckenerziehung erzielt ein geübter Pflücker 15–20 kg pro Stunde. Bei der Buscherziehung ist nicht nur die Fruchtqualität in der Regel schlechter, auch die Pflückleistung liegt nur bei 5–8 kg pro Stunde. Die Ertragserwartung liegt bei schwarzen Johannisbeeren für Tafelware bei acht bis zehn Tonnen bei roten Johannisbeeren sortenabhängig bei 12 bis 20 Tonnen pro Hektar.

Aus wirtschaftlichen Gründen werden Johannisbeeranlagen oft nicht komplett abgeerntet. In Jahren mit starkem Verrieseln oder im Falle von Hitzewellen während der Ernte werden nur die schönsten Trauben geerntet. Ausgerieselte, kurze Trauben im Stockinneren verbleiben dann am Stock, da aufgrund der hohen Erntekosten eine Beerntung bis zum Schluss nicht rentabel ist.

Maschinenernte

Der größte Kostenfaktor ist bei allen Beerenobstkulturen die Handernte. Da bei Verarbeitungsobst keine makellosen Früchte gefordert sind, wird in diesem Bereich die Ernte mechanisiert. Mit Ausnahme der Erdbeere wurden für alle Beerenobstarten gut funktionierende Systeme für die Ernte von Verarbeitungsware entwickelt.

In Europa konnte sich bisher nur die maschinelle Ernte von Johannisbeeren und Aronia durchsetzen. Voraussetzung dafür sind genügend große, nicht zu stark geneigte Anbauflächen. Zum Einsatz kommen verschiedene – meist selbstfahrende – Vollernter. Während die erste Generation noch beträchtliche Verluste und Holzschäden verursachte, arbeiten neuere Maschinen wesentlich schonender. Die Verluste liegen heute in der Regel bei unter 5 %, bei einer Flächenleistung von über 0,5 Hektar pro Stunde.

Die Beeren werden mit Rüttelstäben abgeschüttelt und fallen in Kautschukschalen, mit denen sie über eine Gebläsereinigung in den Erntebehälter befördert werden.

Maschinelle Ernte von Schwarzen Johannisbeeren Foto: Helmut Weiß

PFLANZENSCHUTZ, KRANKHEITEN UND SCHÄDLINGE

Johannisbeeren zählen zu den verhältnismäßig robusten Beerenarten. So ist es auch zu erklären, dass ein großer Teil der schwarzen Johannisbeere für die Verarbeitung auf biologische Weise produziert wird. Hier wird das Beikrautmanagement maschinell erledigt, auf Insektzideinsatz verzichtet und gegen Pilzkrankheiten meist nur Kupfer und Schwefel eingesetzt. Diese extensive Bewirtschaftung begründet deutlich niedrigere Hektarerträge und auch stärkere Ertragsschwankungen.

Werden Johannisbeeren für den Frischmarkt angebaut, ergeben sich durch die Lagerung und Handernte größere Herausforderungen. Eckpunkte der Pflanzenschutzstrategie sind die Bekämpfung von *Colletotrichum* und anderen Frucht- bzw. Lagerfäulen. Hier sind mehrere Fungizideinsätze ab Blühbeginn notwendig. Mit diesen werden auch viele Laubkrankheiten mitbekämpft. Daneben können auch eine ganze Reihe von tierischen Schädlingen auftreten. Hervorzuheben sind verschiedene Blattlausarten, die Maulbeerschildlaus und Blattwespenarten. In der Regel sind daher ein bis zwei Insektzidbehandlungen pro Jahr notwendig.

Im Folgenden sind einige wichtige Johannisbeerschaderreger aufgezählt. Neben diesen können auch – die in anderen Kapiteln behandelten Krankheiten und Schädlinge – Mehltau, Botrytis, die Kirschessigfliege und Napfschildläuse Schäden verursachen.

Krankheiten

Blattfallkrankheit *(Drepanopeziza ribis)*, Septoria Blattflecken *(Septoria ribis)*

Diese Krankheit ist vor allem in feuchten Jahren und im biologischen Anbau – wo kaum Fungizide eingesetzt werden – ein Problem. Im Extremfall beginnen die Blätter bereits im Juni zu vergilben und vorzeitiger Laubfall, der bis zur Entlaubung bereits vor Erntebeginn führen kann, stellt sich ein. Je nach Schaderreger entstehen auf den Blättern runde oder eckige Flecken, welche später zusammenfließen. Der frühe Laubfall schwächt die Stöcke.

Bekämpfung

Zur Vorbeugung sollten Johannisbeeren und Stachelbeeren nicht in zu feuchte, langsam abtrocknende Lagen gepflanzt werden. Auch lockere, unkrautfreie Bestände werden weniger stark befallen. Im biologischen Anbau zeigen Kupferbehandlungen positive Effekte, im Tafelobstanbau werden Blattfallkrankheiten vorwiegend mit Behandlungen gegen Fruchtfäulen miterfasst, lediglich bei nassem Erntewetter sind zur Verhinderung vorzeitigen Blattfalls spezielle Behandlungen direkt nach der Ernte erforderlich.

Blattfallkrankheit Foto: Manfred Wiesenhofer

Colletotrichum Syn. Anthraknose
(Colletotrichum gloeosporioides)

Diese Krankheit wird auch als Mondscheinigkeit bezeichnet, da die Früchte – sofern der Befall noch am Stock sichtbar wird – blass und milchig aufgehellt werden. Im Lager sind diese Aufhellungen ebenfalls zu bemerken, diese platzen jedoch schnell auf und der lachsfarbene Pilzkörper wird sichtbar.

Bekämpfung

Colletotrichum ist aufgrund seiner langen Infektionszeit schwer zu bekämpfen. Bereits ab Blühbeginn bis hin zur Ernte können vorwiegend bei warm-feuchtem Wetter Infektionen stattfinden. Behandlungen haben vorbeugend vor Niederschlägen zu erfolgen.

Mit der Bekämpfung von Colletotrichum werden auch viele andere Fruchtfäulen, Lager- und Blattkrankheiten miterfasst. Für einen nachhaltigen Bekämpfungserfolg all dieser Schaderreger ist umsichtiges Resistenzmanagement, also das Wechseln von fungiziden Wirkstoffen und Wirkstoffgruppen, unbedingt notwendig.

Säulchenrost *(Cronartium ribicola)*

Vorzeitiger Blattfall bei schwarzen Johannisbeeren ist häufig auf diesen Pilz zurückzuführen. Er benötigt als Zwischenwirt bestimmte Föhrenarten.

Auf der Blattunterseite der älteren Blätter erscheint zunächst ein oranger Belag, die Blätter vergilben und fallen ab. Erst im Herbst erscheinen die typischen säulchenförmigen Dauersporen an der Blattunterseite.

Bekämpfung

Robuste Sorten werden kaum befallen, in Tafelobstanlagen wird der Pilz in der Regel durch die gängigen Fungizidmaßnahmen miterfasst.

Säulchenrost Foto: Helmut Weiß

Rotpustelkrankheit
(Nectria cinnabarina)

Dieser Schwächepilz befällt nur bereits aus anderen Gründen geschädigte und absterbende Triebe. Zunächst bemerkt man ein plötzliches Welken einzelner Triebe, die rasch absterben. An der toten Rinde erscheinen kurze Zeit später viele ca. 1,5 mm große, leuchtend rote Pusteln, die Fruchtkörper des Pilzes.

Bekämpfung

Wunden vermeiden, da der Pilz das Holz nur durch solche Eintrittsstellen befallen kann. Befallenes Holz ausschneiden und aus der Anlage entfernen. Positive Effekte zeigen Kupferbehandlungen nach dem Laubfall im Herbst.

Schädlinge
Kleine Johannisbeertrieblaus
(Aphis schneideri)

Es können mehrere Blattläuse in Johannisbeeren schädigen. Während aber die Johannisbeerblasenlaus in der Regel nur ästhetischen Schaden anrichtet und dann wieder abwandert, ist die Kleine Johannisbeertrieblaus ein relevanter Schaderreger. Schon bei geringem Befall der Triebspitzen kommt es zu Wachstumsverzögerungen,

Triebstauchungen und Verkrüppelungen. Bei stärkerem Befall wird die Ernte durch Bildung von Honigtau behindert. Darüber hinaus sind Blattläuse Vektoren für Viren.

Bekämpfung

Maßvolle Stickstoffdüngung und Förderung von Nützlingen (Florfliegen, Schwebfliegen, Marienkäfer) beugen vor. Behandlungen mit biologischen oder konventionellen – wenn möglich selektiven – Insektiziden sollten bald nach dem Erstauftreten erfolgen.

Blattläuse Foto: Manfred Wiesenhofer

Johannisbeerglasflügler
(Synanthedon tipuliformis)

Diese Schmetterlingsart mit den markanten namensgebenden durchsichtigen Flügeln fliegt zwischen Mai und Juli. Ein Weibchen kann bis zu 400 Eier – vorzüglich an Schnittstellen – der Johannisbeerpflanze ablegen. Im Laufe des Jahres wächst aus dem Ei eine stattliche Raupe heran, welche sich immer tiefer in das Mark des alten Holzes frisst. Der Leitast stellt das Wachstum ein und stirbt ab.

Bekämpfung

Die Bekämpfung dieses Schädlings erfolgt in Kleinanlagen durch exakten Schnitt auf Zapfen. Dabei werden lange Zapfen belassen, wo sich die Raupen einbohren. Diese werden dann im Winter weggeschnitten. In großen Anlagen kann der Johannisbeerglasflügler durch die Verwirrmethode bekämpft werden. Dabei werden pro Hektar bis zu 600 Pheromondispenser aufgehängt, die die Paarung der Schädlinge verhindern.

Glasflügler Foto: Manfred Wiesenhofer

Maulbeerschildlaus
(Pseudaulacaspis pentagona)

Diese invasive Schildlausart hat sich zu einem Hauptschädling im Johannisbeeranbau entwickelt. Sie befällt neben Ribes-Arten vor allem Steinobst und auch Zierpflanzen, führt zu starken Wuchsdepressionen bis hin zum Absterben der Wirtspflanzen. In Mitteleuropa bildet diese Schildlausart meist zwei Generationen aus, wobei die ausschlüpfenden Larven (Crawler), welche im Mai und August auftreten, am empfindlichsten gegenüber chemischen Bekämpfungsmaßnahmen sind.

Bekämpfung

Im kleinen Stil können befallene Pflanzen in der Vegetationsruhe mechanisch oder mit einem Hochdruckreiniger von den Läusen befreit werden. Im Erwerbsobstbau sind lediglich befallsreduzierende Maßnahmen, wie Öl-Behandlungen zum Austrieb, möglich. Manche Insektizide zeigen gegen die Crawler Nebenwirkungen.

Die Maulbeerschildlaus gehört zur Familie der Deckelschildläuse, welche als adultes Weibchen am Stock überwintern. Stark befallene Triebe sollten ausgeschnitten und bis zum Frühjahr in der Anlage belassen werden. Durch den weggefallenen Saftstrom stirbt die Schildlaus ab, Nützlinge, welche die Läuse parasitiert haben, überleben jedoch.

Johannisbeergallmilbe
(Cecidophyopsis ribis)

Diese mikroskopisch kleine Milbe führt vor allem bei schwarzen Johannisbeeren zu großen Problemen, bei starkem Auftreten müssen Anlagen sogar gerodet werden.

Befallene Knospen sind im Frühling bereits vor dem Austrieb stark angeschwollen. Sie treiben nicht aus und vertrocknen. In ihrem Inneren befinden sich tausende Milben, die im Frühsommer auslaufen und auf den jungen Trieben neue Knospen befallen.

Bekämpfung

Johannisbeergallmilben können durch Schwefelbehandlungen im Frühjahr gut kontrolliert werden. Zu beachten ist jedoch, dass manche schwarze Johannisbeersorten sehr sensibel auf Schwefel reagieren, was die Bekämpfung erschwert. Anlagen, die stark befallen sind, müssen oft gerodet werden. Neupflanzungen sollten dann nicht in unmittelbarer Nähe angelegt werden. Langfristig müssen empfindliche Sorten durch neue, widerstandsfähige (z. B. ´Titania´, ´Ometa´) ersetzt werden.

Typische Rundknospe verursacht durch Johannisbeergallmilbe Foto: Manfred Wiesenhofer

HAUSGARTEN-TIPP

Werden auf der Johannisbeerpflanze im Spätwinter von Gallmilben befallene Rundknospen entdeckt, sollten diese abgesammelt und vernichtet werden. Der Befallsdruck kann so deutlich reduziert werden.

Sorte	Herkunft	Reifezeit	Ertrag	Wuchs	Traube	Beere	Geschmack	Frischmarkt	Verarbeitung	Hausgarten	Besonderheiten
Rote Sorten											
Jonkheer van Tets	NL	sehr früh	mittel	stark	lang	sehr groß	sehr gut	* * *	* * *	* * *	verrieselt stark
Marlena	D	sehr früh	hoch	mittel	mittel	groß	gut	* * *	* *	*	mehltauanfällig
Junifer	F	sehr früh	sehr hoch	sehr stark	lang	groß	gut	* * * *	* * *	* * *	nur auf Hecke
Detvan	SK	früh	sehr hoch	sehr stark	lang	mittel	gut	* * *	* *	* * *	anspruchslos
Rolan	NL	mittel	mittel	schwach	lang	groß, hell	gut	* * *	* *	* *	verrieselt etwas
Stanza	NL	mittel	sehr hoch	mittel	mittel	klein	mäßig	* * *	* * *	*	gute Saftfarbe
Rotet	NL	mittel	hoch	stark	lang	groß, dunkel	gut	* * *	* * *	* * *	sehr verrieselungsfest
Rovada	NL	mittel	sehr hoch	stark	sehr lang	groß	gut	* * * *	* * *	* * * *	Hauptsorte
Tatran	SK	spät	mittel	stark	lang, locker	groß, hell	gut	* * *	* *	* * *	
Red Poll	GB	sehr spät	sehr hoch	stark	lang, dicht	mittel, dunkel	mäßig	* * * *	* * *	* * *	kaum verrieseln
Rodneus	NL	sehr spät	sehr hoch	sehr stark	sehr lang, dicht	mittel, dunkel	gut				lagerfähig
Augustus	NL	sehr spät	mittel	mittel	lang	klein, dunkel	mäßig	* * *	*	*	trägt früh, vergreist rasch
Heinemanns	D	sehr spät	sehr hoch	sehr stark	sehr groß	klein, hell	mäßig	* * *	*	* *	viele Samen, sauer

Sortenübersicht Johannisbeeren: Rote Sorten

* * * gut, * * mittel, * gering

Sorte	Herkunft	Reifezeit	Ertrag	Wuchs	Traube	Beere	Geschmack	Frischmarkt	Verarbeitung	Hausgarten	Besonderheiten
Weiße Sorten											
Zitavia	D	früh	mittel	stark	lang	weiß, durchscheinend	herb				viele Samen
Werdavia	D	mittel	mittel	mittel	mittel	weiß, durchscheinend	gut				viele Samen
Primus	SK	mittel	mittel	schwach	mittel	gelblich, klein	sehr gut	* *	* * *	* * *	gutes Aroma!
Blanka	SK	spät	hoch	stark	lang	gelblich, groß	gut	* * *	* * *	* * *	reift mit Rovada, ausrieselungsfest, botrytisanfällig
Schwarze Sorten											
Tisel	PL	sehr früh	mittel	schwach	kurz	mittel	mittel	*	* * *	* * *	frostempfindlich, neigt zum vergreisen
Ceres	PL	früh	mittel	mittel	lang	mittel	mäßig	* * *	*	* * *	sehr robust, mehltau- und gallmilbentolerant
Titania	S	mittel	sehr hoch	stark	mittel	groß	gut	* *	* * *	* * *	widerstandsfähig gegen Mehltau und Gallmilben
Gofert	PL	mittel	hoch	stark	lang	groß	sehr gut	* * *	* * *	* *	etwas empfindlich auch Laubkrankheiten
Tines	PL	mittel	hoch	stark	kurz	mittel	gut	*	* * *	* * *	
Ometa	D	mittel	mittel	stark	mittel	groß	sehr gut	* * *	* * *	* * *	widerstandsfähig gegen Mehltau und Gallmilben
ECM	NL	mittel	hoch	sehr stark	kurz	sehr groß	gut	*	* * *	* * *	sehr robust
Tsema	NL	früh	hoch	sehr stark	lang	groß	sehr gut	* * *	*	*	sehr mehltauanfällig
Tenah	NL	spät	hoch	stark	lang	groß	gut	* * *	* * *	*	nur Handernte, sehr anfällig!

* * * gut, * * mittel, * gering

Sortenübersicht Johannisbeeren: Weiße und schwarze Sorten

SORTENWAHL

Die Wahl der Sorte hängt einerseits vom Verwendungszweck, also ob es sich um eine Tafelobst- oder Verarbeitungsanlage handelt, und andererseits von arbeitswirtschaftlichen Überlegungen ab. Sorten für die Verarbeitung – meist schwarze – werden in erster Linie auf Robustheit und Farbstoffgehalt selektioniert. Diese Sorten haben oft kurze Trauben, da sich diese durch Vollernter besser abschütteln lassen. Auch weisen Verarbeitungssorten oft hohe Säuregehalte auf.

Tafelobstsorten werden oft nach ihrem Erntezeitpunkt ausgewählt. Die kurze Ernteperiode der Hauptsorte ´Rovada´ ist gleichzeitig Segen und Fluch. Segen, da die Ernte schnell vorbei ist, Fluch, wenn Erntehelfer über einen längeren Zeitraum beschäftigt werden wollen. In diesem Fall werden oft frühere Johannisbeersorten (´Jonkheer van Tets´, ´Marlena´), welche die Reife überwiegend vor ´Rovada´ abschließen, als Ergänzung gesetzt.

HAUSGARTEN-TIPP

Johannisbeeren sind aus keinem Hausgarten wegzudenken. Grund dafür ist die relative Robustheit der Pflanzen und die Langlebigkeit. Nahezu alle Sorten, die im Erwerbsanbau eingesetzt werden – ausgenommen sehr mehltauanfällige – sind auch für den Hausgarten geeignet.

Die wichtigsten Johannisbeersorten im Porträt

Rote Johannisbeeren

Jonkheer van Tets

Herkunft: Niederlande (´Fays Fruchtbare´ x ´Gonduin´)

Jonkheer van Tets Foto: Manfred Wiesenhofer

Seit Jahrzehnten aufgrund ihrer sehr frühen Reife die Standardfrühsorte. Sehr hohe Verrieselungsneigung ab dem dritten Standjahr, dennoch gute Akzeptanz am Markt. Grundsätzlich starker Wuchs, der jedoch aufgrund der Blütenbildung am kurzen Holz oft nicht erwünscht ist. Die frühe Blüte ist stark frostgefährdet.

Große, stark glänzende, leuchtend rote Beeren. Aufgrund der Früchte am kurzen Fruchtholz und kurzen, oft ausgerieselten Trauben geringe Pflückleistung. Starke Neigung zu Stockausfällen.

Red Poll

Herkunft: Kreuzung aus ´Red Lake´; Horticulture Research International, Warwick, Großbritannien

Robuste Sorte mit sehr geringer Ausrieselneigung. Sehr späte Reife. Lange, dunkle Trauben mit kleinen Beeren und markantem Kelch. Homogene Optik und gut lagerfähig. Starkwüchsig mit ausladendem breiten Wuchs.

Marlena

Herkunft: Mutation aus ´Red Lake´; gefunden in Oberkirch-Tiergarten, Deutschland
Frühsorte. Sehr starker Wuchs und gutes Ertragspotential. Mittellange Trauben und hohes Ertragspotential. Fruchtet am mittellangen Holz kurz nach ´Jonkheer van Tets´. Leicht mehltauanfällig. Aufgrund ihrer sehr frühen Blüte sehr spätfrostgefährdet. Zwei Pflückdurchgänge notwendig. Gut für den Frischmarkt geeignet.

Marlena Foto: Manfred Wiesenhofer

Rolan

Herkunft: Wageningen, Niederlande (´Jonkheer van Tets´ x ´Rosetta´)
Robuste Sorte mit leichter Verrieselungsneigung. Schwacher Wuchs mit Neigung zum Vergreisen und zu Stockausfällen, benötigt daher starken und regelmäßigen Schnitt.

Lange Trauben mit großen, hellen Beeren; mittlere bis hohe Erträge. Reifezeit schwankt stark und kann zwei Wochen vor ´Rovada´ eintreten oder mit ihr nahezu gleich sein.

Junifer

Herkunft: Frankreich, INRA Angers; entstanden aus ´Fays Fruchtbare´
Frühsorte. Besonders geeignet für Anbau im Tunnel. Sehr starker Wuchs, weiches, etwas brüchiges Holz. Neigung zu Stockausfällen.

Lange Trauben mit großen Beeren. Guter Geschmack; hohe Erträge. Geeignet für Frischmarkt und Industrie.

Junifer Foto: Helmut Weiß

Heinemanns Spätlese

Herkunft: Deutschland (´Rote Holländische´ x ´Andenken an Lorus´)
Alte deutsche Sorte mit extrem später Reife (Anfang August). Geringe Bedeutung, aber im Hausgarten und zur Erntezeitstreckung immer noch im Sortiment. Stark aufrecht wachsend, gut für die Erziehung als Strauch geeignet, sehr robust.

Lange Trauben mit kleinen, hellen Beeren. Diese schmecken sauer und enthalten viele Samen. Zu wenig Farbe und Ausbeute für die Verarbeitung.

Rovada

Herkunft: Wageningen, Niederlande (´Fays Fruchtbare´ x ´Heinemanns´)
Seit Mitte der 1990er Jahre Hauptsorte in ganz Mitteleuropa; sehr kräftiger, Wuchs mit langen Fruchttrieben, die auf ihrer ganzen Länge Früchte ansetzen. Sehr gut geeignet für die Heckenerziehung. Sehr gute Lagerfähigkeit.

Lange, einheitliche Trauben mit leuchtend roten, großen Einzelbeeren; geringe Verrieselungsneigung. Hohe Pflückleistung; sehr hohe Erträge. Etwas empfindlich auf Blattfall. Probleme mit Haltbarkeit der Nachernte bei schlechtem Erntewetter. Schlechter Austrieb nach warmen Wintern.

Rovada Foto: Manfred Wiesenhofer

Weiße Johannisbeeren

Zitavia, Weravia

Herkunft: J. Hampel, Zittau, Deutschland, Sämlinge aus ´Weiße Holländische´

Zitavia Foto: Manfred Wiesenhofer

Zwei sehr ähnlich aussehende, wüchsige, früh reifende Sorten mit weißen, durchscheinenden Beeren. Beide sehr robust mit geringen Ansprüchen, allerdings durch die frühe Blüte etwas frostgefährdet. ´Zitavia´ neigt etwas zum Verrieseln.

Primus

Herkunft: Bojnice, Slowakei (´Heinemanns´ x ´Red Lake´)
Mittelfrüh reifende Sorte mit eher schwachem Wuchs; reich tragend.

Die eher kleinen Beeren sind weiß-gelblich gefärbt, reich an Samen; süß mit ausgezeichnetem Aroma.

Primus Foto: Helmut Weiß

Blanka

Herkunft: Bojnice, Slowakei (´Heinemanns´ x ´Red Lake´)
Am weitesten verbreitete weiße Sorte, reift zugleich mit ´Rovada´ und kann daher gut als Ergänzung vermarktet werden. Starker, aufrechter Wuchs, späte Blüte, hohe Erträge, gute Haltbarkeit am Strauch, guter Geschmack. Anfällig für Mehltau und Botrytis.

Blanka Foto: Manfred Wiesenhofer

HAUSGARTEN-TIPP

Wer mit roten, weißen und schwarzen Johannisbeeren nicht genug hat, kann sich auch an pinken Sorten versuchen. Viele Sorten dieser Farbmutanten (´Rosalinn´, ´Rose de Champagne´, ´Rosa Sport´) sind in gut sortierten Baumschulen erhältlich.

Schwarze Johannisbeeren

Tisel

Herkunft: Skierniewice, Polen
Sehr starkwüchsige, aufrecht stehende Sorte mit starkem Holz. Aromatisch, frühreifend und mehltaufest. Aufgrund ihrer freien Früchte sonnenbrandgefährdet. Neigt zum Vergreisen. Für die Saftherstellung und maschinelle Ernte gut geeignet.

Ceres

Herkunft: InHort, Skierniewice, Polen
Frühsorte aus Resistenzzüchtung gegen Gallmilben, nur gering mehltauanfällig. Wüchsig, hohe Erträge, lange Trauben, mittelgroße Beeren, mittlerer Geschmack. Für Frischmarkt geeignet.

Ceres Foto: Helmut Weiß

Titania

Herkunft: Tollarp, Schweden (´Altajskaja Desert-naja´ x [´Consort´ x ´Kajaanin Musta])
Robuste mittelfrühe Sorte, widerstandsfähig gegen Mehltau, Rost, geringe Anfälligkeit für Johannisbeergallmilbe. Starker, aufrechter Wuchs, selbstfruchtbar. Große Einzelbeeren an kurzen bis mittellangen Trauben, gute Verarbeitungseignung. Mittleres Ertragspotential, das stark von der Selektionslinie abhängig schwankt. Gut geeignet für maschinelle Ernte und biologischen Anbau.

Titania Foto: Helmut Weiß

Tsema

Herkunft: Tilburg, Niederlande; Kreuzung aus ´Goliath´ x ´Brödtorp´
Von der aus der gleichen Kreuzung entstandenen Sorte ´Tenah´ kaum zu unterscheiden. Starker, etwas hängender Wuchs, für Erziehung als schmaler Busch oder im V-System gut geeignet. Sehr anfällig für Mehltau, kann nur mit regelmäßiger chemischer Mehltaubekämpfung angebaut werden; für biologischen Anbau und Hausgarten daher ungeeignet. Lange Trauben mit großen Beeren und langem Stiel, der die Handernte ermöglicht. Beste Fruchtqualität für den Frischmarkt.

Tsema Foto: Manfred Wiesenhofer

ECM

Herkunft: Niederlande, Großbritannien; Klon, Selektion E. C. Meulblok
Sehr robust, mittelfrüh, bisher resistent gegen Mehltau. Sehr starkwüchsig, mit gesundem, glänzendem Laub. Sehr kurze Trauben mit großen, gut schmeckenden Beeren.

ECM Foto: Helmut Weiß

Gofert

Herkunft: InHort, Skierniewice, Polen
Züchtung für Verarbeitung und Frischmarkt. Mittellange Trauben mit Stiel. Geschmacklich außergewöhnlich mild und daher hervorragende Sorten für die Verarbeitung und den Hausgarten. Starkwüchsig. Mehltaufest und robust – für Bioanbau geeignet.

Gofert Foto: Manfred Wiesenhofer

Tines

Herkunft: Skierniewice, Polen
Robuste starkwüchsige Sorte mit großem, gesunden Laub. Gut für biologischen Anbau. Wenig sonnenbrandanfällig. Mittelfrühe Reife. Sehr gut für die Verarbeitung und für die maschinelle Ernte gut geeignet.

HAUSGARTEN-TIPP

JOSTABEERE

Die Jostabeere ist in Deutschland aus einer Artenkreuzung von Schwarzer Johannisbeere und Stachelbeere entstanden und erfreut sich besonders im Hausgarten großer Beliebtheit.

Der stark wachsende und sehr leicht durch Steckhölzer vermehrbare Strauch ist stachellos. Die Früchte reifen sehr früh und sind größer und säuerlicher als die Schwarze Johannisbeere, haben aber ein ähnliches Aroma. Sie eignen sich hervorragend für die Verarbeitung zu Saft und Marmelade.

Da die Früchte bei der Ernte häufig am Stielansatz verletzt werden, sind sie für den Frischverkauf ungeeignet und müssen umgehend verarbeitet werden.

Jostabeere Foto: Helmut Weiß

STACHELBEERE

Steckbrief Stachelbeere
Reihenabstand: 2,5–3,5 m, je nach System und Maschinenausstattung
Pflanzabstand in der Reihe: 0,6–1 m
Ertrag: ca. 80–250 kg/100 m²
Erntedauer: meist zwei Pflückgänge binnen zwei Wochen ausreichend
Pflückleistung: ca. 10 kg/AKh (Hecke)
Erzeugerpreise:
Lieferung an Obstgroßhandel: ca. 4,00 Euro/kg
Ab-Hof-Verkauf: ca. 6,00 Euro/kg

Foto: Manfred Wiesenhofer

Im England des 18. und 19. Jahrhunderts erlebte die Stachelbeere eine kurze, aber bemerkenswerte Blütezeit. Innerhalb weniger Jahrzehnte brachten Züchter über 400 Sorten hervor, die sich langsam über ganz Europa ausbreiteten. Im Erwerbsobstbau ist diese Kultur immer noch eine klassische Nischenkultur, in den Hausgärten Mittel- und Osteuropas war und ist die Stachelbeere aber eine sehr beliebte Obstart, die im Liebhaberanbau nicht fehlen darf.

Die heutigen Kultursorten stammen von einer im Mittelmeergebiet sowie in Mittel- und Osteuropa vorkommenden Wildform ab und gehören der Art *Ribes uva-crispa* L. var. *sativum* an. In letzter Zeit werden vermehrt auch amerikanische mehltauresistente Wildformen eingekreuzt.

Aus botanischer Sicht weisen Stachelbeeren keine Stacheln auf – sondern Dornen. Diese stellen naturgemäß ein wesentliches Hindernis für den Anbau da. Ein Züchtungsziel sind daher dornenlose Sorten. Solche stehen bereits für den Hausgarten zur Verfügung, im Erwerbsobstanbau haben sich diese – aufgrund nicht ausreichender Fruchteigenschaften – noch nicht durchgesetzt. Dennoch weisen moderne Sorten deutlich weniger und weniger aggressive Dornen auf, was den Anbau massiv erleichtert.

GESUND MIT STACHELBEEREN

Inhaltsstoffe & Gesundheitswert

100 g frische Stachelbeeren enthalten durchschnittlich:

Energie	157 kJ/37 kcal	Ballaststoffe	3 g
Wasser	87,2 g	Eiweiß	0,8 g
Fett	0,2 g	Kohlenhydrate	7,1 g
Organische Säuren	1,4 g	Ungesättigte Fettsäuren	0,1 g
Vitamine B1 B2 B6	0 mg	Vitamin C	35 mg
Vitamin E	0,6 mg	Kalium	200 mg
Kalzium	29 mg	Magnesium	15 mg
Phosphor	30 mg	Eisen	0,6 mg
Mineralstoffe gesamt	450 mg		

(Quelle: ÖNWT, BLS3.01)

STANDORT

Die Wildform der Stachelbeere kommt in lichten Wäldern vor. Im Hausgarten gedeihen Stachelbeeren daher auch gut an schattigen Plätzen, wobei hier die Mehltaugefahr steigt. An den Boden stellen Stachelbeeren etwas höhere Ansprüche als Johannisbeeren. Das Wurzelsystem reagiert empfindlicher auf Staunässe und Trockenheit – gute Bodenstruktur und Wasserführung sind für einen Kulturerfolg entscheidend. Viele Stachelbeersorten sind auch empfindlich gegenüber bodenbürtigen Pilzen. Erd- oder Himbeeren, als phytophtoraempfindliche Obstarten, sind daher als Vorkultur ungeeignet.

Von allen Beerenobstarten blüht die Stachelbeere als erste. Vor allem Frühsorten wie ´Xenia´ sind daher sehr frostgefährdet. Bei einer Pflanzung auf frühen Standorten sollte Frostschutz daher eingeplant werden. Eine kulturspezifische Besonderheit ist die Anfälligkeit der Stachelbeere gegenüber Sonnenbrand. Besonders auf Süd- oder Südwestlagen muss bei roten Sorten eine Beschattung vorgesehen werden. Wird die Anlage mit einem Hagelnetz geschützt, reicht dieses für die Beschattung des Anlageninnenteils aus. Randreihen sollten zusätzlich mit einem Hagelschutznetz, das bis zum Boden reicht, schattiert werden.

Sonnenbrand Foto: Manfred Wiesenhofer

PFLANZUNG UND KULTURSYSTEM

Stachelbeeren werden entweder als Hecken oder als schmaler Busch, ev. im V-System, erzogen. Die Heckenerziehung eignet sich besonders für gut garnierende Sorten wie ´Achilles´ und ´Rote Triumpf´. Die frühe Hauptsorte ´Xenia´ weist eine starke Basisförderung auf und neigt – wenn sie mit mehrjährigen Leitästen erzogen wird – zum Vergreisen. Vergleichen lässt sich dies mit den unterschiedlichen Wachstumseigenschaften von roten und schwarzen Johannisbeeren. Da alle im Erwerbsobstanbau bedeutenden Stachelbeersorten bedornt sind, ist ein Kultursystem, welches die Handarbeit im Bestand weitgehend schmerzfrei ermöglicht, von hoher Bedeutung. Der Anbau als Hecke wird daher bevorzugt und nur bei starkem Wachstum – wie etwa im Substratanbau – finden V-Systeme, wo mehr Triebe pro Laufmeter untergebracht werden können, Anwendung.

Der Substratanbau der Stachelbeere ist vor allem im Anbau der Sorte ´Xenia´ relevant. Diese Diva unter den Stachelbeersorten hat hohe Ansprüche an den Boden, starke Anfälligkeit gegenüber Phytophtora und die Eigenschaft, starke, fruchtende Triebe von der Basis aus zu bilden. Im Substrat können alle diese Eigenschaften kontrolliert und dadurch das Resultat optimiert werden.

Stachelbeeren werden für den Erwerbsobstanbau in der Regel als wurzelnackte Pflanzen angeboten. Teilweise kommen auch getopfte Pflanzen zum Einsatz. Aufgrund der längeren Wachstumsperiode kann mit der Pflanzung der Stachelbeeren auch noch bis nach den Frühjahrsfrösten gewartet werden.

KULTURMASSNAHMEN

Wenngleich viele kulturtechnische Maßnahmen an Stachelbeeren jenen an Johannisbeeren ähnlich sind, gilt diese Obstart doch als ungleich anspruchsvoller. So verlangt etwa der Pflanzenschutz größere Aufmerksamkeit und der Schnitt ist deutlich aufwändiger als bei unbedornten Ribes-Arten.

Düngung

Über Generationen wurde das Mantra, dass Stachelbeeren zwecks Mehltauminimierung wenig mit Stickstoff gedüngt werden sollen, weitergetragen. Fachlich mag dies durchaus richtig sein, da durch starken Wuchs tatsächlich der Mehltaubefall gefördert wird, aus wirtschaftlicher Sicht ist diese Vorgangsweise allerdings nicht mehr haltbar. Werden die Stickstoffgaben reduziert, verlangsamt sich damit auch das Wachstum. Die Resultate sind schwaches Fruchtholz, vergreiste Stöcke und in weiterer Folge kleine Früchte. Vitales Wachstum ist daher unumgänglich, um wirtschaftlich erfolgreich sein zu können. Dieses zu erzielen, ist bei Stachelbeeren jedoch einfacher als im Johannisbeeranbau. Der Grund dafür ist, dass die Triebe nicht schon im Juni ihr Wachstum einstellen, sondern auch noch nach der Ernte weiterwachsen. Jährliche Stickstoffmengen von ca. 90 kg Reinstickstoff reichen daher aus, um schöne Frucht- und Leittriebe zu kreieren. Andere Nährstoffe als Stickstoff sind grundsätzlich auf Basis der Bodenuntersuchung zu düngen.

Nährstoffbedarf: Ertragsabhängige Richtwerte ab sechs Tonnen Ertrag pro Hektar

N:	60–90 kg/ha
P_2O_5:	35–45 kg/ha
K_2O:	85–115 kg/ha
MgO:	20–25 kg/ha

Eine Düngemöglichkeit über das Bewässerungssystem ist im Stachelbeersubstratanbau Voraussetzung und in klassischen Bodenkulturen eine enorme Erleichterung. Gleichmäßige Gaben über den ganzen Vegetationszeitraum verbessern Wachstum und Fruchtgröße bei gleichzeitig geringeren Stickstoffeinträgen.

Schnitt

Ähnlich wie bei Johannisbeeren werden Stachelbeeren auf vitales einjähriges Holz geschnitten, welche die schönsten Fruchtqualitäten hervorbringt. Bei Sorten, welche nicht zur Vergreisung neigen und wo schöne Leitäste aufgebaut werden können, werden abgetragene Triebe entweder auf einen an der Basis gebildeten Jungtrieb zurückgeschnitten oder ganz entfernt. Ein Schnitt auf Zapfen ist nicht notwendig, da Stachelbeeren aufgrund ihres harten Holzes nicht attraktiv für den Johannisbeerglasflügler sind und die Garnierung auch über Basisaugen erfolgt. Pro Leitast können bis zu 15 möglichst lange Fruchttriebe belassen werden.

Bei Sorten, die schlecht garnieren, müssen die Stöcke laufend vom Boden aus verjüngt werden. Jährlich, oder zumindest im Zweijahresrhythmus, müssen Triebe hochgezogen und formiert werden. Abgetragene Triebe werden entweder ganz entfernt oder bodennah auf einen Jungtrieb zurückgesetzt.

Stachelbeeren werden häufig auf zwei Etappen geschnitten. So werden abgetragene Bodentriebe oder Leitäste, welche zur Erneuerung anstehen, gleich nach der Ernte mit einer kräftigen Schere entfernt. Im Winter werden dann der Feinschnitt und die Formierung durchgeführt.

HAUSGARTEN-TIPP

Für den Hausgarten werden auch auf Johannisbeere veredelte Stachelbeer-Bäumchen angeboten. Diese sind dekorativ und weisen einen verminderten Schnittaufwand auf.

PFLANZENSCHUTZ

Den Schwerpunkt des Pflanzenschutzes im Stachelbeeranbau bildet die Bekämpfung des Amerikanischen Stachelbeermehltaues. Bereits ab dem Austrieb müssen Behandlungen, erst mit schwefelhaltigen Präparaten, später bei höherem Krankheitsdruck mit systemischen bzw. teilsystemischen Mitteln gesetzt werden. Aufgrund der hohen Gefahr von Resistenzen ist hier ein ständiger Wechsel an Mitteln und Wirkstoffgruppen notwendig. Erst ab Juni sinkt der Infektionsdruck gegenüber den Früchten – junge Triebe sind sogar noch nach der Ernte anfällig gegen Mehltau. Mit der Bekämpfung dieser Krankheit werden alle anderen Blatterkrankungen mitbehandelt. Auch gegen Fruchtfäulen ist in der Regel keine separate Spritzung notwendig. Bezogen auf tierische Schädlinge sind v. a. Blattläuse und Blattwespen ein immer wiederkehren-

Sorte	Herkunft	Blüte	Reifezeit	Ertrag	Wuchs	Fruchtgröße	Geschmack	Eigenschaften	Frischmarkt	Verarbeitung	Hausgarten	Besonderheiten
Grüne Sorten												
Honings Früheste	D	früh	sehr früh	mittel	stark	mittel	sehr gut	weich	*	*	* * *	
Invicta	GB	früh	sehr früh	sehr hoch	stark	groß	mittel	leicht behaart	* * *	* * *	* * *	widerstandsfähig gegen Mehltau
Grüne Hansa	GB	mittel	mittel	sehr hoch	mittel	groß	gut	behaart	* * *	* * *	*	
Grüne Kugel	D	mittel	mittel	mittel	stark	groß	mäßig	glatt	* * *	* * *	*	sehr mehltauanfällig
Rote Sorten												
Xenia	CH	früh	früh	hoch	mittel	groß	gut	leicht behaart	* * *	* * *	* * *	leicht mehltauanfällig
Rocula	D	früh	früh	hoch	mittel	klein	gut	platzt leicht	*	*	* * *	widerstandsfähig gegen Mehltau
Laprima	D	früh	früh	hoch	mittel	groß	gut	robust	* * *	*	* * *	kaum Sonnenbrand
Pax	GB	früh	früh	hoch	stark	groß	mittel	leicht behaart	* * *	* * *	* * *	widerstandsfähig gegen Mehltau
Rote Triumph	GB	mittel	mittel	sehr hoch	stark	sehr groß	sehr gut	behaart, rund	* * *	* * *	*	sehr mehltauanfällig
Achilles	GB	spät	spät	sehr hoch	sehr stark	sehr groß	gut	glatt	* * *	* * *	*	sehr mehltauanfällig
Rolonda	D	mittel	spät	mittel	mittel	klein	sehr gut	glatt, dunkel	* *	* * *	* * *	widerstandsfähig gegen Mehltau

Sortenübersicht Stachelbeeren

* * * gut, * * mittel, * gering

der Begleiter. Engmaschige Beobachtungen sind notwendig, um diese Schädlinge frühzeitig bekämpfen zu können.

Neben den im folgenden aufgezählten Schaderregern können auch verschiedene Blattfallkrankheiten, Rost- und Holzpilze und Blattläuse zum Problem werden.

Amerikanischer Stachelbeermehltau am Trieb

Amerikanischer Stachelbeermehltau
(Sphaerotheca mors-uvae)

Der Pilz befällt während der ganzen Vegetationsperiode die jungen Triebe. Die Triebspitze ist mit einem weißen Pilzbelag überzogen, die Blätter krümmen sich und bleiben im Wachstum zurück. Auch die unreifen Früchte werden befallen. Bezüglich der Anfälligkeit gibt es deutliche Unterschiede zwischen den Stachelbeersorten. Grüne Sorten sind in der Tendenz weniger anfällig als rote. In Erwerbsanlagen sind mit unterschiedlicher Intensität in allen Sorten Behandlungen notwendig.

Bekämpfung

Bei der Sortenwahl sollte auf die Widerstandsfähigkeit geachtet werden. So werden zum Beispiel die Stachelbeersorten ´Invicta´ und ´Pax´ wenig befallen.

Eine wichtige kulturtechnische Bekämpfungsmaßnahme ist das laufende Entfernen aller befallenen Triebe. Behandlungen müssen bei anfälligen Sorten schwerpunktmäßig ab dem Austrieb bis in den Juni hinein erfolgen. Pflanzenschutzmaßnahmen nach der Ernte verhindern das Einnisten des Mehltaupilzes in die Triebspitzen.

Amerikanischer Stachelbeermehltau

Stachelbeer-Blattwespe Fotos: Manfred Wiesenhofer

Kleine Stachelbeerblattwespe
(Phristiphora pallipes)

Ein zunehmendes Problem im Stachelbeeranbau stellen die Blattwespen bzw. ihre Larven dar. Da die Jungstadien dieser Hautflüglerart Schmetterlingsraupen ähnlich sehen, werden die Blattwespenlarven auch Afterraupen genannt. Problematisch ist an diesen Schädlingen, dass sie sehr rasch und dann intensiv auftreten können. Wird der Befall im Mai oder Juni aufgrund der anstehenden Ernte in der Regel relativ schnell erkannt und dementsprechend interveniert, bleibt dieser nach der Ernte oft länger unbemerkt. Dies ist deshalb ungünstig, da die Stachelbeerblattwespe bzw. ihre Larven, eine Anlage oder einen Anlagenteil binnen ein, zwei Wochen kahlfressen kann. Flächendeckend bleiben dabei von den Blättern lediglich die Stiele und einzelne Blattrippen übrig.

Die Larven sind bis 20 mm lang, hellgrün durchleuchtend und trotz ihrer enormen Fraßkraft unscheinbar. Das Fraßbild ist jedoch eindeutig zu bestimmen.

Bekämpfung

Im Hausgarten ist eine manuelle Entfernung möglich. Im Erwerbsobstanbau kommen konventionelle oder biologische Insektizide mit Fraß- oder Kontaktwirkung zum Einsatz. Die Larven sind einfach zu bekämpfen und sensibel gegen viele Arten von Insektiziden. Ist vom Schädling nur ein Anlagenteil befallen, was häufig der Fall ist, reicht die Bekämpfung dieses Teils in der Regel aus.

Gemeine Napfschildlaus
(Parthenolecanium corni)

Diese Schildlausart tritt nicht nur auf Stachelbeeren, sondern auch auf Johannis- und Heidelbeeren auf. Besonders in Dichtpflanzungen und unter Regendach kann sie sich enorm vermehren und wirtschaftlichen Schaden verursachen. Dabei ist weniger das Saugen das Problem, sondern die Rußtaubildung nach der ersten Migrationsphase. Zwischen Mai und Juli, und dann später noch einmal im August, schlüpfen Junglarven, die sogenannten Crawler, und besiedeln neue, junge Pflanzenteile. Die Junicrawler wandern bis zu den Spitzen der Jungtriebe oder auch direkt auf die Blütenstände, wo sie sich festlegen. Die darauffolgende Honig- und Rußtaubildung kann die Früchte vor der Erntezeit verschmutzen und unverkäuflich machen.

Bekämpfung

Ein intensiver Schnitt, um die Stöcke locker zu halten, ist die beste Maßnahme, um den Befall zu kontrollieren. Um dies zu unterstützen, empfiehlt sich sowohl im biologischen als auch im integrierten Anbau eine jährliche Öl-Behandlung zu Vegetationsbeginn. Bei akuten Problemen während des Jahres müssen systemische Insektizide zum Einsatz kommen – Kontaktmittel erreichen die Läuse unter ihren Schilden in der Regel nicht. Der beste Bekämpfungszeitraum ist jene Zeit, wo Crawler vorhanden sind, da diese am empfindlichsten gegen Insektizide sind.

SORTENWAHL

Die wichtigsten Sorten für Erwerbsanbau und Hausgarten im Porträt

Bei keiner Beerenobstart ist die Kluft zwischen Hobby- und Erwerbsobstsorten so groß wie bei Stachelbeeren. Zwar spielt auch im professionellen Anbau die Mehltauanfälligkeit der Sorte eine Rolle, allerdings bringt die beste Mehltauresistenz nichts, wenn die Sorte aufgrund ihrer äußeren Eigenschaften nicht verkaufbar ist oder zu geringen Ertrag zeigt. In der Praxis kommt außerdem hinzu, dass in Erwerbsanlagen der Mehltaudruck mit den Standjahren – auch bei nicht anfälligen Sorten – steigt. Die Sortenwahl unterliegt gewissen Trends: So konnten lange Zeit grüne Sorten gut vermarktet werden – aktuell sind fast nur noch rote Sorten gefragt. Die meisten Stachelbeersorten reifen bei Raumtemperatur zwar nach, eine optimale Aromabildung ist aber nur am Stock möglich. Die Anfälligkeit für Sonnenbrand und Platzen bei Regenereignissen knapp vor der Ernte spielt für die Sortenwahl eine sehr große Rolle.

HAUSGARTEN-TIPP

Greifen Sie zu den neuen, mehltauresistenten Sorten! Ihre Früchte sind zwar oft kleiner als die der altbekannten Sorten, sie bringen aber auch ohne Pflanzenschutzmitteleinsatz sichere Erträge. Zu empfehlen sind die grüne Sorte ´Invicta´ sowie die roten Sorten ´Rokula´ und ´Pax´. Letztere ist sogar fast stachellos.

Achilles

Herkunft: Großbritannien um 1800; Abstammung unbekannt

Mittelfrüh, stark aufrecht wachsender Strauch mit charakteristisch nach unten gekrümmten Fruchttrieben; benötigt starken Schnitt. Gut für Heckenerziehung geeignet. Große, glatte, dunkelrote Früchte, sehr ertragreich; sehr mehltauanfällig!

Achilles Foto: Helmut Weiß

Xenia

Herkunft: Hauenstein, Schweiz (´Invicta´ x tschechische Herkunft)

Rote, nur schwach bestachelte Sorte mit früher Reife. Gute Böden und schneller Umtrieb durch starken Schnitt beugen Vergreisung vor. Gute Erträge, große, kaum behaarte, Früchte mit mittelmäßigem Geschmack, reift und färbt bei Raumtemperatur nach. Diese Sorte ist phytophtoraanfällig und weist eine mittlere Mehltauanfälligkeit auf.

Xenia Foto: Manfred Wiesenhofer

Invicta

Herkunft: East Mailing, England (´Keepsake´ x [´Rote Triumph´ x ´Resistenta´])
Sehr früh reifende, mehltaufeste Sorte. Starker, aufrechter Wuchs und gute Eignung zur Heckenerziehung. Bestes Fruchtholz: 20–50 cm. Mittelgroße, grüne Früchte mit stark durchscheinenden Adern; sie schmecken erst bei Vollreife gut. Sehr hohe und sichere Erträge. Für den biologischen Anbau geeignet.

Invicta Foto: Manfred Wiesenhofer

Pax

Herkunft: HRI East Mailing, Großbritannien (´Rote Triumph´ x [´Captivator´ x ´Lancashire Lad´]); geschützt
Spätsorte mit starkem Wuchs, aber eher dünnen Trieben und geringer Bedornung. Große, mittelrote, mittelstark behaarte und sehr gut pflückbare Früchte, anfällig für Sonnenbrand. Geringe Anfälligkeit gegenüber Mehltau und Blattfall.

Grüne Hansa (Weiße Triumphbeere)

Herkunft: England; 18. Jahrhundert
Mittelfrühe (Anfang Juli), frostfeste Sorte mit breiter Anbaueignung und regelmäßigem Ertrag. Mittlere Anfälligkeit gegen Mehltau, ansonsten sehr robust und wüchsig. Die runden, grünen Früchte sind groß, leicht behaart und haben ein feines Aroma.

Rokula

Herkunft: Bauer, Deutschland; Mauks Frühe Rote x Klon 58.1
Früh und folgeartig reifende Sorte, widerstandsfähig gegen Mehltau. Die Früchte sind klein, rund, sehr dunkelrot, mit ausgesprochen platzempfindlicher, zarter Schale. Mittlerer schleudernder Wuchs, stark bestachst, mittlere Erträge.

Laprima

Herkunft: Züchtung der Fachhochschule Geisenheim, Deutschland, 2007 (´Achilles´ x ´Rokula´)
Frühe Sorte mit geringer Mehltauempfindlichkeit. Benötigt wüchsige, gute Böden. Gut geeignet für Heckenerziehung. Früchte: grün-gelb schattiert bis dunkelrot, attraktiv gefärbt, groß, kaum Sonnenbrand, guter Geschmack. Geeignet für die Direktvermarktung und den Hausgarten.

Rote Triumph

Herkunft: Großbritannien; um 1835 vermutlich als Zufallssämling entstanden
Mittelspät, wichtige in ganz Europa, regelmäßig hohe Erträge, aber folgeartige Reife (mehrere Pflückgänge). Große, dunkelrote, stark behaarte Beeren mit dicker Schale und gutem Aroma. Hohe Anfälligkeit für Mehltau!

Rote Triumph = Winham's Industry
Foto: Manfred Wiesenhofer

KULTURHEIDELBEERE

Steckbrief Kulturheidelbeere
Reihenabstand: 2,5–3,5 m, je nach Maschinenausstattung
Pflanzabstand in der Reihe: 0,8–1,5 m
Pflanzenbedarf: ca. 2.300–5.000 Pflanzen/ha
Ertrag: ca. 6.000–9.000 kg/ha, im Substratanbau bis über 20.000 kg/ha
Erntedauer: je nach Sorte und Lage von Mitte Juni bis Anfang Oktober, 3–4 Pflückgänge pro Sorte
Pflückleistung: händisch ca. 4–6 kg/AKh maschinell: ca. 0,25–0,5 ha/h, ca. 1.000–2.000 kg/h
Erzeugerpreise:
Lieferung an den Obstgroßhandel: ca. 5,00–7,00 Euro/kg
Ab-Hof-Verkauf: ca. 8,00–14,00 Euro/kg

Foto: Christian Haselmair-Gosch

Das natürliche Verbreitungsgebiet der Kulturheidelbeere ist Nordamerika, wo sie wild wachsend in Mooren und Wäldern vorkommt. Sie gehört wie die Azaleen und Rhododendren zur Familie der Heidekrautgewächse (Ericaceae). Man unterscheidet zwischen drei Gruppen an Heidelbeeren: Northern Highbush (*Vaccinium corymbosum*), Southern Highbush (Kreuzung aus *V. darrowii* und anderen *Vaccinium*-Arten) und Rabbiteye-Heidelbeere (*Vaccinium virgatum*). In Mitteleuropa wurde lange Zeit ausschließlich die Northern Highbush-Heidelbeere kultiviert, in neueren Sorten sind bereits Southern Highbush eingekreuzt. Die Heidelbeere ist neben der Cranberry und der Preiselbeere der wirtschaftlich wichtigste Vertreter der über 200 Arten umfassenden Gattung *Vaccinium*.

GESUND MIT HEIDELBEEREN

Inhaltsstoffe, Gesundheitswert & Heilwirkung

100 g frische Heidelbeeren enthalten durchschnittlich:

Energie	241 kJ/57 kcal	Wasser	84,80 g
Eiweiß	0,67–0,70 g	Fett	0,38–0,50 g
Kohlenhydrate	14,14–15,3 g	Vitamin C	13,03–22,1 mg
Vitamin B6	0,04 mg	Vitamin A	100 I. E.
Kalium	88,97 mg	Kalzium	6,21 mg
Magnesium	4,83 mg	Phosphor	10,34 mg
Eisen	0,17 mg	Natrium	6,21 mg
Folsäure	6,41 mg	Anthocyane	85–270 mg

(Quelle: Aus verschiedenen Quellen; Die Mengen an Inhaltsstoffen sind neben der verwendeten Analysemethode auch von der Sorte abhängig und daher als Richtwerte zu verstehen.)

Wie der Waldheidelbeere werden auch der Kulturheidelbeere Heilkräfte zugeschrieben: Frische Beeren helfen bei Darmträgheit, getrocknete Früchte hingegen lindern Durchfallerkrankungen. Diese sanfte Medizin ist auch für Kinder geeignet.

Weitere Inhaltsstoffe wie z. B. die Anthocyane können durch ihre antioxidative Wirkung sogenannte „freie Radikale" unschädlich machen, die Mitursache für viele Herz- und Kreislauferkrankungen sowie Krebs sind. Sie können auch Nachtblindheit bei Dämmerung und Dunkelheit lindern, die Anpassung an Hell-Dunkel-Wechsel fördern und die Ermüdung der Augen verzögern. Die Anthocyane wirken dabei regenerierend auf das Sehpurpur (Rhodopsin) der Netzhaut und schützen sie vor zellschädigenden Oxidationsprozessen. Diesen Effekt erkannten im Zweiten Weltkrieg Piloten der Royal Air Force, die regelmäßig Heidelbeermarmelade konsumierten. In Kräuterbüchern findet man noch eine Fülle weiterer Verwendungsmöglichkeiten, etwa gegen Diabetes, Schleimhautentzündungen und Halsschmerzen.

Auf der weltweiten Kulturheidelbeerfläche von etwa 205.670 ha (2020) werden etwa 1,4 Millionen Tonnen Beeren geerntet, wovon 70 % frisch und 30 % verarbeitet vermarktet werden (IBO, 2021). Berücksichtigt man auch die Menge an Heidelbeeren, die von Wildstandorten gesammelt werden, so erhöht sich die Erntemenge noch um weitere 122.000 Tonnen. Während der Anbau in den meisten Regionen der Welt noch weiter steigt, geht die Fläche in Ländern wie Kanada oder den USA derzeit wieder zurück. Die Erfolgsgeschichte der Heidelbeere scheint global betrachtet dennoch ungebremst. China liegt in der Anbaufläche mittlerweile an der Spitze vor den USA. Peru beispielsweise hat sich in den letzten zehn Jahren faktisch aus dem Stand zum weltweit größten Produzenten an Heidelbeeren für den Frischmarkt etabliert, noch vor den

USA! Auch in Österreich verzeichnet man in den letzten Dekaden einen sprunghaften Anstieg der Heidelbeerfläche (2024 +10 % im Vergleich zum Vorjahr). Im weltweiten Vergleich erscheint Österreich mit rund 230 ha und einer jährlichen Produktionsmenge von 1.932 t geradezu winzig (Statistik Austria, 2023). Dennoch, im Frischobstbereich nimmt die Heidelbeere abgesehen von der Erdbeere, die den Beerenobstanbau in Österreich flächenmäßig anführt, einen sehr hohen Stellenwert ein. Die heimische Produktion verringert Importe und entlastet als Alternativkultur Überschusssparten der Agrarwirtschaft. Vor allem in kleinstrukturierten Regionen mit kalkarmen Grenzertragsböden kann durch solche Spezialkulturen die Wirtschaftlichkeit des Betriebes gesichert werden.

Gebiet	Anbaufläche 2020 (ha)	Erntemenge 2020 (t)
Mittlerer Osten	490	2.310
Afrika	4.008	20.050
West- und Zentraleuropa	5.881	31.480
Mexiko, Zentralamerika	7.440	63.310
Südeuropa, Nordafrika	9.419	129.300
Osteuropa	22.728	59.730
Südamerika	35.394	386.950
Nordamerika	52.570	364.470
Asien, Pazifischer Raum	67.740	330.100
SUMME	205.670	1.387.700

Quelle: IBO, 2021

BIOLOGIE UND VEGETATIONSZYKLUS

Im Gegensatz zur heimischen Waldheidelbeere (*Vaccinium myrtillus*) kann die Kulturheidelbeere bei uns mehr als 2 m groß und viele Jahrzehnte alt werden. Das flache, dichte und feine Wurzelsystem wächst kaum tiefer als 40 cm. Wie alle Vertreter der Heidekrautgewächse geht auch die Heidelbeere eine Symbiose mit Mykorrhiza-Pilzen ein, wodurch die Aufnahmefähigkeit der Wurzeln erhöht wird. Die Verjüngung des Strauches durch kräftige Neutriebe erfolgt wie allgemein beim Strauchobst vom Wurzelstock aus, was den Erhaltungsschnitt sehr erleichtert. Die Blütenknospenbildung findet im Laufe des Sommers in den Blattachseln nahe den Triebenden statt. Von den vegetativen Augen sind sie einfach durch ihre Größe und die etwas abstehenden Knospenschuppen unterscheidbar. Aus solchen Knospen treiben im nächsten Frühjahr (zwischen März und Mai) 3–6 cm lange Triebe mit mehreren weißen bis leicht gelblichen Blüten aus, die zu einer Traube zusammengefasst sind. Vor allem Hummeln sind neben den Bienen wertvolle Bestäuber, da sie auch bei ungünstigeren Wetterverhältnissen noch aktiv sind. Die Form der Blüte scheint dabei eine Rolle zu spielen: Sorten mit sehr schmalen, langen Blütenröhren (z. B. ´Northland´, ´Lateblue´) können von Insekten schwerer bestäubt werden als jene mit sehr kurzen und breiten (z. B. ´Duke´, ´Spartan´, ´Nui´). Bis auf wenige Ausnahmen sind alle Heidelbeersorten selbstfruchtbar, Fremdbefruchtung scheint sich jedoch positiv auf die Anzahl der Samen und somit die Fruchtgröße auszuwirken. Im Gegensatz zu anderen Obstarten gibt es bei der Heidelbeere keine fixen Fruchtfallperioden oder Alternanz, allerdings wurden bei manchen

Sorten (z. B. ´Draper´, ´Liberty´) gelegentlich vorzeitige Fruchtfälle beobachtet, deren Ursache nicht vollständig klar ist. Von Vollertrag spricht man in etwa dann, wenn sich 80 % der Blüten zu Beeren entwickeln. Von der Blüte bis zur Ernte vergehen mindestens zwei Monate. Da nicht alle Beeren gleichzeitig reifen, muss der Heidelbeerstrauch mehrmals gepflückt werden. Durch geeignete Sortenwahl kann man so das Angebot an frischen Früchten über den ganzen Sommer hin ausdehnen. Mit Frühsorten auf frühen Lagen sind am Markt noch gute Preise zu erzielen, bevor die Beeren aus nordeuropäischen Ländern reif werden. Durch den Anbau in Glashäusern oder Folientunneln kann eine weitere Verfrühung erreicht werden. Heidelbeeren können nach der Ernte etwas nachreifen (klimakterische Früchte) und sind im Vergleich zu anderem Beerenobst recht lange haltbar. Selbst ungekühlt bleiben sie mehrere Tage frisch und bei entsprechenden Lagerungsbedingungen unter kontrollierter Atmosphäre sogar über viele Monate.

Die hell bereiften, weißfleischigen Früchte, die je nach Sorte nahezu kirschgroß werden können, färben weder Finger noch Zähne blau. Die violetten Anthocyane werden erst beim Verarbeiten aus der Schale freigesetzt.

Waldheidelbeere (li.) und Kulturheidelbeere (re.) im Größenvergleich Foto: Christian Haselmair-Gosch

Blütenknospen sind größer und daher leicht von Triebknospen zu unterscheiden.
Foto: Christian Haselmair-Gosch

Die in unseren Breiten üblichen Nothern-Highbush-Sorten sind absolut winterhart, nur bei Junganlagen können gelegentlich Probleme durch Zurückfrieren entstehen. In nördlicheren Ländern wie Schweden ist das Klima für eine gewinnbringende Nutzung meist schon zu rau. Frühfröste im Herbst können zur Schädigung von schlecht ausgereiften Trieben führen, vor allem dann, wenn die Pflanzen durch zu späte Düngung im Sommer sehr lange im Herbst noch üppig wachsen. Spätfröste zur Zeit der Blüte, mit leichten Minusgraden, werden bei gutem Allgemeinzustand im Vergleich zu anderen Obstarten recht gut vertragen. Vollständig geöffnete Blüten und Fruchtansätze sind etwas empfindlicher. Von Vorteil ist, dass sich nie alle Blüten einer Traube im gleichen

Sorten mit sehr schmalen, langen Blütenröhren können von Insekten schwerer bestäubt werden als jene mit sehr kurzen und breiten. Foto: Christian Haselmair-Gosch

Blühstadium befinden, was Totalausfälle verhindert. Sollten dennoch Frostschäden auftreten, so ist dies schon wenige Stunden nach den schädigenden Temperaturen an den dunkel verfärbten Stempeln zu erkennen.

STANDORT UND BODENVORBEREITUNG

Als Vertreter der Familie der Heidekrautgewächse benötigt die Kulturheidelbeere für ein optimales Wachstum einen gut durchlüfteten, sauren Boden (pH-Wert 3,5–5) mit hohem Humusgehalt. Staunässe und starke Trockenheit, vor allem während der Vegetationsperiode, führen schon nach kurzer Zeit zum Absterben der feinen Wurzeln. Vollsonnige Standorte fördern die Blütenbildung, das Ausreifen und den Geschmack der Beeren, begünstigen bei langanhaltenden Hitzeperioden ohne Bewässerung aber Trockenschäden. Leider wird in Baumärkten und Baumschulen oft mit zu geringem Nachdruck auf die besonderen Bodenansprüche der Kulturheidelbeere hingewiesen, sodass die Pflanzungen im Hausgarten von vornherein zum Scheitern verurteilt sind. In den meisten Fällen ist der Mutterboden ohne aufwendige Vorbereitung nämlich nicht für den Anbau von Heidelbeeren geeignet und muss durch spezielle Substrate ersetzt werden. Früher wurde dafür fast ausschließlich ungedüngter Rohtorf verwendet. Aus ökologisch berechtigten Gründen wird immer häufiger versucht, auf die Verwendung der Ressource Torf zu verzichten und auf Torfersatzstoffe auszuweichen, oder den Torfverbrauch durch die Pflanzung in Töpfen zu reduzieren. Im Handel sind bereits Moorbeeterden ohne Torf erhältlich. Im Erwerbsobstanbau werden als alternative Substrate vor allem Fichtensäge- und Hobelspäne, aber auch Hackschnitzel oder Rindenmulch von Nadelhölzern eingesetzt. Diese Materialien sind aufgrund ihres hohen Holzanteils, des geringeren Wasserhaltevermögens und der schlechteren Pufferkapazität schwieriger zu handhaben als Torf. Exakte Düngung, Bewässerung und gegebenenfalls eine regelmäßige Schwefelung zur Korrektur des pH-Werts müssen beachtet werden und verlangen ein hohes pflanzenbauliches Wissen. Im Bioanbau ist die Einsatzmöglichkeit von Torf länderspezifisch und je nach Bioverband unterschiedlich geregelt. Verschiedene Anbausysteme für Kulturheidelbeeren haben sich in der Praxis bewährt.

ANBAUSYSTEME

Grabenkultur

Die klassische und auch älteste Methode, um die richtige Bodenbeschaffenheit für Heidelbeeren zu erreichen, ist ein Austausch der Pflanzgrube mit geeignetem Substrat. Dazu hebt man pro Pflanze einen Graben von etwa 1 m Breite ca. 30–40 cm tief aus. Im Erwerbsobstbau kann man mit einem Pflug oder Kleinbagger entsprechende Gräben ziehen. Die ausgehobene Erde entfernt man bis auf ein paar grobe Schollen, die mit dem Substrat gemischt werden. Die Pflanzen werden etwas höher als der Mutterboden gepflanzt, da das Substrat durch Verrottung mit der Zeit etwas nachsitzt. Falls die Muttererde sehr kalkhaltig ist, können sich jedoch die pH-Wert-Unterschiede zwischen Substrat und Muttererde schon nach wenigen Jahren in Richtung des ungünstigen alkalischen Bereichs hin ausgleichen. In solchen Fällen wäre die Pflanzung in Containern wesentlich sinnvoller.

Dammkultur

Bei dieser Methode wird auf den Bodenaushub meist komplett verzichtet. Stattdessen wird auf die unkrautfreie, gelockerte Bodenoberfläche ein bis zu 50 cm hoher Damm aus Substrat – meist ein Torf-Fichtensägemehl-Gemisch – aufgebracht und die Pflanzen darin eingesetzt. Eine Kombination aus der Graben- und Dammkultur stellt die „GrAmmkultur“ (Frick-System) aus der Schweiz dar. Dabei wird ein Substratdamm über eine seichte Grube von ca. 20 cm geschüttet. Die Grube wird flankiert von deren Aushub, der durch zweimaliges, seichtes Pflügen einmal links und einmal rechts aufgeworfen wird. Dadurch kann Substrat eingespart werden. Damm- bzw. GrAmmkultur sind vor allem bei staunassen Böden zu empfehlen. Der Boden erwärmt sich im Frühjahr zudem rascher, was zu einem zeitigeren Austrieb und damit zu einer früheren Ernte führen kann. Die Erstellungskosten sind geringer als bei der Grabenkultur, allerdings muss häufiger – alle paar Jahre – neues Substrat aufgebracht werden. Auch das Unkrautmanagement ist bei der Dammkultur erleichtert. Gelegentlich sieht man statt Dämmen auch in Reihen angelegte, mit Brettern oder ähnlichen Befestigungen gebaute, seichte Hochbeete.

Containerkultur

Bei der Verwendung von Containern oder Trögen ist die Kultur vollkommen vom Mutterboden losgelöst und davon unabhängig. Die Containerkultur wurde früher häufig im geschützten Anbau unter Folie oder Glas praktiziert, mittlerweile hat diese Anbauweise jedoch auch im Freiland an großer Bedeutung gewonnen. Der Pflanzenabstand kann je nach Entwicklungsstand der Sträucher erweitert und Ausfälle jederzeit ersetzt werden. Bei Pachtflächen erspart man sich die aufwendige Bodenaufbereitung und das Unkrautmanagement ist einfacher. Durch das geringere Substratvolumen ist vor allem im Erwerbsanbau eine ausgeklügelte Bewässerung und Düngestrategie erforderlich. Je kleiner der Container, desto empfindlicher reagiert die Pflanze auf Fehler in der Kulturführung, weshalb ein Volumen ab 50 l zu empfehlen ist. Möglicherweise günstigere, oft selbst gebastelte Pflanzgefäße aus Noppenbahnen oder Bändchengewebe, können ebenfalls verwendet werden, allerdings ist die Haltbarkeit dieser Gefäße begrenzt. Bei Containerkulturen ist aufgrund des fehlenden Bodenschlusses keine Biozertifizierung möglich, bei zylindrisch geformten Noppenbahnen ohne Boden schon.

In Reihen angelegte, mit Brettern gestützte, seichte Hochbeete ermöglichen eine gute Abgrenzung zum Fahrstreifen und ein leichteres Unkrautmanagement. Foto: Manfred Wiesenhofer

Pflanzgefäße aus Noppenbahnen ermöglichen den Bodenschluss und sind daher für den Bioanbau geeignet. Foto: Manfred Wiesenhofer

HAUSGARTEN-TIPP

Heidelbeeren haben besondere Bodenansprüche. Warum nicht gleich in Töpfe setzen? So können die Pflanzen z. B. während der Blüte oder Ernte auf der Terrasse oder dem Balkon platziert und den Rest des Jahres an weniger prominente Stellen verbracht werden.

Heidelbeeren im Container mit Bewässerung
Foto: Christian Haselmair-Gosch

PFLANZMATERIAL UND PFLANZUNG

Qualitativ hochwertiges Pflanzmaterial in Containern wird hauptsächlich von Spezialbetrieben und Baumschulen angeboten, während in Baumärkten und Gartencentern häufig alte, kaum mehr angebaute Sorten verkauft werden. Zwei- bis dreijährige, kräftig verzweigte Jungpflanzen und ein gut durchwurzelter Topfballen sind Voraussetzung für ein sicheres Anwachsen. Alte Sorten wurden im Laufe der Jahre zunehmend von großfruchtigeren, geschmackvolleren und reichtragenderen Züchtungen verdrängt. Vermehrt werden die Heidelbeersträucher meist durch Steckholz und Grünstecklinge. Trotz besonderer Kultureinrichtungen, wie Sprühnebelanlage, Schattierung und Folientunnel, ist die Bewurzelungsrate relativ gering. Bei Neuzüchtungen kommt oft die In-vitro-Vermehrung zur Anwendung, die eine rasche und krankheitsfreie Massenvermehrung im Labor zu jeder Zeit ermöglicht. Wer seine Heidelbeeren selbst vermehren will, tut dies am einfachsten durch Absenker. Dazu werden bodennahe, kräftige Zweige auf den Boden gebogen, mit Erde bedeckt und mit einem Haken verankert. Die Triebspitze muss dabei noch aus dem Boden ragen. Verletzt man mit einem Messer die Rinde unter dem Substrat, so fördert dies die Wurzelbildung. Nach ein bis zwei Jahren kann der neue Heidelbeerstrauch von der Mutterpflanze getrennt und anschließend umgesetzt werden.

Containerjungpflanzen haben den großen Vorteil, dass sie keinen Pflanzschnitt benötigen und jederzeit, außer wenn der Boden gefroren ist, gesetzt werden können. Damit sich die Einzelsträucher ungestört entwickeln können, sollte der Abstand der Heidelbeeren in der Reihe ca. 0,8–1,5 m betragen. Der Reihenabstand richtet sich vor allem nach den im Betrieb eingesetzten Maschinen und beträgt zwischen 2,5 und 3,5 m. Nachdem der Boden je nach Anbausystem entsprechend vorbereitet wurde, setzt man die Sträucher so tief, dass der Wurzelballen gerade noch mit Substrat bedeckt ist. Zu tiefes Pflanzen – vor allem bei der Grabenkultur – verschlechtert die Durchlüftung des Wurzelraumes und kann zu verminderter Triebkraft führen. Nach dem Setzen und Eingießen deckt man das Pflanzsubstrat um den Strauch am besten mit Rindenmulch, Hackschnitzel oder Sägespänen aus Nadelholz ab. Dies gewährleistet einen geregelten Feuchtigkeitshaushalt, führt dem Boden organische Substanz zu, unterdrückt den Unkrautbewuchs und wirkt sich günstig auf die Bodenstruktur aus. Mulchmaterial aus Laubholz, insbesondere von gerbstoffhaltigen Baumarten wie Eiche, Walnuss oder Buche etc. sollten nicht verwendet werden. Die Errichtung von Hagelschutznetzen ist vor allem in gefährdeten Regionen zu empfehlen, da bei Unwettern nicht nur die Ernte, sondern die ganze Pflanze nachhaltig geschädigt werden kann.

HAUSGARTEN-TIPP

Als Alternative zur Mulchabdeckung kann man die Fläche um die Heidelbeersträucher auch mit Cranberrys (*Vaccinium macrocarpon*) unterpflanzen. Diese benötigen die gleichen Bodenvoraussetzungen, sind immergrün und tragen darüber hinaus im Herbst essbare Früchte.

KULTURMASSNAHMEN IM JAHRESLAUF

Unkrautbewuchs wird am besten durch periodische Erneuerung der Mulchschicht auf natürliche Weise eingedämmt und schafft neues Substrat für die empfindlichen Wurzeln. Fallweise auftretende Unkrautnester sollten rasch beseitigt werden, um die Wurzelkonkurrenz von vornherein auszuschalten. Grünstreifen zwischen den Reihen wirken sich günstig auf den Boden und die Befahrbarkeit aus, das Mähen kann aber während der Ernte, wenn die fruchtbehangenen Triebe ausladend in die Fahrgassen hängen, zum Problem werden. Auf jeden Fall sind breitere Reihenabstände notwendig, was allerdings den Flächenertrag senkt. Die Kulturheidelbeere war in Österreich lange Zeit eine Obstart, die sich sehr einfach ohne chemischen Pflanzenschutz kultivieren ließ. Mittlerweile treten aber auch bei uns diverse Schaderreger auf, die ein bekämpfenswürdiges Ausmaß überschreiten. Neben der genetischen Ausstattung der Pflanze ist für die Entwicklung großer Beeren eine ausreichende Anzahl an Samen notwendig. In sehr großen Anlagen oder solchen mit Volleinnetzung wird im Erwerbsobstbau der Einsatz von zwei bis fünf Bienen- oder Hummelvölkern pro Hektar zur ausreichenden Bestäubung der Blüten empfohlen, wobei Hummeln den entscheidenden Vorteil haben, dass sie auch bei schlechterer Witterung und niedrigeren Temperaturen aktiv sind.

Heidelbeeren wurzeln gerne in verrottender Fräsrinde aus Nadelholz. Foto: Christian Haselmair-Gosch

Bewässerung

Damit sich die Beeren richtig entwickeln können, muss spätestens mit zunehmender Fruchtentwicklung im Mai/Juni darauf geachtet werden, dass die Pflanzen mit ihrem seichten Wurzelsystem ausreichend (mehrere Liter pro Tag) mit Wasser entsprechender Qualität (geringe Wasserhärte; vorzugsweise Regenwasser) versorgt sind. Bei großen Stöcken, Hitze und Vollertrag steigt der Wasserbedarf bis über vier Liter pro Pflanze und Tag! Tröpfchenbewässerungsanlagen sind dabei aufgrund des geringeren Wasserbedarfs heutzutage Standard und haben den Vorteil, dass man gleichzeitig Dünger ausbringen kann und die Sträucher selbst nicht nass werden, was Pilzbefall verringert und eine Bewässerung auch direkt während der Erntearbeit erlaubt.

Schnitt

Im Erwerbsobstbau ist ein jährlicher Schnitt während der Winterruhe unumgänglich. Die Fruchtgröße und -qualität werden wesentlich erhöht, was gerade für den Frischmarkt von großer Bedeutung ist. Es müssen weniger Beeren vom Strauch ernährt werden und so bleibt noch genügend Energie für Neuzuwachs übrig. Ein lockerer Kronenaufbau mit wenig bodennahen Fruchttrieben verringert bei Selbstpflückplantagen den Aufwand zum Nachernten. Abgestorbene, beschädigte, kranke und am Boden aufliegende Triebe sollten grundsätzlich entfernt werden. Da die Kulturheidelbeere ihre Blütenknospen am einjährigen Holz ansetzt, ist darauf zu achten, dass immer genug Jungholz am Strauch vorhanden ist. Dazu entfernt man ca. ab dem dritten Standjahr die vergreisten, abgetragenen Zweige direkt über dem Boden oder knapp über einem starken Jungtrieb. Die Stockerneuerung erfolgt durch Neutriebe aus dem Wurzelstock. Werden ca. 20 cm lange Stümpfe belassen, treiben dort zahlreiche Neutriebe aus. Durch überlegten Schnitt kann man so eine Rotation von Altholz, Fruchtholz und Jungtrieben erreichen. Auch radikales Kappen aller Triebe etwa 20–30 cm über dem Boden ist durchaus möglich, um den Strauch komplett zu verjüngen, man muss dabei aber bedenken, dass die Ernte zumindest für das Folgejahr vollkommen ausfällt. Größere Bedeutung findet diese Maßnahme nur zur massenhaften und arbeitssparenden Produktion von einjährigen Trieben für die Steckholzvermehrung. Als zeitsparende Alternative kann das grobe Auslichten einzelner alter Starktriebe mit einer Astschere praktiziert werden. Es lohnt sich allerdings, Schnittmaßnahmen gewissenhaft durchzuführen. Pilzkrankheiten wie Anthraknose-Fruchtfäule können dadurch massiv eingedämmt werden und die Pflückleistung steigt, was in Zeiten steigender Lohnkosten von großer Bedeutung ist.

Düngung

Die Nährstoffansprüche sind im Vergleich zu anderen Obstarten relativ gering, zudem ist die Heidelbeere sehr salzempfindlich und reagiert bei Überdüngung sehr rasch mit Schäden. Da durch Schnitt und Ernte dem System Boden/Pflanze laufend Nährstoffe entzogen werden, müssen diese auf irgendeine Weise wieder ersetzt werden, um die Heidelbeeren über Jahrzehnte hin erfolgreich zu kultivieren. Eisen, Mangan, Zink, Kupfer und Bor stehen Pflanzen in älteren Plantagen, die regelmäßig mit organischem Mulch abgedeckt werden, meist in ausreichenden Mengen zur Verfügung. In Junganalgen, die in reinem, nährstoffarmen Torf gepflanzt wurden, sowie im Substratanbau kann eine Unterversorgung sehr schnell auftreten. Stickstoffmangel führt zu Vergilbungen und vermindert die Triebkraft und Produktivität. Überdüngung führt hingegen zu schlecht ausgereiften Trieben im Herbst, mit der Gefahr, dass solche Zweige im Winter zurückfrieren. Phosphormangel äußert sich durch kleine, dunkle, teils rötlich verfärbte Blätter und geringere Wüchsigkeit. Bei einer Unterversorgung mit Kalium kommt es zu den typischen nekrotischen Blatträndern, zu viel Kalium kann wiederum die Aufnahme anderer Nährelemente, insbesondere Magnesium, hemmen. Jegliche Anwendung von alkalisch wirkenden Düngern ist aufgrund der Kalkempfindlichkeit der Heidelbeere in jedem Fall zu unterlassen. Dies führt langfristig zur sogenannten Kalkchlorose (Eisenmangel), die auf die schlechte Verfügbarkeit von Eisen bei hohem pH-Wert zurückzuführen ist und manchmal mit Vergilbungen bei Stickstoffmangel verwechselt wird. Beim Eisenmangel bleiben die Blattadern allerdings grün. Eine Absenkung des pH-Wertes kann man durch mehrjährige Anwendung von reinem (elementarem) Schwefel in Linsenform erreichen. Dies ist vor allem bei bodengebundenen Anbausystemen sehr zu empfehlen, um ein schleichendes Ansteigen des pH-Wertes zu vermeiden. Außerdem sollten nur versauernd wirkende Düngemittel (z. B. Ammoniumsulfat) verwendet werden. Eine entzugs- und bedarfsgerechte Nährstoffzufuhr ist aus ökologischen und ökonomischen Gründen anzustreben. Zahlreiche Firmen und Institutionen bieten dazu Bodenuntersuchungen an und leiten daraus angepasste Düngepläne ab, welche auch den wechselnden Nährstoffbedarf während der Vegetationszeit berücksichtigen. Aufwendige Blattanalysen können bei Bedarf besser Aufschluss über den tatsächlichen Versorgungsgrad der Pflanzen geben, werden aber in der Praxis nur selten durchgeführt. Die Düngestrategie wird auch maßgeblich vom Anbausystem und dem Zustand der Anlage beeinflusst. Junganlagen benötigen z. B. aufgrund des hohen Kohlenstoffanteils des Substrates (Torf, Fichtenholz), der zu einer vorübergehenden Fixierung des Stickstoffs durch Mikroorganismen führt, anfänglich eine erhöhte Stickstoffdüngung, ebenso wie vergreisten Altanlagen, während bei sehr wuchsstarken Heidelbeeren die Düngung zugunsten des Fruchtertrags verringert werden kann. Pflanzungen direkt in den vorbereiteten Mutterboden reagieren weniger anfällig auf falsche Düngergaben, während Containerkulturen aufgrund des reduzierten Wurzelraums und der damit einhergehenden geringeren Pufferkapazität keine Fehler bei der Düngung oder Bewässerung verzeihen. Generell sind aufgrund der Salzempfindlichkeit der Heidelbeere mehrere kleine Düngergaben besser als wenige hochkonzentrierte, was im Erwerbsanbau am besten durch Fertigation, der Kombination aus Düngung (engl. fertilization) und Bewässerung (engl. irrigation), erreicht wird.

Die Düngung biologisch geführter Anlagen ist eine große Herausforderung. Bei den zulässigen Düngemitteln handelt es sich meist um organische Reststoffe, was einer Mehrnährstoffmischung gleichkommt. Zudem setzen biologische Dünger ihre Nährstoffe in der Regel langsamer frei und müssen zeitversetzt früh genug ausgebracht werden, während gut lösliche Mineraldünger rasch verfügbar sind. Allerdings werden diese auch leichter ausgewaschen. Die Nährstoffe sollten für die Heidelbeere vor allem in der Hauptwachstumsperiode zwischen April und Ende Juli in optimaler Menge zur Verfügung stehen, wobei der Zeitpunkt des höchsten Bedarfs vom einzelnen Nährstoff abhängt. Im Hausgarten bei klassischer Grabenkultur werden der Einfachheit halber meist biologische oder synthetische Vollnährstoffdünger mit gegebenen Nährstoffverhältnissen (spezielle Moorbeet- bzw. Rhododendrendünger) verwendet, die alle ein bis zwei Jahre in geringen Mengen ausgebracht werden. Oft reicht bei älteren Pflanzen auch schon das Abdecken des Wurzelbereichs mit organischem Material wie Rasenschnitt oder Rindenmulch als Nährstoffnachschub aus, sodass eine zusätzliche Düngung ausbleiben kann.

Ernte, Ertrag und Vermarktung

Je nach Sorte und Lage reifen die Beeren in unseren Breiten von Mitte Juni bis Anfang Oktober und werden meist händisch geerntet. Die Pflückreife erkennt man an der sortentypischen Blaufärbung der Beeren bis hin zum Stielansatz. Da die Beeren an einem Strauch nicht alle gleichzeitig reifen, sind in der Praxis mehrere Pflückgänge notwendig. Die Ernte bei nassem oder sehr heißem Wetter ist zu vermeiden. Auf Großplantagen, vor allem in den Hauptanbauländern wie den USA, wird häufig maschinell geerntet, wobei man die Tatsache nutzt, dass sich reife Beeren leichter vom Stiel ablösen als die unreifen. Dazu werden traktorgezogene oder selbstfahrende Maschinen verwendet, die über die Kultur hinwegfahren, mit vibrierenden Kunststoffstäben die reifen Beeren vom Strauch rütteln und diese in Erntekisten sammeln. Maschinell geerntete Früchte müssen anschließend noch von Laub sowie etwaigen schlechten oder unreifen Beeren befreit werden. Dies geschieht mittels moderner Sortieranlagen, denen automatische Abfüll- und Etikettiermaschinen nachgeschaltet sind. Oft werden

Jährlicher Nährstoffbedarf der Heidelbeere an Stickstoff (N), Phosphor (P) und Kalium (K)

Ertragsstufe	N (kg/ha)	P (kg P_2O_5/ha) Gehaltsklasse					K* (kg/ha) Gehaltsklasse				
		A	B	C	D	E	A	B	C	D	E
Mittel	90	50	40	25			130	100	65		
Hoch	120	50	40	35	15	0	130	100	75	35	0

* angeführte Werte für die Kaliumdüngung stellen Empfehlungen gem. Richtlinie für die sachgerechte Düngung im Ackerbau und Grünland – 8. Auflage dar. Quelle: Addendum der Richtlinie für Sachgerechte Düngung, 2023

Plantagen zur ersten Pflücke händisch für den Frischmarkt und erst danach maschinell – hauptsächlich für die industrielle Verarbeitung – geerntet. Für die händische Pflücke werden etwa zehn Personen pro Hektar benötigt. Dabei ist darauf zu achten, dass beim Pflücken der hellblaue Reif, der die Beeren attraktiv macht und eine frische Qualität vermittelt, nicht zu sehr abgerieben wird. Aus diesem Grund rollt man die einzelnen reifen Beeren der Traube beim Ernten mit dem Daumen in die geöffnete Hand ab. Die Heidelbeeren werden zuerst meist in Kübel gepflückt und erst anschließend in die Lagerbehälter oder die Endverpackung geleert. Schalen mit 150–250 g sind Standard, wobei die Tendenz in den letzten Jahren aufgrund des gestiegenen Angebots eher wieder in Richtung größerer Abfüllmengen geht. Das Pflücken direkt in die Endverpackung wird nur selten praktiziert. Auf jeden Fall ist dafür zu sorgen, dass die Beeren rasch vom Feld in eine kühle Umgebung gebracht werden. Die Vermarktung über den Großhandel bringt bürokratischen Mehraufwand und geringere Erlöse. Sie hat allerdings den Vorteil, dass deutlich größere Mengen abgesetzt werden können als durch Direktvermarktung. Die Größe der Anbaufläche sollte mit den beabsichtigten Vermarktungswegen abgestimmt sein. Eine lukrative Möglichkeit der Direktvermarktung ist die Selbstpflücke, sofern eine hohe Frequenz an Kundschaft vorhanden ist. Der große Vorteil liegt dabei klar in der Unabhängigkeit von Fremdarbeitskräften, die ansonsten für die Ernte notwendig wären. Regelmäßiges Nachpflücken kann aus Pflanzenschutzgründen (Kirschessigfliege) jedoch notwendig und sinnvoll sein. Bei der Sortenwahl sollte man besonders auf Großfruchtigkeit, guten Geschmack und leichte Erntbarkeit achten. Obwohl die Beeren frisch vom Strauch gepflückt den meisten Menschen am besten schmecken, finden neben traditionellen Nachspeisen wie Kuchen, Strudel und Torten, auch Hauptgerichte in Form von Aufläufen, Knödeln und Nocken Anklang. Konfitüren, getrocknete Beeren und Fruchtbrände ergänzen die Fülle an kulinarischen Köstlichkeiten aus Heidelbeeren und sind eine Möglichkeit, Überschussmengen oder weiche, überreife Beeren wirtschaftlich sinnvoll weiterzuverarbeiten und damit die Produktpalette für die Direktvermarktung zu erweitern.

Bei der maschinellen Ernte werden die Beeren mit vibrierenden Stäben vom Strauch gerüttelt.

Verpackung für den Einzelhandel
Fotos: Christian Haselmair-Gosch

PFLANZENSCHUTZ, KRANKHEITEN UND SCHÄDLINGE

Bis vor wenigen Jahren spielten Schaderreger an Heidelbeeren in Mitteleuropa nur eine untergeordnete Rolle, ein Umstand, der dieses Beerenobst besonders attraktiv für den biologischen Anbau machte. Durch die Einschleppung diverser Erreger, vor allem aus Nordamerika und Asien, sind Pflanzenschutzmaßnamen auch bei uns unumgänglich. Umso wichtiger ist es, bei Neuanlagen nur optimale Standorte zu wählen, an denen die Pflanzen bei Regen und Taunässe rasch abtrocknen. Nachstehend finden Sie die wichtigsten Krankheiten und Schädlinge, die auch bei uns in einem bekämpfungswürdigen Ausmaß auftreten können. Neben diesen kommen bei Heidelbeeren auch Schildläuse, Kirschessigfliegen, Blattläuse, Wühlmäuse oder Grauschimmel vor, die an anderer Stelle dieses Buches detailliert beschrieben werden.

Krankheiten

Anthraknose-Fruchtfäule *(Colletotrichum gloeosporioides, C. acutatum)*

Dieser Schlauchpilz überwintert als Myzel an Knospen, Totholz, Fruchtstielen und Fruchtmumien. Eine Infektion der Früchte kann prinzipiell in allen Entwicklungsstadien der Beeren (Knospenschwellen bis Reife) erfolgen, wobei eine kontinuierliche Blattnässe von ca. zwölf Stunden und Temperaturen zwischen 15 und 27 °C erforderlich sind. Befallene Beeren sind stellenweise weich, es bilden sich an diesen Teilen oft lachsfarbene Pusteln und die Fruchtschale zerreißt schon bei geringer Berührung, was zum Ausrinnen des Zellsafts und eventuell auch zu einer Sekundärinfektion mit Grauschimmel (*Botrytis cinerea*) führen kann. Diese Symptome treten an den reifen Früchten am Strauch, meistens aber erst nach der Ernte im Lager oder Verkaufsregal auf, weshalb kranke Beeren oft nur schwer vom Markt fernzuhalten sind. An den Blättern, vor allem an der Strauchbasis, zeigen sich im Laufe des Sommers braune, kreisrunde bis unregelmäßige Nekrosen, die sich über große Teile des Blattes erstrecken können. Die Anfälligkeit ist sortenabhängig, wobei z. B. ´Berkeley´ und ´Duke´ mäßig, ´Spartan´ und ´Bluetta´ hingegen stärker infektionsgefährdet sind.

Bekämpfung

Im Erwerbsanbau werden Spritzungen mit geeigneten Fungiziden bei feuchter Witterung während der Fruchtentwicklung empfohlen. Gute Erfolge können auch durch das gewissenhafte Entfernen von kranken, vergreisten und abgestorbenen Trieben erzielt werden, weil dadurch die Infektionsquellen stark reduziert werden.

Anthraknose-Fruchtfäule
Foto: Christian Haselmair-Gosch

Triebwelke, Mummy-Berry-Krankheit *(Monilinia vaccinii-corymbosi)*

Dieser ebenfalls zur Gruppe der Schlauchpilze gehörende Schaderreger wurde im Jahr 2003 in Österreich erstmals nachgewiesen und kann massive Schäden verursachen. Der Pilz überwintert nach derzeitigem Wissen ausnahmslos in Form mumifizierter Heidelbeeren („mummy berries“, Pseudosklerotien). Aus diesen entwickeln sich im Frühjahr die Fruchtkörper (Apothezien). Zuerst bilden sich ein bis mehrere stielförmige Auswüchse, die später zu hellbraun bis schwarzen, trompeten- bis schüsselförmigen Fruchtkörpern (oft mehrere Zentimeter lang und manchmal über 1 cm im Durchmesser) mit den Askosporen heranwachsen. Diese werden hauptsächlich durch den Wind verbreitet und infizieren bereits ab dem Knospenaustrieb das junge Gewebe (Primärinfektion). Für die Infektion sind Temperaturen zwischen 5 und 20 °C und mehr als sechs Stunden Blattnässe erforderlich. Besonders der ganz junge Austrieb ist höchst infektionsgefährdet! Nach einer Inkubationszeit von etwa 25 Tagen beginnen infizierte Triebe und Blütenbüschel zu welken und verbräunen. Auf solchen Trieben bilden sich massenhaft Konidiosporen, die durch bestäubende Insekten auf die Blütennarbe übertragen werden (Sekundärinfektion). Kurz nach dem Aufblühen (Öffnen) der Blüte ist die Anfälligkeit am höchsten und sinkt in den folgenden Tagen bzw. nach einer erfolgreichen Bestäubung. Der Pilz wächst durch den Stempel in den Fruchtknoten, wobei infizierte Früchte vorerst äußerlich ohne Symptome bleiben. Kurz vor der Beerenreife färben sich diese rosarot, schrumpfen und fallen bei leichter Erschütterung als „mummy berries“ vom Strauch. Die Beerenhaut dieser „mummy berries“ kann mit den Fingern leicht abgerieben werden. Es verbleiben kürbisförmige, verhärtete (sklerotisierte), dunkelbraune bis schwarze Pilzstrukturen. Starker Befall kann zu massiven Ernteeinbußen und zur Schwächung des vegetativen Wachstums führen.

Bekämpfung

Tritt der Pilz in einer Anlage auf, so kann dieser trotz intensiver Bekämpfungsmaßnahmen nicht vollständig entfernt, sondern nur auf ein erträgliches Maß reduziert werden. Dies geschieht einerseits durch regelmäßiges Aufbringen einer Mulchschicht, um die „mummy berries“ zu überdecken, und andererseits durch Behandlung mit geeigneten Fungiziden – unbedingt bereits beim Austrieb – zur Verhinderung der Primärinfektion. Die Sorten ´Ivanhoe´ und ´Bluetta´ sind wenig anfällig, ´Bluecrop´, ´Duke´ und ´Earliblue´ mäßig anfällig und ´Spartan´ und ´Berkeley´ höher anfällig.

Mummy-Berry-Krankheit bei den Früchten
Foto: Christian Haselmair-Gosch

Mummy-Berry-Krankheit an den Trieben
Foto: Christian Haselmair-Gosch

Godronia-Triebsterben
(Fusicoccum putrefaciens bzw. *Godronia cassandrae)*

Im Sommer findet man vereinzelt Triebe, an denen die Blätter innerhalb kurzer Zeit welken, sich rotbraun verfärben und meist nicht abfallen. Der Pilz schädigt Rinde, Kambium und zum Teil auch die Wasserleitungsbahnen im Bereich der Triebbasis.

Bekämpfung

Befallene Triebe sollten so tief wie möglich abgeschnitten und anschließend verbrannt werden.

Rostpilz *(Thekospora minima)*

An der Blattoberseite bilden sich über den Sommer zahlreiche rotbraune Flecken, denen gegenüber auf der Unterseite schwachgelbe Sporenlager ausgebildet werden. Die befallenen Blätter fallen meist vorzeitig ab, was sich infolge verminderter Assimilationsfläche negativ auf die Fruchtentwicklung auswirken kann.

Bekämpfung

Da der Pilz in seinem Entwicklungszyklus einen zweiten Wirt benötigt (Hemlocktanne), ist durch Entfernung dieses Nadelgehölzes ein Befall einfach zu unterbinden. In klimatisch begünstigten Regionen kann die Entwicklung jedoch auch ohne Zwischenwirt erfolgen.

Rostpilz Foto: Christian Haselmair-Gosch

Wurzelkropf
(Agrobacterium tumefaciens)

Das Bakterium dringt über Wunden in die meist älteren Triebe im Bereich des Wurzelhalses ein, wo es mittels natürlicher Genübertragung unter anderem die Information zur Tumorbildung in die Pflanzenzelle weitergibt. In weiterer Folge bilden sich Wucherungen, die zum Aufbrechen der Rinde und Absterben der Zweige führen. Kalte, feuchte Böden begünstigen das Auftreten dieses Einzellers.

Wurzelkropf Foto: Christian Haselmair-Gosch

Ringfleckenkrankheit
(Red Ringspot Virus)

Diese durch Viren hervorgerufene Krankheit verursacht an den Früchten helle Flecken mit rötlichem Rand. An den Blättern bilden sich zumeist kreisrunde, wenige Millimeter große, rötlich gefärbte Stellen. Die Übertragung kann durch Schnittwerkzeuge und stechend-saugende Insekten erfolgen.

Ringfleckenkrankheit Foto: Christian Haselmair-Gosch

Bekämpfung
Kranke Sträucher sollten am besten mit dem Wurzelstock entfernt und verbrannt werden.

Schädlinge
Gefurchter Dickmaulrüssler
(Otiorhynchus sulcatus)

Die Larven fressen die Feinwurzeln und stören somit die Nährstoff- und Wasseraufnahme. Der Schädling tritt hauptsächlich in Containerkulturen auf und kann dort zu massiven Schäden führen. An den Blättern – vor allem in Bodennähe – verursachen die Käfer einen sogenannten Blattrandfraß, also eingebuchtete Fraßstellen an den Blatträndern, der allerdings unbedeutend ist.

Bekämpfung
Mit Fadenwürmern (Nematoden) kann der Dickmaulrüssler biologisch bekämpft werden. Diese sollten bereits im Frühjahr eingesetzt werden, sobald der Boden warm genug ist.

Dickmaulrüssler Foto: Christian Haselmair-Gosch

Kleiner Frostspanner
(Operophtera brumata)

Das Weibchen legt im Spätherbst orange, ovale Eier in Rindenvertiefungen ab, aus denen dann im Frühjahr die Raupen schlüpfen. Fraßstellen an den Blütenständen und Blättern, Spinnfäden und Kotkügelchen verraten die Anwesenheit des gut getarnten, grünen Schädlings.

Bekämpfung
Meist werden die Raupen von Singvögeln auf natürliche Weise in Zaum gehalten, können in manchen Jahren aber auch starke Schäden verursachen. Eine Bekämpfung kann mit biologischen Präparaten auf Basis von speziellen Bakterien (*Bacillus thuringiensis*) erfolgen.

Kleiner Frostspanner Foto: Christian Haselmair-Gosch

Triebspitzengallmücke
(Contarinia vaccinii)

Erkennbar an den rötlich bis schwarz verfärbten Triebspitzen, deren Blätter sich nicht entfalten und zusammengerollt bleiben. Dieses Insekt ist im Freiland kaum relevant und schädigt, wenn überhaupt, vor allem Jungpflanzen oder Anlagen im

Triebspitzengallmücke (Schadbild)
Foto: Christian Haselmair-Gosch

geschützten Bereich, wie z. B. im Folientunnel. Ertragsminderungen sind nur bei besonders starkem Befall gegeben, ansonsten kann das Absterben der Triebspitze, was dem Pinzieren gleichkommt, zur Verzweigung der wüchsigen Jungtriebe führen.

Vögel

Besonders in Waldnähe gepflanzte Sträucher werden während der Erntezeit von Amseln, Drosseln und Staren heimgesucht, noch bevor die Beeren völlig reif sind. Oft werden die Beeren mit dem Schnabel nur angehackt und fallen gelassen.

Bekämpfung

Einzelpflanzen im Hausgarten sollten rechtzeitig mit einem Netz umhüllt werden. In Erwerbsobstanlagen besteht die Möglichkeit einer Kombination aus Hagel- und Vogelschutznetz. Diese Volleinnetzung kann bei entsprechend kleiner Maschenweite auch gegen die Kirschessigfliege helfen. Vogelscheuchen, Greifvogelattrappen und akustische Anlagen bringen meist nur kurzzeitige Erfolge, da sich die Vögel sehr rasch daran gewöhnen.

Wild

Rehe und Hasen können im Winter vor allem bei geschlossener Schneedecke (verringertes Nahrungsangebot) großen Schaden an den jungen, mit Blütenknospen besetzten Trieben anrichten.

Bekämpfung

Wildsichere Zäune um die Anlage sind die tauglichste Möglichkeit und im Erwerbsanbau unumgänglich.

SORTENWAHL

Schon die indigene Bevölkerung Nordamerikas sammelte die Beeren in den Wäldern Nordamerikas. Ende des 19. Jahrhunderts begann man dann, allen voran Mrs. Elizabeth White und Dr. Frederick V. Coville, besonders wohlschmeckende und großfruchtige Heidelbeersträucher aus Naturstandorten zu sammeln und gezielt zu kreuzen. Heute beschäftigen sich Institute rund um die Welt, vor allem aber aus den USA, mit der Züchtung und Selektion von neuen Sorten. Primäre Zuchtziele betreffen dabei vor allem den Ertrag, den Geschmack, die Fruchtgröße, -farbe, -haltbarkeit sowie die Resistenz gegenüber verschiedenen Schaderregern und die Wuchseigenschaften allgemein. An Bedeutung gewinnt auch die Eignung für eine maschinelle Ernte der Beeren vorwiegend für den Frischmarkt und nicht für die Verarbeitung, da bei der Handernte die Arbeitskräftesituation (Verfügbarkeit und Kosten) zunehmend schwieriger wird. Obwohl es heutzutage bereits eine unüberschaubare Menge an Sorten gibt, werden im Erwerbsobstbau und Hausgarten meist nur wenige verwendet. Die derzeit wichtigsten im europäischen Raum sind vermutlich ´Duke´, ´Bluecrop´ und ´Draper´ im früheren und ´Aurora´ und ´Liberty´ im späteren Reifesegment. Dennoch entstehen vor allem in Nordamerika laufend Neuzüchtungen (´Top Shelf´, ´Valor´, ´Cargo´, ´Calypso´, ´Last Call´), für die in Europa aber noch keine längerfristigen Anbauerfahrungen vorliegen. Auch die Einführung von Clubsorten (z. B. ´Sekoya´), die über Lizenzen nur von bestimmten Betrieben angebaut werden dürfen, nimmt zu.

Die wichtigsten Heidelbeersorten im Porträt

Aurora

Herkunft: ´Brigitta´ x ´Elliott´
Aurora ist eine sehr spät reifende Sorte mit guter Fruchtqualität. Die Beeren sind mittelgroß, attraktiv und bei trockenem, warmem Herbstwetter gut haltbar. Bei länger andauernden Niederschlagsperioden oder Frühfrösten wird Aurora weich. Bei kaltem Erntewetter reift sie sehr langsam ab, so dass noch im November Früchte am Strauch zu finden sind.

Berkeley

Herkunft: G. M. Darrow, F. V. Coville, F. A. Gilbert, USA (´Stanley´ x [´Jersey´ x ´Pioneer´])
Mittelspät reifende Sorte (Ende Juli bis Ende August) mit mittelhohen Erträgen. Die Beeren sind groß, mit langen Stielen und mäßig im Geschmack. An heißen Sommertagen geerntete Früchte neigen dazu, rasch weich zu werden. Der sparrige Wuchs verleiht dem Strauch einen hohen Zierwert.

Bluetta

Herkunft: United States Department of Agriculture (USDA), New Jersey Department of Agriculture, USA (´North Sedgwick lowbush´ x ´Coville´) x ´Earliblue´
Diese sehr früh reifende Sorte (Ende Juni bis Ende Juli) ist eher kleinfrüchtig, wenig bereift, aber sehr geschmackvoll. Der kompakte, schwächer wüchsige Strauch bringt mittlere Erträge.

Earliblue

Herkunft: F. V. Coville, O. M. Freeman, USA (´Stanley´ x ´Weymouth´)
Diese Sorte reift sehr früh (Ende Juni bis Ende Juli) und hat mittelgroße, hellblau bereifte, geschmackvolle Beeren. Später reifende Früchte sind dann kleiner. Sträucher mit mittelstarkem, starr aufrechtem Wuchs und mittlerer Ertragsleistung.

Spartan

Herkunft: United States Department of Agriculture (USDA), USA (´Earliblue´ x US 11-93)
Früh reifende Sorte (Anfang Juli bis Anfang August) mit sehr großen, äußerst geschmackvollen, hellblau bereiften Beeren, die allerdings nicht sehr gut haltbar sind. Die Sorte eignet sich besonders zum Frischverzehr und für Selbstpflücke.

Spartan Foto: Christian Haselmair-Gosch

Darrow

Herkunft: G. M. Darrow, USA ([´Wareham´ x ´Pioneer´] x ´Bluecrop´)
Die spät reifenden Beeren (Mitte August bis Mitte September) sind sehr groß, hell bereift und angenehm säuerlich im Geschmack. Der Ertrag dieser großwüchsigen Sorte ist mittelmäßig.

Liberty

Herkunft: ´Brigitta´ x ´Elliott´
Die Früchte von ´Liberty´ (Mitte August bis Mitte September) sind mittelgroß, fest, knackig und sehen gut aus. ´Liberty´ kann

bei entsprechender Lagerung bis zu vier Monate gelagert werden.

Duke

Herkunft: United States Department of Agriculture (USDA), New Jersey Agricultural Experiment Station, USA ([´Ivanhoe´ x ´Earliblue´] x [E-30 x E-11])
Die Beeren reifen früh (Anfang Juli bis Anfang August), sind groß, sehr aromatisch, hellblau bereift und gut haltbar. Diese dichttriebige Sorte mit regelmäßig hohem Ertrag ist besonders für den Hausgarten geeignet und auch eine der wichtigsten Sorten im Erwerbsanbau. Regelmäßig starker Schnitt ist notwendig, um die Vergreisung zu verringern und die Jungtriebbildung zu fördern.

Duke Foto: Christian Haselmair-Gosch

Reka

Herkunft: Ruakura Research Centre, Neuseeland (E118 x ´Bluecrop´)
Die früh reifenden Beeren (Anfang Juli bis Anfang August) sind mildsäuerlich im Geschmack und mittelgroß. ´Reka´ ist äußerst ertragreich.

Bluecrop

Herkunft: F. V. Coville, O. M. Freeman, USA ([´Jersey´ x ´Pioneer´] x [´Stanley´ x ´June´])
Die Beeren reifen mittelfrüh (Mitte Juli bis Mitte August), sind sehr hell bereift und gut haltbar. ´Bluecrop´ ist eine der weltweit führenden mittelfrühen Sorten im Erwerbsanbau und zeichnet sich besonders durch hohe Erträge, ausladenden Wuchs und starke Neutriebbildung aus dem Wurzelstock aus. Die Abreife der Beeren ist uneinheitlich und verlangt deshalb nach mehr Pflückgängen als bei anderen Sorten. Oft reifen die späteren Beeren nicht mehr vollständig aus, bleiben rot und haben keinen attraktiven hellen Reif.

Bluecrop Foto: Christian Haselmair-Gosch

Draper

Herkunft: Michigan State University, USA (´Duke´ x G751 [290-2 x MU 652])
Die mittelfrüh reifenden Beeren (Mitte Juli bis Mitte August) sind mittelgroß bis groß, sehr hell bereift, sehr fest und außerordentlich gut haltbar. Die Sorte wird als Ersatz der Sorte ´Bluecrop´ gesehen und soll deren Nachteile wettmachen.

Legacy

Herkunft: Elizabeth x (Fla 4B x ´Bluecrop´)
Diese Southern Highbush-Sorte reift etwa Anfang August bis Anfang September. Die Früchte sind mittelgroß, attraktiv und wohlschmeckend. Obwohl ´Legacy´ starkwüchsig ist, braucht sie einige Jahre, bis sie ihr hohes Ertragspotenzial zeigt.

Ozarkblue

Herkunft: (1193 x ´Darrow´) x (´Bluecrop´ x 13-236)
Diese Sorte bringt sehr attraktive, hellblaue, intensiv bereifte Früchte, die etwa Mitte August reifen. Sie weist sehr gute Erträge auf. ´Ozarkblue´ ist sehr hitzetolerant und sehr gut lagerbar.

Legacy

Ozarkblue

Fotos: Manfred Wiesenhofer

Sorte	Herkunft	Reifezeit	Größe	Geschmack	Festigkeit	hellblau bereift	Ertrag	Besonderheiten
Earliblue	USA	früh	**	**	**	***	**	später reifende Beeren eher klein
Weymouth	USA	früh	**	**	***	*	**	
Bluetta	USA	früh	*	**	**	**	**	buschiger Wuchs
Ivanhoe	USA	früh	**	**	**	*	**	sehr dunkle Beeren
Reka	NZL	früh	***	**	***	***	***	sehr hohe Erträge
Duke	USA	früh	***	***	***	***	***	besonders frosthart
Nui	NZL	früh	***	**	***	***	**	sehr große Beeren
Spartan	USA	früh	***	***	**	***	**	schlecht haltbar, krankheitsanfällig
Patriot	USA	mittel	***	**	***	***	**	reift am Stielansatz oft rötlich
Puru	NZL	mittel	***	**	***	***	**	
Bluecrop	USA	mittel	***	**	**	***	***	ausladender Wuchs
Denise Blue	AUS	mittel	***	***	***	***	**	hoher Zierwert
Draper	USA	mittel	***	**	***	***	***	gleichmäßige Abreife, raue Blätter
Toro	USA	mittel	***	**	***	***	***	
Berkeley	USA	spät	***	*	*	***	**	sparriger Wuchs, hoher Zierwert
Nelson	USA	spät	***	**	**	**	**	
Coville	USA	spät	***	**	***	**	*	
Darrow	USA	spät	***	***	***	***	**	sehr guter Geschmack
Ozarkblue		spät	***	***	***	***	***	widerstandsfähig gegenüber hohen Temperaturen
Legacy		spät	**	***	***	***	**	in milden Wintern bleibt ihr Laub am Stock, sie ist resistent gegen *Botrytis* und *Colletotrichum*
Aurora		sehr spät	**	***	**	***	**	späte Befruchtersorte notwendig
Liberty		sehr spät	**	***	***	***	**	Spätsorte (Legacy) als Befruchter von Vorteil
Elizabeth	USA	sehr spät	***	**	***	***	*	in kühlen Lagen schlecht reifend
Lateblue	USA	sehr spät	**	*	***	*	**	
Elliot	USA	sehr spät	**	**	***	**	**	blaugrüne Blätter

Sortenübersicht Kulturheidelbeere

*** gut, ** mittel, * gering

CRANBERRY

Steckbrief Cranberry
Pflanzabstand: ca. 30 cm für Flächenpflanzungen, um eine rasche Bodendeckung und damit Unkrautunterdrückung zu erreichen
Pflanzenbedarf: ca. 100.000 Stück/ha
Ertrag: ca. 10.000–15.000 kg/ha
Erntedauer: Anfang September bis Ende Oktober
Pflückleistung: händisch: 2–4 kg/AKh

Die Früchte der Cranberry sind reich an Vitamin C.
Foto: Christian Haselmair-Gosch

Die Cranberry (*Vaccinium macrocarpon*) gehört wie die Kulturheidelbeere zur Familie der Heidekrautgewächse (Ericaceae) und stammt aus dem Osten Nordamerikas, wo sie auf den Sandböden der Küsten und in Mooren vorkommt. Sie kann als amerikanisches Pendant zu der bei uns heimischen Moosbeere (*Vaccinium oxycoccus*) angesehen werden, die jedoch insgesamt in Wuchs und Frucht kleiner bleibt. Hauptanbaugebiete sind die USA (ca. 365.000 Tonnen; v. a. Wisconsin, Massachusetts, New Jersey, Oregon, Washington) und Teile Kanadas (ca. 210.000 Tonnen; v. a. British Columbia). An dritter Stelle steht bereits die Türkei mit einer jährlichen Erntemenge von 4.300 Tonnen. Weltweit werden knapp 600.000 Tonnen geerntet (FAOSTAT, 2022).

Schon die indigene Bevölkerung Nordamerikas schätzte die vielseitige Verwendbarkeit der Cranberry: Sie aßen die Beeren roh, vermengten sie mit Ahornsirup oder produzierten daraus „pemmican“, eine Mischung aus gestampften Cranberrys, getrocknetem Wildfleisch und geschmolzenem Fett, die in Formen gegossen und in der Sonne getrocknet wurde. Die natürlichen Konservierungsstoffe (Benzoesäure etc.) der Beeren verliehen dem Fleisch eine lange Haltbarkeit und so diente „pemmican“ als willkommener Energie- und Vitaminlieferant in den kargen Wintermonaten und auf Reisen. Auch zum Kleiderfärben, Behandeln von Pfeilwunden und als Zeichen des Friedens fanden die

Cranberrys Verwendung. Fässer mit den Vitamin-C-reichen Beeren nahm man als Vorbeugungsmaßnahme gegen Skorbut auf Schiffsreisen mit. Erzählungen zufolge soll der Ursprung für wild wachsende Cranberrys auf der holländischen Insel Terschelling auf gestrandete Fässer gesunkener Schiffe zurückgehen.

Größenvergleich: Moosbeere (li. o.), Cranberry (r. o.) und Preiselbeere (unten)
Foto: Christian Haselmair-Gosch

GESUND MIT CRANBERRYS

Inhaltsstoffe, Gesundheitswert & Heilwirkung

100 g frische Cranberrys enthalten durchschnittlich:

Energie	218 kJ/52 kcal	Wasser	86,5–88 g
Eiweiß	0,20–0,40 g	Fett	0,20–0,40 g
Kohlenhydrate	3,93–4,20 g	Vitamin C	7,5–13,5 mg
Vitamin A	40 I. E.	Kalium	53–71 mg
Kalzium	7–13 mg	Magnesium	5,5 mg
Phosphor	7,5–10,5 mg	Eisen	0,2–0,4 mg
Natrium	1,0–2,0 mg	Jod	0,005 mg
Anthocyane	25–100 mg	Gesamtsäure	2,10–2,86 g

(verschiedene Quellen; Die Mengen an Inhaltsstoffen sind neben der verwendeten Analysemethode auch von der Sorte abhängig und daher als Richtwerte zu verstehen.)

Neben der schon lange bekannten Wirkung der Cranberrys gegen Skorbut werden mit den säurereichen, zuckerarmen Beeren auch Krankheiten wie Harnwegsinfektionen unterstützend therapiert. Die Inhaltsstoffe verhindern dabei das Anheften des Bakteriums *Escherichia coli* an die Schleimhäute von Blase und Niere. Der vergleichsweise hohe Jodgehalt weckte das Interesse russischer Wissenschaftler, die mit Cranberry-Produkten Tschernobyl-Opfer behandeln wollten.

Weitere Forschungsergebnisse berichten von gehemmtem Krebswachstum, Prävention von Zahn- und Zahnfleischerkrankungen, Verlangsamung der Zellalterung und Vorbeugung von Herz-Kreislauf-Erkrankungen durch Inhaltsstoffe der Cranberry. Auch zur Behandlung von Hautpilzen werden Salben mit Wirkstoffen der Cranberry eingesetzt.

BIOLOGIE UND VEGETATIONSZYKLUS

Die Cranberry ist ein rankenbildender Bodendecker, der kaum höher als 25 cm wird. Das dichte Wurzelsystem wächst flach unter der Erde. Es bildet keine Wurzelhaare aus, was durch die Symbiose mit Mykorrhiza-Pilzen ausgeglichen wird.

Die immergrünen, ovalen Blätter haben einen ledrigen, wachsigen Charakter und fallen erst nach mehreren Jahren ab. Im Laufe des Jahres treiben aus den Blattachseln der langen Ranken kurze, ca. 3–8 cm lange Ständertriebe, an denen sich bis in den Herbst Knospen entwickeln, die sowohl Blatt- als auch Blütenanlagen enthalten. Aus diesen wachsen im Frühjahr kurze Schosse mit ein bis fünf einzelnen, weißrosa Blüten. Diese erinnern in ihrer Form an den Kopf und Hals eines Kranichs (engl. crane), was Erzählungen zufolge auch zur Namensgebung geführt haben soll. Aus „crane berry“ wurde mit der Zeit dann Cranberry. Nach der Vollblüte Ende Juni entwickeln sich aus ca. 30–50 % der Blüten zuerst grüne, bis in den Herbst hin dunkelrot werdende, oliven- bis birnenförmige Beeren mit einem Durchmesser zwischen 1 und 2,5 cm. Der Geschmack ist der heimischen Preiselbeere sehr ähnlich, aber säurebetonter. Die Früchte einer Pflanze reifen ziemlich gleichzeitig je nach Sorte zwischen Anfang September und Ende Oktober. Die extrem lange Haltbarkeit der Beeren ermöglicht bei optimaler Lagerung ein kontinuierliches Angebot über mehrere Monate, ohne viel an Qualität einbüßen zu müssen. Selbst im Kühlschrank bleiben die Beeren bis zu zwei Monate frisch.

Sollten die Beeren im Hausgarten nicht geerntet werden, so zieren sie den Strauch bis ins Frühjahr. Die Cranberry ist in unserem Klima absolut winterhart, lediglich Fröste während des Austriebs und Frühfröste im Herbst können die Pflanzen leicht schädigen. Aufgrund der geringen Wärmeleitfähigkeit des humosen Bodens handelt es sich hierbei in der Regel um Strahlungsfröste in sternenklaren Nächten. In manchen Staaten Amerikas (z. B. Wisconsin), wo Minusgrade durchaus auch im Sommer auftreten können, sind Frostschutzmaßnahmen relevanter.

Die Gestalt der Blüte, die an einen Kranich erinnert, gab der Cranberry ihren Namen.
Foto: Christian Haselmair-Gosch

Im Herbst ist das Cranberry-Beet übersät mit leuchtend roten Früchten.
Foto: Christian Haselmair-Gosch

STANDORT UND BODENVORBEREITUNG

Die Zugehörigkeit zu den Heidekrautgewächsen lässt schon die Vorliebe für saure Böden erahnen. Der optimale pH-Wert für die Cranberry liegt zwischen 4 und 5, wobei Staunässe oder Trockenheit über längere Zeit hinweg nicht vertragen werden. Standorte in Vollsonne bis leichtem Schatten fördern die Bildung von Blüten und gut ausgereiften Früchten. Die Cranberry ist ein Bodendecker, der an den Ranken, die auf der Erde aufliegen, Wurzeln bildet. Daher muss die ganze Pflanzfläche entsprechend vorbereitet werden. Dazu hebt man den Boden ca. 15–20 cm tief aus und ersetzt ihn durch gut durchfeuchteten, ungedüngten Rohtorf oder Torfersatzstoffe. Die Beimengung geringer Mengen an Sand, verrottetem Rindenmulch oder Nadelstreu ist durchaus möglich. Bei sehr kalkhaltigem Mutterboden können sich die pH-Wert-Unterschiede zwischen Torf und Muttererde aber schon nach wenigen Jahren in Richtung des alkalischen Bereichs hin ausgleichen. Um eine dauerhafte Kultur zu gewährleisten, ist in diesem Fall einer Pflanzung in Töpfe, Tröge oder auf Tischen der Vorzug zu geben.

PFLANZMATERIAL UND PFLANZUNG

Obwohl die Cranberry im Vergleich zu anderen kommerziell genutzten *Vaccinium*-Arten relativ leicht vermehrbar und zudem noch sehr vielseitig nutzbar ist, findet man sie kaum in Baumschulen. Die Anzucht der im Handel befindlichen Sorten erfolgt ausschließlich vegetativ durch Stecklinge im Sommer. Dazu schneidet man die einjährigen Sprosse ca. 4–6 cm lang ab und steckt sie fast bis zur Gänze in Töpfe oder Multitopfplatten mit einem Torf-Sand-Gemisch. Folientunnel und Sprühnebeleinrichtungen erhöhen die Bewurzelungsrate, sind aber nicht unbedingt notwendig. Im Hausgarten kann man auch am Boden aufliegende und schon bewurzelte Ranken von der Mutterpflanze abtrennen und als Jungpflanze verwenden. Die daraus erzielbare Menge an Setzlingen ist jedoch relativ gering. Aufgrund des hohen Pflanzenbedarfs werden bei großen Neuanlagen im Erwerbsanbau oft statt Einzelpflanzen abgeschnittene Ranken (ca. 2,5 t Ranken/ha) aufgestreut und durch mit Scheiben bestückte Walzen in die Erde gedrückt. Auch die Topf- oder Tischkultur ist bei kleineren Anlagen möglich und hat vor allem den Vorteil der verringerten Unkrautkonkurrenz. In sehr trockenen Zeiten im Sommer kann es unter Umständen erforderlich sein, die Cranberryfläche zu bewässern. Sinnvollerweise geschieht dies in Großanlagen mittels

Cranberrys eignen sich auch als immergrüner Bodendecker hervorragend als Hängepflanze über Palisaden. Foto: Christian Haselmair-Gosch

Überkronensprinklern, die in den kälteren Staaten Amerikas auch zur Frostberegnung eingesetzt werden.

Zum Pflanzen nimmt man am besten zwei- bis dreijährige Topfpflanzen. Etwa zehn Stück pro Quadratmeter ergeben schon nach wenigen Jahren eine dichte Cranberrywiese. Der Topfballen sollte beim Setzen in etwa mit der angrenzenden Erde eben abschließen. Damit der Wurzelschluss zum Boden gegeben ist, gießt man die Pflanzen gründlich ein. Die Fläche zwischen den Cranberrys sollte mit feinem Rindenmulch oder Sägespänen abgedeckt werden. Dies schafft einen geregelten Feuchtigkeitshaushalt, stellt neuen Humus bereit und dämmt den Unkrautbewuchs ein.

HAUSGARTEN-TIPP

Beim Anlegen von Cranberry-Beeten spart man sich viel Arbeit, wenn man die mit Pflanzsubstrat vorbereitete Fläche noch vor dem Pflanzen mit einer Mulchschicht bedeckt und die Cranberrys erst anschließend setzt, denn aufgrund des dichten Pflanzabstandes ist das nachträgliche Aufbringen von Rindenmulch sehr mühsam. Neben der Verwendung als Beerenobst eignet sich der immergrüne Bodendecker mit seinen meterlangen Ranken auch hervorragend zur Gestaltung von Teichufern, Balkonkistchen und als Hängepflanze über Palisaden.

KULTURMASSNAHMEN IM JAHRESLAUF

Die Pflegemaßnahmen bei Cranberrys beschränken sich in erster Linie auf das Freihalten der Beete von Unkraut. Dies geschieht möglichst konsequent entweder händisch oder mit spezifisch gegen Gräser wirkende Herbizide, bis die Fläche komplett geschlossen ist. Die Cranberry als immergrüne Pflanze transpiriert auch im Winter, was bei lang anhaltender, trockener Kälte auf exponierten, niederschlagsarmen Lagen zu Schäden führen kann, da die Wasserversorgung aus dem gefrorenen Boden nicht gewährleistet ist. Das Abdecken mit Stroh oder Reisig, besser aber mit leicht wieder entfernbaren Materialien, wie Folie oder Vlies, wäre dann ratsam. Die Verdunstung wird dadurch gemindert und die Pflanzen werden vor zu tiefen Temperaturen geschützt. In den meisten Fällen treten solche extrem kalten Wetterverhältnisse aber ohnehin nur auf, wenn eine Schneedecke die Wärmeabstrahlung vom Boden verhindert. Diese Schneeschicht bietet dann einen natürlichen Schutz vor Frostschäden. In Amerika werden die riesigen Flächen, die von Dämmen umgeben sind, generell über den Winter geflutet, was denselben Zweck erfüllt. Bei dieser Gelegenheit ist es auch möglich, mit Maschinen auf die vereisten Flächen zu fahren, um alle drei bis vier Jahre eine wenige Zentimeter dicke Sandschicht auszubringen. Die ersten Anbauer im 19. Jahrhundert erkannten nämlich, dass Cranberrys, die regelmäßig durch Wind mit Sand überweht wurden, besonders prächtig gediehen. Im Frühjahr, wenn das Eis schmilzt, regt der zu Boden gesunkene Sand die Wurzelbildung entlang der bedeckten Ranken an. Auch im Hausgarten empfiehlt es sich, die Pflanzen alle paar Jahre mit frischem Torf oder Torfersatzstoffen zu überstreuen, um die Wüchsigkeit zu erhalten.

Schnitt

Schnittmaßnahmen sind in der Regel nicht notwendig. Allenfalls werden die durch die Ernte beschädigten Ranken entfernt oder zu stark wuchernde Pflanzungen mit dem Balkenmäher in Zaum gehalten. Abgeschnittene Ranken können als Ausgangsmaterial für Neupflanzungen verwendet werden.

Düngung

Der gezielte Einsatz von Düngemitteln im erwerbsmäßigen Anbau stützt sich auf die Analyse von Bodenproben. Die mangelnde Versorgung mit Nährelementen kann Wuchsdepressionen, Ernteeinbußen und verminderte Schädlings- und Frosttoleranz nach sich ziehen. Als Verwandte der Heidelbeere braucht auch die Cranberry Dünger, die für Moorbeetpflanzen geeignet sind und versauernd wirken. Aufgrund der wesentlich geringeren Pflanzenmasse und Wuchsstärke benötigt die Cranberry jedoch weit weniger Dünger. Im Hausgarten reichen in der Regel kleine Gaben an Vollnährstoffdüngern (Moorbeet- bzw. Rhododendrendünger), die alle ein bis zwei Jahre in geringen Mengen von April bis Ende Juli ausgebracht werden.

Ernte, Ertrag und Vermarktung

Das anfängliche Ernten der Beeren per Hand – ohne jegliche Hilfsmittel – wurde schon bald durch die Verwendung sogenannter Pflückkämme unterstützt. Mit diesen rechenartigen, bis zu 40 cm breiten Geräten zogen die Ernteleute Seite an Seite über die Felder. Ab ca. 1950 wurden dann zunehmend Maschinen eingesetzt, die nach demselben Prinzip funktionierten, die Ernteleistung enorm steigerten und die Kosten damit drastisch senkten. Noch heute werden vor allem Cranberrys für den Frischmarkt auf diese Weise maschinell gepflückt. Obwohl es die Cranberrys recht gut vertragen, wenn man die Plantage zur Durchführung von Kulturmaßnahmen betritt oder befährt, wird dies, wenn möglich, vermieden.

Die wohl spektakulärste und häufigste Art, zu ernten, stellt zweifelsohne die Nassernte dar: Dabei werden die Felder ca. 30–40 cm tief mit Wasser geflutet. Anschließend streift man mit kleinen, mähdrescherartigen Maschinen die Beeren von den Ranken. Wegen des Luftraums im Kerngehäuse schwimmen die Früchte auf der Wasseroberfläche, von wo sie anschließend zum Rand des Beetes getrieben und aus dem Wasser gefischt werden. Eine wesentliche Voraussetzung für die Nassernte ist, dass der Boden nicht zu durchlässig ist, was sandige Böden damit ausschließt. Für den professionellen Anbau mit Nassernte, aber auch Bewässerung und Winterschutz, sind demnach hohe Mengen an Wasser erforderlich, welche in entsprechender Qualität zur Verfügung stehen müssen. Durch die Nassernte ist es möglich, in sehr kurzer Zeit große Flächen mit sehr geringen Verlusten zu ernten. In Verarbeitungshallen werden die Beeren dann mittels Gebläse getrocknet und von Schmutz, unreifen und

Die Nassernte ist die rationellste und häufigste Erntemethode in Amerika.
Foto: Cranberry Information Center

schlechten Früchten befreit. Da die Cranberrys ohnedies zum überwiegenden Teil weiterverarbeitet werden, ist es unbedeutend, dass die Qualität durch diese Prozeduren etwas leidet. Der Frischverzehr spielt wie bei der Preiselbeere aufgrund des hohen Säure- und niedrigen Zuckergehalts eine eher untergeordnete Rolle. In verarbeiteter Form findet man Cranberrys in der Regel als Mischsäfte, Konzentrate, Saucen und kandiert als Beigabe in Nussmischungen.

Konfitüren, zum Teil gemischt mit anderem Obst, Müslis und Fruchtsalate mit frischen Beeren gehören ebenso zu den Genüssen wie traditionelle Kuchen- und Tortenrezepte. Mittlerweile findet man in den Herbst- und Wintermonaten auch in Europa frische Cranberrys in den Supermarktregalen.

Der unvorstellbare Aufschwung im 19. und 20. Jahrhundert machte die Cranberry in Nordamerika zu einer der wirtschaftlich wichtigsten Obstarten, deren Anbau in höchstem Maße technisiert und perfektioniert wurde. Erzeugergemeinschaften und Absatzfirmen wurden gegründet und brachten eine Vielzahl an Produkten auf den Markt, die aus den amerikanischen Küchen nicht mehr wegzudenken sind.

PFLANZENSCHUTZ, KRANKHEITEN UND SCHÄDLINGE

Die Bekämpfung von Schaderregern in amerikanischen Plantagen ist mehr oder weniger unumgänglich. Dabei kommen neben Helikoptern und Flugzeugen auch Bodenfahrzeuge (Quads etc.) mit langen Sprühauslegern zum Einsatz.
Europa blieb von nachstehenden Schädlingen noch weitgehend verschont, wobei Frucht- und Lagerfäulen zunehmen und am ehesten Probleme bereiten.

Krankheiten

Falsche Blüte (False Blossom)

Diese gefährlichen mykoplasmenähnlichen Organismen werden durch stechend-saugende Insekten übertragen, schädigen die Blüten, stören somit die Fruchtbildung und führen darüber hinaus auch zu Wuchsanomalien.

Endfäule *(Godronia cassandrae* f. *vaccinii* bzw. *Fusicoccum putrefaciens)*
Hartfäule *(Monilinia oxycocci)*
Bitterfäule *(Colletotrichum gloeosporioides* bzw. *Glomerella cingulata)*
Zahlreiche Fruchtfäulen können enorme Ernteeinbußen und Schäden im Lager verursachen. Die Beeren bekommen eingesunkene Stellen, verfärben sich, werden weich und schrumpfen oft zusammen.

Schädlinge

Black-Headed Fireworm
(Rhopobota naevena naevana)
Yellow-Headed Fireworm
(Acleris minuata)
Die Raupen dieser Schmetterlinge fressen an Blättern, Blüten, jungen Früchten und Austrieben der Cranberrys. Die Pflanzen, deren Spitzen sich durch die Fraßtätigkeit dieser „fireworms" braun färben, sehen wie abgeflammt aus.

Cranberry White Grub
(Phyllophaga anxio)
Cranberry Root Grub
(Lichnanthe vulpina)
Die Larven dieser Käfer können Schädigungen an den Wurzeln hervorrufen.

SORTENWAHL

Bis auf wenige Ausnahmen entstanden die meisten Cranberrysorten im 19. und 20. Jahrhundert durch Wildauslesen. Diese werden großteils auch heute noch im Erwerbsanbau verwendet. Vor allem ab den 1980er-Jahren wurden durch intensivere Züchtung und Auslese neue Sorten geschaffen, für die es in Europa jedoch faktisch noch keine Erfahrungen gibt und die als Pflanzmaterial auch kaum erhältlich sind (z. B. ´Mullica Queen´, ´Crimson Queen´, ´Crimson King´, Valley King´, ´Pilgrim King´, ´Demoranville´, ´Haines´, ´Welker´, etc.). Zuchtziele waren vorrangig ein höherer Zucker- und Anthocyangehalt sowie niedrigerer Säureanteil, bessere Krankheitsresistenz, Fruchtgröße, Ertrag und Wuchskraft.

Die wichtigsten Cranberrysorten im Porträt

Early Black

Herkunft: N. Robbins, Massachusetts; Wildauslese

Diese früh reifende Sorte (Anfang September) hat mittelgroße, dunkelrote, birnenförmige Früchte. Der Ertrag ist mittelhoch.

Howes

Herkunft: E. Howes, Massachusetts; Wildauslese

Die Beeren reifen spät (Mitte Oktober), sind mittel- bis kleinfrüchtig, oval und sehr pektinreich. Außerdem färben sich die Früchte während der Lagerung noch etwas nach. Die Ertragsleistung ist etwas geringer als bei der Sorte ´Early Black´.

McFarlin

Herkunft: T. H. McFarlin, Massachusetts; Wildauslese

Diese Sorte reift mittelspät (Anfang Oktober) und hat mittel- bis großfruchtige, unregelmäßig geformte, dunkelrote Beeren. Sie ist weniger geeignet für die maschinelle Trockenernte. Die Früchte sind nicht sehr gut lagerfähig und färben sich auch nicht mehr nach.

Pilgrim

Herkunft: H. F. Bain, F. B. Chandler, I. E. Demoranville, Massachusetts (´Prolific´ x ´McFarlin´)

Sehr spät reifende Sorte (Ende Oktober) mit ovalen, sehr großfruchtigen, hell bereiften, sehr lagerfähigen Früchten. Der Wuchs ist mittelstark und die Erträge sind regelmäßig hoch.

Searles = Jumbo

Herkunft: A. Searles, Wisconsin; Wildauslese

Diese mittelfrüh reifende Sorte (Ende September) trägt mittelgroße, einheitlich ovale, dunkelrote Beeren mit sehr hohem Gehalt an Vitamin C. Die Früchte färben sich während der Lagerung noch nach, sind jedoch weniger gut haltbar. Die Erträge sind in der Regel sehr hoch.

Stevens

Herkunft: ´McFarlin´ x ´Potter´

Diese mittelspät reifende Sorte (Anfang Oktober) hat intensivrote, große Beeren mit guter Lagerfähigkeit. Die Erträge dieser sehr wüchsigen Sorte sind sehr hoch.

PREISELBEERE

Steckbrief Preiselbeere
Bei Reihenkultur:
Reihenabstand: 80–100 cm, je nach Maschinenausstattung
Pflanzenabstand in der Reihe: 25–40 cm
Pflanzenbedarf: ca. 30.000–40.000 Stück/ha
Bei Flächenpflanzung:
Pflanzenabstand: 30–45 cm
Pflanzenbedarf: ca. 60.000–80.000 Stück/ha
Ertrag: ca. 5.000–20.000 kg/ha
Erntedauer (klimaabhängig):
Nordskandinavien: Anfang September
Mitteleuropa: Mitte August und Ende September
Pflückleistung:
händisch: 1–3 kg/AKh
Pflückkamm: 5–7 kg/AKh

Foto: Christian Haselmair-Gosch

Die Verbreitung der Preiselbeere (*Vaccinium vitis-idaea*) erstreckt sich zirkumpolar beginnend von Japan und Sibirien über Europa bis nach Nordamerika. Moore, bodensaure, humusreiche Wälder und Zwergstrauchheiden bis über 2.500 m sind die bevorzugten Standorte dieses Heidekrautgewächses (Ericaceae). Die Beeren werden zum Beispiel in Skandinavien und Kanada seit jeher aus Wildbeständen gesammelt, der großflächige kommerzielle Anbau blieb hingegen aus und beträgt weltweit weniger als 50 ha, ein Viertel davon in den USA (v. a. Oregon, Washington, British Columbia). Das Angebotsdefizit in Europa wird meist durch Importe aus Osteuropa gedeckt. Die Preiselbeere ist vor allem als Besonderheit im eigenen Garten von Bedeutung, im Erwerbsanbau hingegen wird die wesentlich leichter kultivierbare Cranberry als Alternative angebaut.

GESUND MIT PREISELBEEREN

Inhaltsstoffe, Gesundheitswert & Heilwirkung

100 g frische Preiselbeeren enthalten durchschnittlich:

Energie	148 kJ/35 kcal	Wasser	85,3–89 g
Eiweiß	0,12–0,50 g	Fett	0,40–0,70 g
Kohlenhydrate	5–12 g	Vitamin C	10,1–26,3 mg
Kalium	53–90 mg	Kalzium	11–15 mg
Magnesium	5,5–10 mg	Phosphor	8,0–11 mg
Eisen	0,4–0,6 mg	Natrium	1,0–2,0 mg
Anthocyane	32,0–50,8 mg	Gesamtsäure	2,40–2,65 g

(verschiedene Quellen; Die Mengen an Inhaltsstoffen sind neben der verwendeten Analysemethode auch von der Sorte abhängig und daher als Richtwerte zu verstehen.)

Der hohe natürliche Gehalt an Benzoesäure verleiht der Preiselbeere bei entsprechender Lagerung ihre extrem gute Haltbarkeit über mehrere Monate.

Man kann die verschiedenen Pflanzenteile in erster Linie zur Vorbeugung und Heilung von Erkrankungen der Atmungs-, Verdauungs- und Ausscheidungsorgane verwenden. Außerdem soll eine Linderung von Rheuma und Gicht mit Extrakten aus Preiselbeerblättern möglich sein.

BIOLOGIE UND VEGETATIONSZYKLUS

Die Preiselbeere ist ein Halbstrauch, der etwa 15–30 cm hoch wird und im Boden dünne Rhizome bildet. Aus diesen schnurartigen, schuppigen Ausläufern können sich Schosse entwickeln, die an die Oberfläche wachsen und so zu einer flächigen Ausbreitung der Pflanze führen. Die Vergesellschaftung des Wurzelsystems mit Mykorrhizapilzen begünstigt die Aufnahme von Nährelementen. Die derben, eiförmigen Blätter sind immergrün, 0,5–2,5 cm lang, auf der Oberseite glänzend dunkelgrün und meist leicht gewölbt. Im oberen Bereich der Triebe befinden sich die Blütenknospen, aus denen sich bis Mai überhängende Trauben mit bis zu 20 weißen bis rosafarbenen Blüten entwickeln. In wärmeren Lagen kommt es Anfang Juli zu einer zweiten Blütenentwicklung. Die Ernte findet demzufolge Mitte August und Ende September statt, wobei der erste Ertrag durch Frostschädigung manchmal ausfallen kann. An kühleren Standorten im Norden Skandinaviens ist die erste Blüte später, die zweite fällt hingegen völlig aus. Die Reife dieser Beeren schließt günstigerweise die Erntelücke der wärmeren Klimate. Die roten, glänzenden, runden Früchte sind zwischen 0,5 und 1 cm groß, haben eine leicht mehlige Konsistenz und enthalten viel Vitamin C, Benzoesäure und Pektin. Fröste bis etwa –20 °C während der Vegetationsruhe werden von den Preiselbeeren ohne Schäden vertragen. Zudem verhindern spezielle morphologische Anpassungen eine übermäßige Transpiration der immergrünen Blätter im Winter, wenn die Wassernachlieferung aus dem gefrorenen Boden unterbrochen ist. Erfrierungsschäden treten vor allem an Zweigen auf, die über eine Schneedecke hinausragen, da dort durch die isolierende Wirkung des Schnees besonders tiefe Temperaturen herrschen können. Gelbe, sich später schwarz verfärbende, abgestorbene Gewebe sind die charakteristischen Folgen. Spätfröste (ca. –1,5 °C) während der Blüte können zu empfindlichen Ernteeinbußen führen.

Die Einzelblüten der Preiselbeere sind zu Trauben zusammengefasst.
Foto: Christian Haselmair-Gosch

STANDORT UND BODENVORBEREITUNG

Saure, humose, nicht zu nährstoffreiche Böden mit einem pH-Wert von 4–5 sind als optimal zu betrachten, wobei Werte über 6 zu Chlorosen führen. Staunässe im Bereich der Rhizome wird nicht vertragen und führt oft zum Absterben der ganzen Pflanze. Das vegetative Wachstum der Preiselbeere nimmt mit zunehmender Schattierung deutlich zu, für die zahlreiche Entwicklung von Blüten sind hingegen sonnige Standorte erforderlich. Wer Preiselbeeren im Hausgarten oder plantagenmäßig kultivieren möchte, wird um eine ausführliche Bodenverbesserung nicht herumkommen. Die Muttererde der Pflanzfläche muss wie bei der Cranberry durch eine 15–20 cm dicke Schicht aus Torf oder Torfersatzstoffen ersetzt werden. Die Pflanzung in Töpfe oder Tröge ist bei sehr kalkhaltigen Mutterböden anzuraten.

PFLANZMATERIAL UND PFLANZUNG

Die Vermehrung von Preiselbeeren kann durch Stecklinge, Teilung der Rhizome und zur massenhaften Anzucht auch mittels Meristemvermehrung (In-vitro-Vermehrung) erfolgen. Letztere Methode hat vor allem den Nachteil, dass die Pflanzen erst später ins Ertragsstadium eintreten.

Bei den Pflanzsystemen unterscheidet man grundsätzlich zwischen zwei Möglichkeiten: der Reihenkultur und der Flächenpflanzung.

Reihenkultur

Der Reihenabstand richtet sich nach den eventuell eingesetzten Maschinen und beträgt ca. 80–100 cm. Unkraut in der Reihe kann man nur sehr schwer maschinell beseitigen, eine enge Pflanzweite von 25–40 cm erscheint daher sinnvoll. Die dadurch entstehende Hecke unterdrückt das Unkraut dann weitgehend von selbst. Als Pflanzmaterial werden bevorzugt stecklingsvermehrte Preiselbeeren genommen, die im Gegensatz zu den meristemvermehrten weniger Rhizome ausbilden und somit nicht zu sehr in die Fahrgassen wachsen.

Flächenpflanzung

Ähnlich wie bei der Cranberry erhofft man sich den Vorteil, dass die Pflanzen die Fläche mit der Zeit vollkommen bedecken und somit das Unkrautwachstum eindämmen. Preiselbeeren aus der In-vitro-Anzucht sind für dieses System besser geeignet. Sechs bis acht Pflanzen pro Quadratmeter sollten schon nach wenigen Jahren zu einer geschlossenen Pflanzendecke führen. Im Erwerbsanbau spielt die Flächenpflanzung kaum eine Rolle, während sie in der Gartengestaltung durchaus ihre Berechtigung hat.

HAUSGARTEN-TIPP

Aufgrund des hohen Gehalts an Pektin geliert das Beerenmus auch ohne Zugabe von Zucker. Auch die Haltbarkeit leidet nicht darunter, da die Preiselbeeren reich an natürlichen Konservierungsstoffen sind.

KULTURMASSNAHMEN IM JAHRESLAUF

In erster Linie ist darauf zu achten, dass die Konkurrenz durch Unkräuter vermieden wird. Im Reihensystem kann dies durchaus maschinell geschehen, bei Flächenpflanzungen ist händisches Jäten meist unerlässlich. Gute Erfolge können auch durch das Mulchen mit Rindenhäcksel oder Sägespänen erzielt werden. Auf sehr trockenen Standorten kann zudem die Installation von Bewässerungsanlagen erforderlich sein.

Schnitt

Radikale Schnittmaßnahmen, besonders in den weniger ausläufertreibenden Reihenanlagen, werden von der Preiselbeere nicht sehr gut vertragen. Ein nicht zu starker Reduktionsschnitt alle paar Jahre kann die Alterung verzögern und die Jungtriebbildung fördern, allerdings sind die Preiselbeeren – anders als Cranberrys – nicht so wuchsfreudig und langlebig.

Düngung

Der Nährstoffbedarf der Preiselbeere ist vergleichsweise gering. Zusätzliche Stickstoffdüngungen, selbst bei mäßig versorgten Böden, können sich bereits negativ auswirken. Regelmäßig mit Sägespänen gemulchte Pflanzungen müssen unter Umständen gedüngt werden, da der Abbau durch Mikroorganismen viel Stickstoff benötigt.

Die Notwendigkeit einer Nährstoffzufuhr kann man im professionellen Anbau durch Bodenanalysen ermitteln, während im Hausgarten – wie bei der Heidelbeere beschrieben – zur Wuchsförderung gelegentliche Gaben von Vollnährstoffdüngern ausreichen. Bei Mulchversuchen in Norddeutschland hat sich gezeigt, dass Nadelstreu aus den natürlichen Standorten der Preiselbeere günstig auf Wuchs und Ertrag wirkt, was auf den hohen Magnesiumgehalt zurückgeführt wurde. Die Nachdüngung der Kontrollparzellen mit Bittersalz ($MgSO_4$) hatte dasselbe Ergebnis zur Folge. Bei den erwähnten Versuchen wurde auch klar, dass eine übermäßige Düngung im Endeffekt nur das Unkrautwachstum fördert, auf weniger nährstoffreichen Böden hingegen kann sich die Preiselbeere sehr gut behaupten.

Ernte, Ertrag und Vermarktung

Zur Ernte der Früchte sind in der Praxis drei Möglichkeiten gegeben. Die wohl am häufigsten praktizierte Methode ist das Pflücken ohne Hilfsmittel per Hand. Vor allem an Wildstandorten gesammelte Beeren werden so geerntet. Eine weitere Möglichkeit wäre der Einsatz von sogenannten Pflückkämmen, die im Gegensatz zu den bei den Cranberrys verwendeten deutlich kleiner gebaut sind. Die dritte, eleganteste Methode ist die vollmaschinelle Ernte, die jedoch nur im Reihensystem eingesetzt werden kann. Dabei wird mit einer Maschine über die Reihen hinweggefahren, die zu Boden hängenden Triebe werden aufgerichtet, die Sträucher in der Mitte geteilt und die Beeren mit rotierenden Bürsten abgestreift und aufgefangen. Die Verluste sind nur geringfügig höher als bei den händischen Erntemethoden. Die Beeren können aber Schädigungen erleiden und werden deshalb in der Regel der industriellen Verarbeitung zugeführt. Lediglich auf Wochenmärkten und in Obstgeschäften wird Frischware angeboten. Meistens finden die Beeren mit ihrem herben, säuerlichen Geschmack als Kompotte, Säfte, Liköre und exquisite Beilage zu Wildgerichten ihre Liebhaber. Darüber hinaus können auch Nachspeisen wie Torten oder Kuchen mit den leuchtenden Früchten verfeinert werden.

Preiselbeeren reifen zur selben Zeit und können daher gut mit Pflückkämmen geerntet werden.
Foto: Christian Haselmair-Gosch

PFLANZENSCHUTZ, KRANKHEITEN UND SCHÄDLINGE

Nur wenige, überwiegend pilzliche Erreger treten bei der Preiselbeere auf und haben bis jetzt lediglich eine geringfügige Bedeutung erlangt.

Krankheiten

Weißstängeligkeit *(Sclerotinia* ssp.)

Blätter und Sprosse sind bei Befall mit einem weißen, schimmelartigen Überzug behaftet. Die Überwinterung erfolgt in infizierten, geschrumpften, harten Beeren, die zu Boden gefallen sind.

Rotblättrigkeit *(Exobasidium vaccinii)*

Der Pilz verursacht blasige Wölbungen und Verkrümmungen an Blättern, die zudem meist rötliche Verfärbungen zeigen. Gelegentlich findet man diesen Erreger auch bei Alpenrosen auf Almen („Alpenrosenäpfel").

Weitere Pilzkrankheiten

Schwarze Blattflecken, Triebsterben sowie Fruchtfäulen können durch verschiedene, oft schwer bestimmbare Pilze der Gattung *Allantophomopsis*, *Phomopsis*, *Coleophoma*, *Rhizoctonia* oder *Phytophthora* hervorgerufen werden und sind im Erwerbsanbau gelegentlich von Bedeutung.

Schädlinge

Wild

Eine Einzäunung der Anlage ist im Erwerbsobstbau notwendig, um Wildverbiss durch Hasen und Rehe zu unterbinden.

SORTENWAHL

Die Wandlung in der Geschichte der Preiselbeere vom reinen Wildobst hin zum planmäßigen Anbau auf Feldern wurde erst in der zweiten Hälfte des 20. Jahrhunderts in Angriff genommen. Heute verwendete Sorten sind dabei vorwiegend aus Naturstandorten ausgelesen worden und nicht durch gezielte Kreuzung entstanden. Eigenschaften wie hoher Ertrag, gleichzeitige Reife der Beeren, gutes Regenerationsvermögen, maschinelle Erntbarkeit, Toleranz gegen Krankheitserreger und hohe Fruchtqualität waren bei der Selektion von Bedeutung. Je nach Pflanzsystem, Sorte und Alter können Erträge von 5–20 Tonnen pro Hektar erzielt werden. Der Sortenspiegel ist in den letzten Jahrzehnten weitgehend unverändert geblieben. Die Fruchtgröße wird durch Fremdbestäubung gefördert, wobei vor allem ´Red Pearl´ und ´Sussi´ gerne als Bestäuber gepflanzt werden.

Die wichtigsten Preiselbeersorten im Porträt

Die Reifezeiten der einzelnen Sorten sind ähnlich und wie im Kapitel „Biologie und Vegetationszyklus" beschrieben klimaabhängig. Gelegentlich werden weitere Sorten wie ´Ammerland´, ´Linnae´, ´Ida´, ´Masovia´ oder ´Sanna´, etc. angebaut.

Erntedank

Herkunft: A. Zillmer, Deutschland; Wildauslese
Sorte mit klein- bis mittelgroßen Früchten und mittelstarkem Wuchs. Regelmäßige, sehr hohe Erträge im August und September.

Koralle

Herkunft: H. van der Smit, Niederlande; Wildauslese
Die mittelgroßen Beeren sind rund, hell- bis dunkelrot und in Trauben zu ca. fünf bis zwölf Früchten zusammengefasst. Die Triebe werden bis zu 30 cm hoch und sind stark verzweigt.

Red Pearl

Herkunft: A. Blanken, Niederlande; Wildauslese
Diese Sorte trägt mittelgroße Früchte, hat einen mäßigen Ertrag, einen buschigen Wuchs und wird ca. 20–30 cm groß. Die Trauben bestehen aus ca. fünf bis zwölf Beeren. Meist zur besseren Bestäubung anderer Sorten verwendet.

Erntekrone

Herkunft: A. Zillmer, Deutschland; Wildauslese
Großfruchtige Sorte mit dunkelroten Beeren und hohen Erträgen. Blätter im Vergleich zu anderen Sorten eher rundlich.

Erntesegen

Herkunft: A. Zillmer, Deutschland; Wildauslese
Sehr großfruchtige Sorte (1 cm), mit hellroten Beeren und sehr guten Erträgen. Lange Triebe mit untypisch großen Blättern.

Sussi

Herkunft: S. Dahlbro, Schweden; Wildauslese
Sorte mit großen, runden, dunkelroten Beeren mit einheitlicher Reife und mittelmäßigem Ertrag. Trauben mit ca. elf Beeren. Wuchs ungefähr 15–25 cm hoch. Meist zur besseren Bestäubung anderer Sorten verwendet.

HOLUNDER

Steckbrief Holunder
Reihenabstand: 5–6 m, je nach System und Maschinenausstattung
Pflanzabstand in der Reihe: 3,5–4,0 m
Ertrag:
Früchte: ca. 100–120 kg/100 m^2
Blüten: ca. 15-20 kg/100 m^2
Erntedauer: August bis September
Pflückleistung: ca. 30–45 kg/AKh
Erzeugerpreise für die Verarbeitung bei langfristigen Lieferverträgen:
Beeren: ca. 1,00 Euro/kg
Blüten: ca. 2,50 Euro/kg

Foto: Helmut Weiß

Heilpflanze, Wildobst, „Unkraut" – Holunder kommt von Sizilien bis Schottland wild vor und findet unter Kennern vielerlei Verwendung.

Neben seiner wichtigen Rolle in der Volksmedizin und als Lebensmittel wurden aus den dunklen Beeren zu allen Zeiten Farbstoffe hergestellt.

Die Verwendung des Beerenkonzentrates als natürlicher Lebensmittelfarbstoff bietet auch heute die wirtschaftliche Grundlage für ausgedehnte Wildsammlung und gezielten Anbau. So wurde in den letzten 50 Jahren durch Selektion besonders großfruchtiger und farbstoffreicher Klone aus der einstigen Wildpflanze eine auf großen Flächen angebaute Obstkultur. Das wichtigste Anbaugebiet in Österreich ist die Steiermark. Der Klimawandel machte dem Holunder allerdings schwer zu schaffen. Zu große Hitze mag er ebenso wenig, wie zu üppige Nässe oder gar Überschwemmungen. Außerdem bereitet dem Holunder die Kirschessigfliege Probleme, für die er aufgrund seiner langen Reifeperiode sehr anfällig ist.

Im Hausgarten wurde der Holunder bisher eher selten gezielt gepflanzt. Meist wuchs er wild irgendwo am Rand, die Blüte wurde für Tees und Säfte, die Frucht für die Gelee-, Marmelade- und Saftherstellung gesammelt. Mit den neuen Selektionen stehen aber auch dem Hobbygärtner reich tragende, gleichmäßig ausreifende, dekorative Sorten zur Verfügung.

Der Schwarze Holunder (*Sambucas nigra*) gehört, wie auch der Rote Holunder (*S. racemosa*) und der Kanadische Holunder (*S. canadensis*), botanisch zur Familie der Geißblattgewächse. Der winterharte Strauch wächst sehr rasch und wird bis zu 8 m hoch. Das Holz weist einen hohen Markanteil auf, die dicke Rinde ist stark gefurcht.

GESUND MIT HOLUNDER

Inhaltsstoffe, Gesundheitswert & Heilwirkung

Der Holunder wird mit Recht oft als „lebende Apotheke“ bezeichnet. Neben einer ausgewogenen Mischung von Vitaminen und Mineralstoffen enthalten die Beeren große Mengen ernährungsphysiologisch wertvoller Flavonoide und Anthocyane.

Holunderbeeren sollten allerdings nur in verarbeiteter Form gegessen werden. Rohe Beeren, aber auch alle grünen Teile der Pflanze, enthalten Sambunigrin, ein blausäureabspaltendes Glykosid, das Übelkeit und Erbrechen hervorruft. Beim Kochen zerfällt der Giftstoff.

100 g frische Holunderbeeren enthalten durchschnittlich:

Energie	229 kJ/55 kcal
Wasser	83,6 g
Fett	1,7 g
Organische Säuren	0,9 g
Vitamine B1 B2 B6	0,3 mg
Vitamin E	1,0 mg
Kalzium	35 mg
Phosphor	57 mg
Mineralstoffe gesamt	690 mg

Ballaststoffe	4,0 g
Eiweiß	2,5 g
Kohlenhydrate	6,5 g
Ungesättigte Fettsäuren	2,1 g
Vitamin C	18 mg
Kalium	305 mg
Magnesium	30 mg
Eisen	1,6 mg

(Quelle: ÖNWT, BLS3.01)

Holundersaft hat eine reinigende, belebende Wirkung und wird seit jeher gegen Magen- und Darmbeschwerden sowie als Mittel zur Entwässerung und Verdauungsanregung genutzt.

Extrakte aus Blättern und Früchten wirken nachweislich gegen Grippe und Entzündungen. Die getrockneten Blätter und jungen Triebe werden als Tee zur Entwässerung, die getrockneten Blüten zur Behandlung von Erkältungen und rheumatischen Beschwerden verwendet.

Im Frühjahr gehört der Holunder zu den ersten Pflanzen, die austreiben. Zunächst bilden sich krautige Triebe, an denen ab Anfang Juni die großen, aus zahlreichen Einzelblüten zusammengesetzten Dolden entstehen. Die Reife setzt im August ein und läuft bei Wildformen innerhalb einer Dolde folgeartig ab.

STANDORT UND BODENVORBEREITUNG

Als stickstoffliebende Pflanze gedeiht der Holunder wild als Strauch an nährstoffreichen Standorten.

Gut versorgte, tiefgründige Böden mit pH-Werten um 6 sind für die Kultur geeignet. Wurde der Holunder – aufgrund besserer Farbstoffwerte in den Beeren – früher oft auf warme, trockene Standorte gepflanzt, wird er nun – aufgrund immer stärker werdender Probleme mit Hitze – immer öfter in kühlen Tallagen angebaut. Hierbei ist jedoch auf die Gefahr von Staunässe zu achten. Holunderpflanzen sterben, wenn ihre Wurzeln im Wasser stehen, schon nach wenigen Tagen ab. Aufgrund von zunehmenden Starkregenereignissen haben diesbezügliche Probleme in den letzten Jahren deutlich zugenommen.

Vor dem Pflanzen ist eine gute Bodenlockerung in Verbindung mit einer Gründüngung oder der Zufuhr von organischer Masse zu empfehlen. Bei der Standortwahl ist auch die Wühlmausanfälligkeit dieser Obstart zu beachten – besonders auf Grünland-Umbruchflächen bereiten die Nager oft massive Probleme.

PFLANZMATERIAL UND PFLANZUNG

Aufgrund der leichteren Schnitt- und Erntearbeiten hat sich die Stammkultur als Standard durchgesetzt. Nur wenige Sorten werden ohne Stamm, sondern mit bodennahen Gerüstästen erzogen. Der Reihenabstand bei Stammkultur beträgt 5–6 m, in der Reihe wird ein Abstand von 3,5–4 m empfohlen. Jede Pflanze benötigt während der ersten fünf Jahre einen Pfahl.

Das Pflanzmaterial, durch Stecken von einjährigen Trieben hergestellt, sollte bereits eine Höhe von ca. 1,2 m zur Stammbildung erreicht haben.

Aufgrund des frühen Austriebes ist eine Herbstpflanzung vorzuziehen.

Der Pflanzstreifen sollte zumindest in den ersten Jahren unkrautfrei gehalten werden, zwischen den Reihen wird Gras eingesät

Junganlage Foto: Helmut Weiß

und gemulcht. Die Unkrautfreiheit reduziert nicht nur die Wasser- und Nährstoffkonkurrenz, sondern trägt auch wesentlich zur Reduktion des wichtigsten Schädlings einer Holunderjunganlage – der Wühlmaus – bei. Auf die Bekämpfung dieser Nager, welche v. a. auf Umbruchflächen binnen kurzer Zeit ganze Anlagen zerstören können, ist besonderer Wert zu legen.

ERZIEHUNG UND SCHNITT

Holunder trägt am einjährigen Holz, an dem sich im Frühjahr Seitentriebe und Blüten entwickeln. Das Ziel ist ein Baum mit drei bis fünf flach angesetzten, relativ kurzen Leitästen (Stümpfen), an denen jedes Jahr ca. 15 gut verholzte, starke aber nicht mastige einjährige Tragruten herangezogen werden können. Weitere Verzweigungen und zu weit außen angesetzte Tragruten sollten vermieden und die Schnittflächen möglichst klein gehalten werden.

Holunder trägt am einjährigen Holz.
Foto: Helmut Weiß

Pflanzschnitt

Nach der Pflanzung wird der Baum in 1,2 m Höhe angeschnitten. Bestehen bereits genügend starke und hoch ansetzende Verzweigungen, werden drei bis fünf gleichmäßig angesetzte Kronentriebe auf Zapfen mit je zwei Augen zurückgeschnitten. Im Pflanzjahr können sich so bereits drei bis vier Tragruten entwickeln. Die sich laufend bildenden Bodentriebe müssen stets konsequent entfernt werden.

Winterschnitt

Beim zweiten Schnitt ist es wichtig, den Kronenaufbau im Auge zu behalten. Es sollten sich vier bis sechs Tragruten an drei bis fünf basisnahen Stümpfen entwickeln. Bei ausreichendem Zuwachs werden dann im dritten Jahr sechs bis acht Tragruten, ab dem vierten Jahr acht bis zwölf Tragruten belassen. Der Baum ist nun normalerweise im Vollertrag. Zur besseren Übersicht werden beim Winterschnitt immer zuerst die abgetragenen Triebe entfernt und dann erst die neuen Fruchttriebe ausgedünnt.

Sommerschnitt

Meist werden wesentlich mehr Jungtriebe gebildet, als für das Folgejahr benötigt werden. Acht bis zehn Tage nach Blühbeginn ist der beste Zeitpunkt für einen Sommerschnitt.

Das Ziel ist die bessere Belichtung von Dolden und Knospen, das Entfernen von Konkurrenztrieben sowie eine Erleichterung der Erntearbeit. Alle überzähligen, zu starken, zu schwachen, zu steil und zu weit außen angesetzten neuen Triebe werden entfernt. Die Tragruten für das nächste Jahr sollten möglichst seitlich angesetzt sein. Wichtig ist es, drei bis vier Reservetriebe zu belassen, da immer mit Ausfällen durch Frost und Ernteschäden zu rechnen ist.

An den Tragruten werden nicht oder zu spät blühende Seitentriebe entfernt, die Spitze wird eingekürzt.

Erziehung und Schnitt

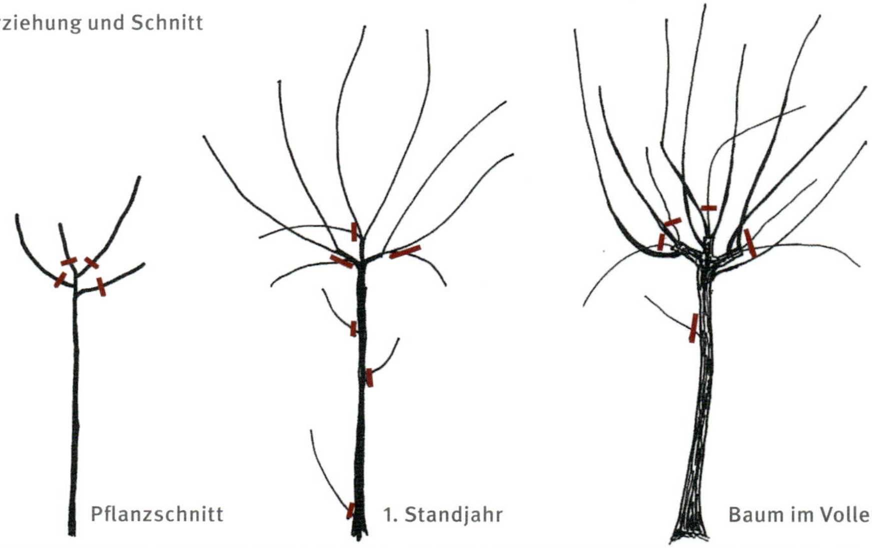

Ab dem vierten Standjahr werden acht bis zehn Tragruten belassen. Foto: Helmut Weiß

KULTURMASSNAHMEN

Düngung

Kali-, Phosphor- und Kalkversorgung können auf Basis einer Bodenuntersuchung bereits vor der Pflanzung im Rahmen der Grunddüngung ergänzt werden.

Nährstoffbedarf: Ertragsabhängige Richtwerte ab acht Tonnen Ertrag pro Hektar
N: 150–175 kg/ha
P_2O_5: 40–50 kg/ha
K_2O: 90–110 kg/ha
MgO: 15–20 kg/ha

Holunder ist von Natur aus ein starker Stickstoffzehrer. Darüber hinaus verlangt die jährliche Fruchtholzerneuerung ein starkes Triebwachstum. Eine ausreichende Stickstoffversorgung ist daher sehr wichtig. Mineralische Dünger sollten auf mehrere Teilgaben zwischen Austrieb und Blühende aufgeteilt werden. In einer vitalen, ausgewachsenen Anlage sind häufig weit über 120 kg Reinstickstoff/ha erforderlich.

Ernte, Ertrag und Vermarktung

Ab dem vierten Standjahr kann mit einer Ernte von 20–25 kg reifer Beeren pro Baum gerechnet werden. Die Ernteleistung liegt zwischen 50 und 45 kg pro Stunde.Der Erntezeitpunkt hängt von der weiteren Verwendung ab. Im Hausgarten kann für die Marmelade- und Saftherstellung etwas früher geerntet werden, wenn die Früchte noch mehr Fruchtsäure enthalten. Zu beachten ist jedenfalls, dass rohe Beeren überdies das giftige Glykosid Sambunigrin enthalten, das nicht nur einen unangenehmen Geschmack hat, sondern sogar zu Magenproblemen und Erbrechen führen kann. Gekostet werden sollte die Frucht erst nach dem Erhitzen, da diese Stoffe dadurch abgebaut werden. Auf Märkten kann Holunder nur in kleinsten Mengen an Liebhaber abgesetzt werden. Der Anbau auf größeren Flächen ist daher nur auf Basis einer eigenen Weiterverarbeitung oder langfristiger Abnahmeverträge mit der Fruchtsaft- und Farbstoffindustrie sinnvoll.

Immer größer wird mit dem Aufkommen neuer Lifestyle- und Wellnessgetränke die Nachfrage nach Holunderblüten für die Limonaden- und Teeherstellung. Das Aroma der Holunderblüte setzt sich aus mehr als 100 flüchtigen Verbindungen zusammen.

Meist wird die Blüten- und Fruchternte kombiniert. Der Baum kann den Verlust eines Teils der Blüten kompensieren, ein annähernd gleichbleibender Fruchtertrag ist zu erwarten. Werden zum Beispiel 25 % der Blüten geerntet, – das entspricht rund einem Kilogramm oder 100 Dolden frischer Blüten pro Baum – ist mit höchstens 10 % Minderertrag bei der Beerenernte zu rechnen. Werden alle Blüten geerntet, kann pro Hektar mit einer Erntemenge von 1.500–2.000 kg gerechnet werden.

PFLANZENSCHUTZ

Schwerpunkt der Pilzbekämpfung in Holunder bilden späte Anwendungen gegen Frucht- und Doldenerkrankungen. Nur in Problemlagen sind bereits Interventionen ab der Blüte notwendig, ansonsten werden Bekämpfungen ab dem Umfärben der Beeren durchgeführt.

Auch tierische Schädlinge werden zunehmend zu einem Problem. Sind es in den ersten Standjahren v. a. Wühlmäuse und Blattläuse, welche Schäden verursachen und Neuanlagen in ihrer Entwicklung zurückwerfen können, sind es später oft Spinn- und Rostmilben und natürlich die Kirschessigfliege, welche wirtschaftlichen Schaden verursachen.

Im Folgenden werden holunderspezifische Schaderreger aufgeführt. Colletotrichum und Blattläuse wurden bereits im Johannisbeer-, die Kirschessigfliege und Spinnmilben im Him- und Brombeerkapitel ausgiebig beschrieben.

Schadkomplex „Stiellähme"

Besonders in feuchten Lagen und an ungünstigen Standorten tritt oft erst kurz vor der Ernte ein plötzliches Welken der Dolden auf. Die Beeren werden notreif, trocknen ein und fallen ab. Gleichzeitig werden typische, unscharf begrenzte Blattflecken beobachtet. Die Flecken sind zuerst rötlich bis gelb und bilden sich vom Blattrand her, werden später braun bis schwarz und trocknen dann ein. Neben einer Reihe von Pilzen (*Colletotrichum acutatum*, *Fusarium* sp., *Phoma* sp., *Botrytis*) werden auch physiologische Störungen für diesen Schadkomplex verantwortlich gemacht.

Stiellähme: die Beeren vertrocknen vorzeitig.
Foto: Helmut Weiß

Vorbeugende Maßnahmen sind die Wahl geeigneter schnell abtrocknender Standorte, maßvolle Düngung und ausgewogener Schnitt.

Schädlinge

Wühlmaus

Wühlmäuse lieben Holunderstöcke. Es gibt kaum eine andere Obstart, welche so attraktiv für Wühlmäuse ist wie der Holunder. Probleme bereitet dies besonders in Junganlagen, welche komplett zerstört werden können. Stark gefährdet sind Umbruchflächen oder Standorte an Windschutzgürteln oder Bachböschungen.

Das Freihalten der Holunderanlage von Wühlmäusen ist oft ein dauerhafter Prozess, welcher alle Möglichkeiten der Regulierung ausschöpft. Teilweise werden die frisch gepflanzten Stöcke sogar in Drahtgitter gepflanzt, um sie so zu schützen. Unkrautfreie Pflanzreihen sind ein wichtiger Teil des integrierten Pflanzenschutzes, da diese nicht so attraktiv für Mäuse sind und diese ohne Bewuchs auch leichter von Raubvögeln gefasst werden können. Sitzstangen für Raubvögel ist daher ebenso aufzustellen.

Der Einsatz von Wühlmauspflügen, mit denen verdeckt Köder ausgebracht werden, ist oft schon Standard. Dieser kommt verstärkt im Herbst, wenn die Mäuse Vorräte für den Winter sammeln, zum Einsatz und kann die Population deutlich senken.
Nachdem Wühlmäuse unter der Erde ein Revier besiedeln und für sich alleine beanspruchen, können auch mit Fallen gute Erfolge erzielt werden.

Holundergallmilben
(Epitrimerus trilobus)

Diese extrem kleinen Milben können in Holunder hohe wirtschaftliche Schäden verursachen. Die Milben überwintern in Ritzen und Knospenschuppen und besiedeln bald ab dem Austrieb die Blätter, an denen sie sehr markante Schadbilder verursachen. Die Blätter sind teils verkleinert, verkrüppelt und leicht blasig aufgewölbt. Die Assimilation ist deutlich reduziert.

Bekämpfung

In Problemanlagen werden vorbeugende Schwefelbehandlungen empfohlen. Bei starkem Befall ist der Einsatz systemischer Akarizide notwendig.

HAUSGARTEN-TIPP

Die Wurzeln des Holunders sind ein gefundenes Fressen für Wühlmäuse. Beugen Sie am besten bereits bei der Pflanzung vor und setzen Sie den Wurzelballen in einen vorbereiteten Drahtkorb. Achten Sie darauf, dass das Drahtgitter am Stamm dicht zugedrückt wird und aus der Erde ragt. Nun können Sie den Pflanzbereich zur Unkrautunterdrückung problemlos mit Grasschnitt abdecken.

SORTENWAHL

Nur wenige Züchter beschäftigen sich weltweit mit der Weiterentwicklung von Holundersorten. In den USA, in Dänemark und Österreich entstanden rund 30 Selektionen.

Haschberg

Die größte Verbreitung in Europa hat der aus den Donauauen stammende Klon ´Haschberg´, der 1965 an der Höheren Bundeslehr- und Versuchsanstalt Klosterneuburg selektiert wurde.

Die Sorte ist gut für die baumartige Erziehung geeignet und zeichnet sich bei passender Witterung durch hohe Erträge aus. Haschberg ist hitze- und staunässeempfindlich. Die Einzelbeeren sind zwar klein, verrieseln aber wenig und halten auch bei Vollreife noch gut an den Dolden. Für die verarbeitende Industrie sind auch die hohen Färb- und Zuckerwerte dieser Sorte ein entscheidender Vorteil.

Rubin

Vorzüge dieser Sorte sind die frühe Reife und die sehr großen Dolden. Dadurch wird die Ernteleistung deutlich erhöht. Die Sorte ist robust gegenüber Trockenstress und die Beeren reifen gut durch.

´Rubin´ wird ohne Stamm erzogen. Direkt vom Boden aus werden mehrere Stummel belassen, aus denen der Neuzuwachs erfolgt. Unkrautmanagement und Befahrbarkeit der Anlage werden dadurch erschwert.

Die Nachfrage nach Holunderblüten für Wellness- und Lifestylegetränke wird immer größer.
Foto: Helmut Weiß

APFELBEERE

Steckbrief Aronia (Apfelbeere)
Reihenabstand: 3,5–4,5 m, je nach System und Maschinenausstattung
Pflanzabstand in der Reihe: 1,0–1,5 m
Pflanzenbedarf: ca. 15–28 Pflanzen/100 m²
Ertrag: Früchte: ca. 50–150 kg/100 m²
Erntedauer: Ende August–Oktober
Ernteleistung: ca. 12 kg/AKh bei Handernte
Erzeugerpreise für die Verarbeitung bei langfristigen Lieferverträgen: ca. 0,80 Euro/kg

Foto: Helmut Weiß

Die Apfelbeere (*Aronia melanocarpa*) ist eine nahe Verwandte der europäischen Eberesche und stammt ursprünglich aus Nordamerika. Botanisch zählt sie zu den Rosengewächsen, und hier zum Untertypus der Kernobstgewächse. Der extrem frostharte, locker aufgebaute Strauch mit überhängenden Trieben wird bis zu 3 m hoch. Die Blütendolde besteht aus 10 bis 20 weißen Einzelblüten mit rötlichen Staubbeuteln.

Aronia ist eine gute Bienenweide und ökologisch wertvolle Heckenpflanze. Die obstbauliche Nutzung begann um 1900 in Osteuropa, wo die Kultur auch eine gewisse wirtschaftliche Bedeutung erlangte. In der Sowjetunion wurde der Anbau in den 1940er Jahren planmäßig begonnen und dehnte sich bis 1984 auf über 17.000 ha aus. Wichtige Anbauländer sind heute die Ukraine und Polen.

Die Früchte sind stark adstringierend und roh kaum genießbar. Wurde sie in der Sowjetunion hauptsächlich als Vitamin-C-

Quelle angebaut, so findet die Apfelbeere heute Verwendung in der Lebensmittel- und Pharmaindustrie.

Neben der Verarbeitung zu Säften, Marmeladen und Bränden spielt die Herstellung natürlicher Lebensmittelfarbstoffe und, dank des hohen Gehalts an sekundären Pflanzeninhaltsstoffen, die Verwendung als Zutat in Gesundheitsprodukten eine große Rolle.

GESUND MIT APFELBEEREN

Inhaltsstoffe, Gesundheitswert & Heilwirkung

Die gesundheitsfördernde Wirkung der Apfelbeere und ihrer Verarbeitungsprodukte beruht auf dem hohen Gehalt an Polyphenolen (z. B. 32 g Anthocyane/kg frische Beeren). In der Heilkunde wird Aronia außerdem auch wegen ihrer Blutdruck und Cholesterin senkenden Wirkung eingesetzt.

100 g frische Aroniabeeren enthalten durchschnittlich:

Energie	402 kj/96 kcal	Ballaststoffe	5,9 g
Wasser	80 g	Eiweiß	1,9 g
Fett	1,5 g	Kohlenhydrate	18 g
Organische Säuren	0,9 g	Vitamine B1 B2 B6	0,13 mg
Vitamin C	137 mg	Vitamin E	1,47 mg
Kalium	218 mg	Kalzium	32 mg
Magnesium	16 mg	Eisen	1 mg

(verschiedene Quellen)

Durch den hohen Anteil an Gerbsäure hat Aronia auch eine stark antiseptische Wirkung.

Etwas Vorsicht ist allerdings beim Genuss der rohen Beeren geboten. Vor allem die kleinen Kerne enthalten beträchtliche Mengen an gebundener Blausäure, die beim Kauen freigesetzt werden kann. Aufgrund des herben adstringierenden Geschmacks werden aber in der Regel nur sehr kleine und daher unbedenkliche Mengen verzehrt, in verarbeiteten Produkten ist der Blausäuregehalt nicht relevant.

STANDORT UND BODENVORBEREITUNG

Die Apfelbeere ist sehr anpassungsfähig und wächst auch dort, wo andere Obstarten nicht mehr gedeihen. Sie verträgt Winterfröste bis zu –30 °C und ist durch ihre späte Blüte Anfang Mai kaum spätfrostgefährdet. Sonnige Lagen auf mittelschweren, gut wasserführenden Böden mit leicht saurem pH-Wert sind ideal. In niederschlagsarmen Gebieten (unter 600 mm) ist eine Bewässerung zu empfehlen.

PFLANZUNG, ERZIEHUNG UND SCHNITT

Für die maschinelle Ernte hat sich die Pflanzung als Hecke bewährt, je nach Maschinenausstattung (Ernte) sind Reihenabstände von 3–4,5 m üblich. In der Reihe beträgt der Abstand einen Meter.

Die Pflanzung erfolgt am besten im Herbst mit vegetativ vermehrtem, bewurzeltem Pflanzmaterial (Stecklinge, Ableger, Abrisse). Tiefe Pflanzung fördert die Triebbildung von unten. Die Triebe werden dabei auf drei bis vier Augen eingekürzt.

Auf Unkrautfreiheit im Pflanzstreifen ist in den ersten Jahren zu achten, danach führt die Eigenbeschattung dazu, dass in der Reihe kaum mehr Unkräuter auflaufen. Es kann in Mulch (organisches Mulchmaterial oder Mulchfolie) gepflanzt oder die Reihe mechanisch mit Stockräumgeräten flach bearbeitet werden.

Der Schnitt erfolgt im Frühjahr, wobei in den ersten Jahren die Triebe um ein Drittel eingekürzt werden. Die besten Blütenknospen bilden sich am gut belichteten einjährigen Holz. Ab dem 4. bis 6. Standjahr wird der Stock regelmäßig verjüngt und ähnlich wie bei der Schwarzen Johannisbeere im Wuchs gehalten. Nach spätestens fünf Jahren sollten die Triebe umgesetzt werden, sonst werden sie für die maschinelle Ernte zu dick und sperrig. Aronia besitzt eine hohe Regenerationskraft, maschineller Schnitt mit periodischer Totalverjüngung, also einem kompletten Rückschnitt, ist möglich.

Mit Stockräumgeräten werden Reihen unkrautfrei gehalten.

KULTURMASSNAHMEN

Düngung und Pflanzenschutz

Bei der Düngung kann als Richtwert ein Bedarf von 50–70 kg N/ha, 16 kg P_2O_5/ha und 70 kg K_2O /ha angenommen werden. Auf eher sauer wirkende Dünger und eine Ausbringung am besten zwischen Austrieb und Blüte ist zu achten. Aronia gilt als robust. Wühlmäuse, Vögel und Wild können in manchen Jahren Schäden verursachen. Neupflanzungen sollten eingezäunt werden.

Düngung am besten zw. Austrieb und Blüte

Fotos: Helmut Weiß

Ernte, Ertrag und Vermarktung

Wichtig für die optimale Fruchtqualität ist die Wahl des Erntezeitpunktes:
Das Fruchtfleisch muss dunkelviolett durchgefärbt sein, der Zuckergehalt sollte bei mindestens 20 Brix liegen. Die Saftausbeute liegt bei 70 bis 80 %.

Die hartschaligen Aroniabeeren sind relativ druckfest und können, wenn sie nicht durch maschinelle Ernte beschädigt sind, bei 0–2 °C bis zu vier Monate gelagert werden.

Die Ernte setzt je nach Sorte ab Mitte August ein und dauert rund drei Wochen. Im Erwerbsanbau werden Erntemaschinen (Traubenvollernter, Johannisbeerernter) eingesetzt.

Ab dem vierten Standjahr kann mit einem Vollertrag von 5–15 t/ha gerechnet werden.

SORTENWAHL

Die meisten heute gebräuchlichen Sorten sind streng genommen nicht der Schwarzen Apfelbeere (*Aronia melanocarpa*) zuzuordnen, sondern sind aus Kreuzungen mit anderen Aronia-Arten (*A. arbutifolia, A. prunifolia*) oder *Sorbus*-Arten entstanden. Folgende Sorten haben sich in Europa bewährt (Anmerkung: `Nero´, ´Viking´ und ´Galicjanka´ sind genetisch fast ident):

Die wichtigsten Aroniasorten im Porträt

Nero

Herkunft: Slowakei/Russland
Weist im Vergleich zur Wildform aufrechten Wuchs auf und erreicht eine Höhe von 1,5 m und eine Breite von 2 m. Die Blüten sind leicht rosa, die Früchte reifen spät und haben einen Durchmesser von 12 mm und ein Fruchtgewicht von 1,0–1,5 g. Etwas geringerer Gerbstoffgehalt, Hauptsorte in Polen und Deutschland.

Galicjanka

Herkunft: Albigowa, Polen
Gezüchtet auf Beerengröße und gleichzeitige Abreife für die mechanische Ernte. Sonst ähnlich wie ´Nero´.

Rubina

Herkunft: Ungarn (´Viking´ x russische Herkunft)
Sehr wüchsig, früh reifend mit 1,2–1,8 g schweren, großen, etwas bereiften Früchten, intensive Farbe, hoher Farbstoffgehalt.

Viking

Herkunft: Finnland
Ausladender und überhängender Wuchs durch die endständigen Früchte. Wüchsig. Die Einzelfrüchte sind flachkugelig und größer als bei ´Nero´ und wiegen ca. 1,5 g. Gut geeignet für die Handernte.

Viking Foto: Helmut Weiß

HASKAP

Steckbrief Haskap
Reihenabstand: 2,5–3,5 m, je nach Maschinenausstattung
Pflanzabstand in der Reihe: 0,7–1,2 m
Pflanzenbedarf: ca. 2.500–5.500 Pflanzen/ha
Ertrag: ca. 4.000–8.000 kg/ha
Erntedauer: je nach Sorte und Lage von Ende Mai bis Anfang Juli, 1–2 Pflückgänge pro Sorte
Pflückleistung: ca. 2–4 kg/AKh händisch, ca. 4–8 kg/AKh händisch schütteln und aussortieren
maschinell: ca. 0,25–0,5 ha/h, ca. 1.000–1.500 kg/h
Erzeugerpreise: Direktvermarktung: ca. 12,00–25,00 Euro/kg, Obstgroßhandel: ca. 6,00–10,00 Euro/kg, Industrieware: ca. 2,50–5,00 Euro/kg

Haskap sind im Habitus den Johannisbeersträuchern sehr ähnlich. Foto: Christian Haselmair-Gosch

Botanisch betrachtet gehört die Haskap (*Lonicera caerulea*) zu der für obstbauliche Zwecke ungewöhnlichen Familie der Geißblattgewächse (Loniceraceae). Die Art teilt sich dabei in botanische Varietäten auf, die in der Literatur oftmals auch als Unterarten oder eigenständige Arten geführt werden – unter anderem *L. caerulea* var. *altaica*, var. *emphyllocalyx*, var. *pallasii*, var. *edulis*, var. *kamtschatica* und var. *villosa*. Das Verbreitungsgebiet erstreckt sich von Nordamerika, dem nördlichen Eurasien (Russland, Mongolei, China, Nordkorea, Kamtschatka) bis zu den Kurilen und Japan.

Haskap leitet sich von „Hasukappu" aus dem Wortschatz nordjapanischer Ainu-Ureinwohner ab und soll „kleine Geschenke am Ende der Zweige" bedeuten. Obwohl gelegentlich noch viele weitere Namen verwendet werden (Maibeere, Honigbeere, Lenzbeere, Blaue Heckenkirsche, Kamtschatkabeere, Sibirische Blaubeere, honeyberry, etc.) beginnt sich aus verschiedenen Gründen die Bezeichnung Haskap immer mehr durchzusetzen. Aus Sicht der Vermarktung ist eine einheitliche Begrifflichkeit auch sinnvoll. Der Name Maibeere repräsentiert wie Lenzbeere die Reifezeit nur unzureichend. Honigbeere oder Sibirische Blaubeere wecken Geschmacks-Assoziationen, die der Haskap nicht entsprechen. Haskap hingegen ist ein neuer, eigenständiger und einprägsamer Name für ein neues, eigenständiges Beerenobst. Zudem hat die Europäische Kommission im Zuge der Genehmigung des Inverkehrbringens von Haskap-Beeren im Jahr 2019 als „Novel Food" den Begriff Haskap als rechtlich korrekte Bezeichnung definiert.

Das Interesse an der Haskap-Beere ist in den letzten Jahren stetig gestiegen. Vor allem die frühe Reifezeit, wenn außer Erdbeeren kaum heimisches Obst reift, sowie die Robustheit und der unkomplizierte Anbau machen die Haskap zu einer attraktiven neuen Beerenkultur. Warum das Potenzial dieser Beere, die doch bereits seit langem in Russland und Japan bekannt ist und angebaut wird, erst jetzt erkannt wird, mag verschiedene Erklärungen haben. Einerseits waren Informationen lange nur spärlich und in russischer oder

GESUND MIT HASKAP

Inhaltsstoffe, Gesundheitswert & Heilwirkung

Zahlreiche wissenschaftliche Publikationen beschreiben eine hohe gesundheitliche Wirkung (antimikrobiell, antioxidativ, entzündungshemmend, etc.) der Haskap, ein Umstand, der für die Vermarktung dieser im europäischen Anbau relativ neuen Beere sicher von Vorteil ist. Besonders hervorzuheben ist der sehr hohe Anthozyangehalt, sowohl in der Schale wie auch im Fruchtfleisch, der verantwortlich für die äußerst intensive Blaufärbung der Haskap und deren Produkte ist. Diese Farbstoffe wirken als Antioxidantien gegen sogenannte freie Radikale, die häufig Mitursache für viele Herz- und Kreislauferkrankungen sowie Krebs sind.

100 g frische Haskap enthalten durchschnittlich:

Energie	56 kJ/234 kcal	Kalium	190–330 mg
Wasser	76–85 g	Magnesium	24–36 mg
Eiweiß	1–2 g	Eisen	0,6–1,1 mg
Kohlenhydrate	14–25 g	Kalzium	20–100 mg
Fett	0,3–0,4 g	Vitamin C	36–54 mg

(Quelle: Aus verschiedenen Quellen; Die Mengen an Inhaltsstoffen sind neben der verwendeten Analysemethode auch von der Sorte abhängig und daher als Richtwerte zu verstehen.)

japanischer Sprache verfügbar. Anderseits führten besonders die amerikanischen und kanadischen Züchtungsprogramme etwa seit der Jahrtausendwende zu wesentlichen Verbesserungen im Angebot großer, wohlschmeckender Sorten. Durch entsprechendes Marketing wird die Beere nun weltweit immer bekannter. Begünstigend wirkt, dass sowohl von der Konsum- (Lifestyle) wie auch Produktionsseite (Preisdruck bei „Standard"-Obst) der Trend zu Alternativkulturen zunehmend steigt.

Die Hauptanbaugebiete liegen vor allem in Russland, Kanada, Japan, Polen und Schottland. Da der Anbau der Haskap stetig wächst aber kaum Statistiken darüber vorliegen, ist die weltweite Anbaufläche schwer bestimmbar, dürfte nach Schätzungen aber erst bei etwa 3.000–4.000 ha liegen.

Als Vertreter der für die Ernährung kaum genutzten Familie der Geißblattgewächse enthält die Haskap auch Iridoide, die ansonsten beispielsweise nur in Heilpflanzen wie dem Enzian, Wegerich, oder Baldrian, sowie der Noni-Frucht vorkommen. Sie verleihen der Haskap je nach Sorte eine ganz leichte Bitternote und vergrößern im Sinne einer vielseitigen Ernährung das Spektrum an wertvollen Pflanzeninhaltsstoffen um einen Vertreter, der bislang nicht Bestandteil von gängig verzehrtem Obst war.

BIOLOGIE UND VEGETATIONSZYKLUS

Die Haskap ist ein etwa 1–1,5 m hoher sommergrüner Strauch, der je nach Sorte einen aufrecht bis ausladenden Wuchs aufweist. Beim Austrieb können die jungen, weichen Schosse durch z. B. Starkwind leicht knicken. Die sich ab der Erntezeit verholzenden Triebe sind hingegen sehr robust. Die Blätter sind elliptisch bis länglich, anfänglich samtig behaart und am Rand bewimpert. Aufgrund der nördlichen Verbreitung ist die Phänologie der Pflanze auf kurze Vegetationsperioden eingestellt, weshalb die Blätter oft bereits im September zu verbräunen und abzufallen beginnen. Die gelblichen etwa 1,5 bis 3 cm langen röhren- bis trichterförmigen Blüten hängen paarweise achselständig an einem gemeinsamen kurzen Stiel. In Mitteleuropa blüht die Haskap je nach Sorte und Standort etwa von Ende März bis Mitte April. Im Gegensatz zur Heidelbeere entwickeln sich die Blüten einer Pflanze nahezu zeitgleich, wodurch sich eine kompakte Abreife der Beeren ergibt. Spätfröste sind keine Gefahr, da die Blüten –8 bis –10 °C in der Regel unbeschadet überstehen. Unbedingt zu beachten ist, dass die Haskap selbststeril ist, weshalb sie zur Bestäubung mindestens einen kompatiblen Pollenspender benötigt, der zudem im selben Zeitfenster blüht. Selbstbestäubung oder schlechte Bestäubung führt – wenn überhaupt – nur zu wenigen, kleinen und verkrüppelten Früchten. Die zwei Fruchtknoten der paarweisen Blüten sind fast vollständig miteinander verwachsen (Doppelfruchtknoten), sodass aus zwei Blüten eine Beere entsteht. Diese hell- bis dunkelblauen, mit einem hellen Reif überzogenen Doppelbeeren, sind je nach Sorte in etwa 0,5 bis über 3 cm lang und 1 bis 3 g schwer, wobei die Gestalt von rund, zylindrisch, birnenförmig, länglich, glocken- bis eiförmig sehr vielfältig sein können. Die geschmacksbildenden Komponenten sind neben dem Zucker und Säuregehalt auch Polyphenole (= Gerbstoffe, herber Geschmack) und Iridoide (bitterer Geschmack). Je nach Sorte wird der Geschmack oft als Mischung aus Heidelbeeren, Brombeeren, Holunder, Zwetschken und anderen Früchten beschrieben.

Kalte Temperaturen während der Blüte werden von der Haskap gut vertragen.
Foto: Christian Haselmair-Gosch

Die Fruchtformen von Haskap können je nach Sorte sehr unterschiedlich sein.
Foto: Christian Haselmair-Gosch

Die zwei Fruchtknoten der paarweisen Blüten sind fast vollständig miteinander verwachsen. Daraus entwickelt sich eine Doppelbeere, die wie eine einzige Beere aussieht.
Foto: Christian Haselmair-Gosch

STANDORT UND BODENVORBEREITUNG

Obwohl die Haskap keine besonderen Ansprüche an den Boden hat, sollten für den professionellen Anbau optimale Bedingungen geschaffen werden. Sehr gut geeignet sind humose Ackerböden im neutralen pH-Wert-Bereich und guter Wasserführung. Leichte Staunässe wird zwar toleriert, ist aber langfristig nicht optimal. Sonnige Standorte fördern die Fruchtqualität. Sehr exponierte und heiße Südlagen können problematisch werden, wenn die Pflanzen in unseren Breiten an mehreren hintereinander folgenden warmen Wintertagen bereits austreiben und dann bei sehr tiefen

Temperaturen im Spätwinter Frostschäden erleiden. Beispielsweise neigt ´Jugana´ eher zum winterlichen Austreiben. Darüber hinaus können langanhaltende warme Spätsommerperioden zum vereinzelt nochmaligen Austrieb und Blühen im Herbst führen, obwohl sich die Pflanzen bereits im Ruhestadium befinden. Ein negativer Effekt dieses herbstlichen Wachstums fürs Folgejahr konnte nicht beobachtet werden. Die starke Reaktion auf warme Temperaturen ist der nördlichen Verbreitung der Haskap geschuldet, wo es wichtig ist, die jährliche Entwicklung in einer kurzen Vegetationszeit abzuschließen. Aus diesem Grund sind leicht abfallende Nord- oder Tallagen, bei denen im Winter die Erwärmung durch Sonneneinstrahlung geringer ist, besser geeignet. Die Wärmeempfindlichkeit mag zwar eine gewisse Einschränkung sein, ermöglicht andererseits aber die Nutzung von Flächen, die obstbaulich nur wenig geeignet sind (Frostlagen mit Kaltluftseen, Nordhänge, höhere Lagen). Der Anbau in eher kälteren Regionen in Mittel- und Nordeuropa ist demnach deutlich begünstigt, womit auch die bei anderen Früchten häufige Konkurrenz südeuropäischer Länder wegfällt.

ANBAUSYSTEME

Unterschiede in den Anbausystemen beschränken sich bei der Haskap im Wesentlichen auf die Pflanz- und Reihenabstände, welche sich vor allem nach der Maschinenausstattung und Verwendung der Beeren als Tafel- oder Verarbeitungsware richten. Für den Frischmarkt vorgesehene Beeren müssen händisch geerntet werden, weshalb ein lockerer Strauchhabitus und größere Abstände zwischen den Pflanzen (ca. 1–1,2 m) besonders wichtig sind, um die Pflückleistung zu maximieren. Verarbeitungsware wird meist maschinell geerntet. In diesem Fall sind geschlossene, dichtere Strauchhecken mit Pflanzabständen von 0,7–1 m und gelegentlich noch enger sinnvoller, weil dadurch höhere Erträge erreicht werden. Diese Heckenform, in Kombination mit der Pflanzung auf Dämmen, verringert zudem Verluste durch Bodenfall während des Schüttelvorgangs. Der Abstand zwischen den Reihen richtet sich nach der betrieblichen Maschinenausstattung (Arbeitsbreite der Mähgeräte, Einsatz von Erntemaschinen, ...) und sollten im Zweifelsfall nicht zu gering gewählt werden. Die Installation von Hagelnetzen ist weniger bedeutend als bei anderem Obst, da die Früchte zu Beginn der hagelgefährlichen Sommermonate bereits abgeerntet sind.

PFLANZMATERIAL UND PFLANZUNG

Als Pflanzmaterial werden in der Regel Topfpflanzen unterschiedlicher Größe verwendet. Während kleinere Pflanzen, etwa im 0,5-Liter-Topf, zwar preisgünstiger sind, können sich größere Pflanzen (ab 2-Liter-Töpfe) schneller gegen die nicht zu unterschätzende Unkrautkonkurrenz durchsetzen, was die höheren Kosten rasch kompensieren kann. Es ist ein Kompromiss zwischen Kosten und Nutzen zu finden. Der Boden sollte vor der Pflanzung gelockert und gegebenenfalls mit Humus angereichert werden. Gelegentlich werden die Pflanzen leicht schräg eingegraben, was die zahlreiche Neutriebbildung an der Oberseite der geneigten Zweige fördert. In Erwerbsanlagen wird manchmal ein starker Rückschnitt nach der Pflanzung durchgeführt, um einen einheitlich dichten Wuchs zu erreichen. Unbedingt beachtet werden muss, dass die Haskap selbststeril ist und deshalb mindestens zwei kompatible Sorten kombiniert werden müssen. Idealerweise werden zur Sicherheit 3–4 Sorten reihenweise abwechselnd gepflanzt, da die Kompatibilitäten bei älteren Sorten oft nur Erfahrungswerte sind. Für Neuzüchtungen sind in der Regel Tabellen mit den jeweils geeigneten Partnern verfügbar. Ein Wechsel innerhalb der Reihe ist aus erntetechnischen Aspekten unpraktisch. Nach dem Pflanzen empfiehlt es sich, den Bereich um die Sträucher durch eine Mulchschicht vor Unkraut zu schützen.

KULTURMASSNAHMEN IM JAHRESLAUF

Neben dem Schnitt ist die Unkrautregulierung die wichtigste Maßnahme zur Pflege der Haskapanlage. Dies ist besonders in den ersten Jahren wichtig, bis die eher flachwurzelnden Pflanzen einen entsprechenden Wurzelkörper ausgebildet haben. Organische Mulchschichten sind zu bevorzugen, weil damit gleichzeitig der notwendige Humusaufbau gefördert wird und zusätzliche Düngung reduziert werden kann. Besonders bewährt hat sich Grassilage, da die Verrottung langsamer erfolgt als bei frischem Grünschnitt. Folien und Bändchengewebe werden ebenfalls gelegentlich verwendet. Der Einsatz dieser Materialien ist jedoch gründlich abzuwägen, denn ein späterer Eintrag von organischem Material, entweder als Dünger oder zur Unkrautbekämpfung, ist faktisch nicht mehr möglich! Zudem sind diese Kunststoffe im Alter verschlissen und nach der Auflösung der Kulturfläche kaum wieder vollständig aus dem Boden entfernbar. Händisches Jäten, sowie mechanische Unkrautbekämpfung mittels Krümler, Finger- oder Rollhacke werden ebenfalls praktiziert. Auch hier hängt die Technik von den betrieblichen Gegebenheiten wie etwa der Flächengröße, Maschinenausstattung, Vermarktungsstrategie (billige Verarbeitungsware vs. Tafelobst) oder Hangneigung ab. Eine ausreichende Bestäubung der Blüten ist Voraussetzung für einen hohen Fruchtansatz. Aufgrund der kühlen Temperaturen im Frühjahr sind vor allem Hummeln wichtige Bestäubungsinsekten, während Bienen die Blüten auch an warmen Tagen nicht sehr gerne befliegen. Bei Bedarf können saisonal Hummelvölker als sogenannte Verlustvölker für eine Bestäubung zugekauft werden.

Schnitt

Auch wenn immer wieder zu lesen ist, dass die Haskap nicht oder nur alle 2–3 Jahre geschnitten werden muss, sind Schneidemaßnahmen für eine professionelle Beerenproduktion unumgänglich, wenn Beeren für den Frischmarkt produziert werden. Dazu entfernt man alle 1–2 Jahre die beschädigten, kranken, sehr vergreisten, bodennahen und vor allem im Strauchinneren zu dichten Triebe, immer mit dem Ziel, einen lockeren Kronenaufbau für eine hohe Pflückleistung zu schaffen. Beim Anbau für Verarbeitungsware ist aus Kostengründen ein zeitintensiver händischer Schnitt kaum rentabel, weshalb oft nur alle paar Jahre maschinelle Verjüngungsschnitte durchgeführt werden. Die Fähigkeit zum Stockausschlag nach starkem Rückschnitt ist bei der Haskap sehr ausgeprägt. Im Hausgarten kann man zu Gunsten des Ertrages die Schnittmaßnahmen ebenfalls reduzieren, zumal eine hohe Pflückleistung hier keine Rolle spielt.

Düngung

Haskap mögen humose, gut mit Nährstoffen versorgte Böden und vertragen daher auch höhere Düngergaben. Diese sollten der Pflanze bereits sehr früh im Jahr, spätestens ab dem Austrieb, zur Verfügung stehen, da der Großteil der Entwicklung bereits im Frühsommer abgeschlossen ist. Organische Dünger, bei denen die Nährstoffe erst durch den Abbau freigesetzt werden, müssen demnach rechtzeitig ausgebracht werden, zumal durch die kühlen Temperaturen der Zersetzungsprozess verlangsamt ist. Eine Überdüngung ist kaum zu beobachten, kann aber zu unerwünscht hohen Wachstumsschüben führen, was den Schnittaufwand erhöht und die Pflückleistung reduziert. Im Hausgarten reicht in der Regel die Nährstoffnachlieferung aus der verrottenden Mulchschicht, im Erwerbsanbau sind Bodenuntersuchungen zumindest vor der Anlagenerstellung empfehlenswert, um den Nährstoffstatus einschätzen zu können.

Vor dem Schnitt (o.) vs. nach dem Schnitt (u.): Ein starker Schnitt reduziert zwar den Ertrag, fördert aber die Fruchtqualität und erhöht die Pflückleistung. Fotos: Christian Haselmair-Gosch

ERNTE, ERTRAG UND VERMARKTUNG

Die Erntemethode bestimmt die Qualität der Beeren und hängt damit von der Art der Vermarktung ab. Qualitativ hochwertige und gut haltbare Früchte verlangen eine sorgfältige Handpflücke durch geschultes Personal. Die im Vergleich zur Heidelbeere empfindlicheren Beeren werden je nach Betrieb zum Teil bereits in die Endverpackung gepflückt, in der Regel erfolgt jedoch eine Qualitätskontrolle durch Überleeren der Beeren, nachdem sie vom Feld transportiert und leicht gekühlt wurden. Gebinde zwischen 125 und 500 g sind sinnvoll, während die Beeren in 1.000 g-Tassen bereits zu sehr gequetscht werden. Früchte für die Verarbeitung werden aus Kostengründen maschinell geerntet. Dabei kommen – wie bei der Heidelbeere beschrieben und abgebildet – ab dem 4. Standjahr Maschinen zum Einsatz, die mit Hilfe von vibrierenden Kunststoffstäben die reifen Beeren vom Strauch rütteln, auf Förderbändern auffangen und in Kunststoffkisten füllen. Durch die nahezu gleiche Reifezeit innerhalb einer Sorte werden fast alle Früchte in einem einzigen Erntedurchgang geerntet. Nachfolgende Reinigungsschritte wie die Windsichtung, visuelle Kontrolle auf Förderbändern durch mehrere Personen und das Abpacken und Frosten der Beeren sind auf jeden Fall nötig, um die hohen Erntemengen umgehend zu versorgen. Als Erntemaschinen können Standardmaschinen verwendet werden, die auch bei Johannisbeeren und Aronia zum Einsatz kommen. Durch die unterschiedlichen Reifezeiten der einzelnen Beerenarten und den überbetrieblichen Einsatz führt dies zu einer besseren Auslastung dieser teuren Geräte. Im Hausgarten oder Kleinbetrieben werden statt der großen Erntemaschinen häufig auch mehr oder weniger einfache technische Hilfsmittel (Rüttelgeräte aus umgebauten Säbelsägen, Auffangwannen, umgedrehte Regenschirme) eingesetzt. Die Bestimmung des richtigen Erntezeitpunkts ist nicht immer ganz einfach, da die Beeren nach der Ausfärbung der Beerenhaut noch ein bis zwei Wochen am Strauch hängen sollten, um den vollen Geschmack und vor allem ein ausgewogenes Zucker-Säure-Verhältnis zu erlangen. Ein Refraktometer zur Messung des Zuckergehalts und ein bisschen Erfahrung können dabei hilfreich sein. Bei manchen Sorten fallen die Beeren bei Genussreife leicht vom Strauch (´Silginka´, ´Vostorg´), während sie sich bei anderen Sorten oft nur sehr schwer lösen und am Stielansatz einreißen (´Borealis´). Dies beeinflusst auch die händische Pflückleistung massiv und unterstreicht damit die Bedeutung einer richtigen Sortenwahl.

Für die Ertragsleistung gibt es in unseren Breiten noch wenig Erfahrungswerte, liegt aber auf jeden Fall niedriger als die manchmal beschriebenen 10–20 t/ha, eher bei 4–8 t/ha. Pro Strauch kann man je nach Sorte mit Durchschnittserträgen von 1–2 kg für den Frischmarkt kalkulieren. Plantagen für den Frischmarkt sind aufgrund der größeren Pflanzweite und des stärkeren Schnitts weniger ertragreich als dichte Hecken für die maschinelle Ernte von Verarbeitungsware, bei denen die im Durchschnitt geringere Fruchtgröße durch die höhere Menge an Beeren wettgemacht wird. Die Haltbarkeit der Beeren für den Frischmarkt ist je nach Sorte verschieden. Der Umgang mit den Beeren bis zur Vermarktung orientiert sich aufgrund der Empfindlichkeit eher an der Himbeere. Die Beeren sollten nach der Ernte möglichst rasch und durchgehend gekühlt werden. Um eine längere Haltbarkeit zu erzielen, beispielsweise wenn die Vermarktung über den Großhandel beabsichtigt ist, können die Beeren noch vor der Genussreife geerntet werden, denn als klimakterische Früchte reifen die Beeren ohnehin noch nach.

Da Haskap-Beeren bei uns noch wenig bekannt sind, ist es umso wichtiger, als erstes zu überlegen, wie die Beeren vermarktet werden sollen. Gute Chancen haben Betriebe, die die Haskap als neue Frucht in ihre Produktpalette integrieren und bereits eine etablierte Vermarktung haben. Die früh reifenden Beeren können beispielsweise eine gute Ergänzung für Erdbeer- und Spargelbetriebe oder solche mit breitem Obstsortiment sein. Haskap-Beeren können als Frischware, gefrostet, für Eis, Schokolade, Konfitüre, Kompott, Mus, Saft, Sirup, Likör, Wein, Gin, Tee, Kosmetik- und Milchprodukte, oder als Pulver und Farbstoffzusatz etc. verwendet werden.

Die besonderen Fruchtformen, der eigenständige Geschmack und die frühe Reife machen die Haskap zu einer interessanten, eigenständigen Kultur. Die frühe Reife hat außerdem den Vorteil, dass die Haskap eher eine Ergänzung des Obstspektrums ist und keine anderen Beeren am heimischen Markt verdrängen müssen.

Das Preisniveau und dessen Entwicklung sind schwer einzuschätzen, da dies stark von der regionalen Verfügbarkeit und Qualität (Frisch- vs. Verarbeitungsware) abhängt. Außerdem befinden wir uns noch in der Anfangsphase der Entstehung von größeren Plantagen in Mitteleuropa und es ist nicht absehbar, wie sich Angebot und Nachfrage – vor allem im Verarbeitungsbereich, wo größere Mengen zu niedrigeren Preisen produziert und überregional vermarktet werden können – entwickeln werden. Für den Anbau zur regionalen Vermarktung als Frischobst hat die Haskap auf jeden Fall ihre Berechtigung und wird aufgrund der steigenden Bekanntheit noch an Bedeutung gewinnen.

Haskap in 200 g Holzschliffschalen für die Direktvermarktung Fotos: Christian Haselmair-Gosch

Durch Abschütteln der Beeren in Wannen und nachfolgendem Windsichten kann die Pflückleistung erhöht werden.

Bei der maschinellen Ernte für Verarbeitungsware schütteln vibrierende Stäbe die Beeren vom Strauch auf ein Förderband.

PFLANZENSCHUTZ, KRANKHEITEN UND SCHÄDLINGE

Die geringe Anfälligkeit der Haskap für Krankheiten und Schädlinge macht sie für den biologischen Anbau sehr interessant. Zwar konnten bereits potentielle Schaderreger auf den Pflanzen nachgewiesen werden, wirtschaftlich relevant scheinen sie allerdings noch nicht zu sein. Am häufigsten treten Verbräunungen an Blättern im Sommer durch Echten Mehltau oder Sonnenbrand auf, was aber als eher unproblematisch gesehen wird, da die Haskap an kurze Vegetationsperioden gewohnt ist. Etwaige Schutz- oder Bekämpfungsmaßnahmen sind daher diesbezüglich nicht nötig.

Krankheiten

Echter Mehltau

(vermutlich *Erysiphe* sp.)

Der genaue Erreger dürfte bislang nicht eindeutig bestimmt worden sein. Im Frühsommer erscheint vor allem auf der Blattoberseite ein weißer Flaum. Ein Befall führt zu teilweisen oder vollständigen Verbräunung der Blätter. Die Anfälligkeit der Sorten ist je nach Sorte mehr (z. B. ´Bakczarskij Velikan´) oder weniger (z. B. ´Indigo Gem´, ´Aurora´) stark ausgeprägt. Ein starker Befall kann bereits im Sommer zu völlig laublosen Pflanzen führen. Warme, feuchte Lagen begünstigen das Auftreten des Pilzes.

Echter Mehltau ist leicht durch den weißen Flaum an Blättern erkennbar.
Foto: Christian Haselmair-Gosch

Sonnenbrand

Haskap sind kühlere Regionen mit geringerer Sonneneinstrahlung gewohnt, weshalb es in Mitteleuropa im Laufe des Sommers zu Blattverbrennungen kommen kann, die sich als Verbräunungen äußern. Wachstumsschübe im Frühjahr mit nachfolgenden langen Sonnentagen erhöhen die Sonnenbrandgefahr.

Schädlinge

Maulbeerschildlaus

(Pseudaulacaspis pentagona)

Seit ein paar Jahren tritt dieser Schädling aus Ostasien besonders in wärmeren Regionen Europas bei vielen Kultur- und Zierpflanzen auf. Im Obstbau sind vor allem Pfirsiche, Johannisbeeren, Him- und Brombeeren, sowie auch die Haskap betroffen. Ein Befall ist sehr einfach durch die sehr auffälligen, zum Teil massenhaft besonders an der Stockbasis befindlichen, weißen, länglichen, wachsüberzogenen Schildchen der Männchen erkennbar. Die befruchteten Weibchen überwintern am Holz und können sehr tiefe Temperaturen überstehen, während die im Mai abgelegten Eier und die daraus schlüpfenden Larven temperaturempfindlich sind. Männliche Larven sind wenig mobil, die Ausbreitung im Bestand erfolgt hauptsächlich durch die Weibchen. In Abhängigkeit der klimatischen Bedingungen können sich im Jahr zwei und mehr Generationen ausbilden. Der Schaden wird durch die Saugtätigkeit der Tiere verursacht und führt bei starkem Befall zur Schwächung oder gar dem Absterben der Pflanze.

Bekämpfung

Die Tiere sind durch ihr Schild gut geschützt und auf den Sträuchern nur schwer zugänglich. Der Zeitpunkt einer chemischen Behandlung ist deshalb hauptsächlich während der Wanderphase nach dem Schlupf der Larven effektiv und kann mit Pheromonfallen bestimmt werden. Eine mechanische Entfernung durch Abbürsten oder dem Hochdruckreiniger wie es bei Pfirsichen zum Teil gemacht wird, ist im Strauchbeerenanbau nicht praktikabel. Bei geringem Befall oder wenigen Pflanzen (Hausgarten) ist das gezielte Abreiben oder Zerdrücken mit den Fingern noch am ehesten durchführbar. Die sicherste Methode ist das Abschneiden der befallenen Triebe in der Winterruhe, wenn ein Befall besonders gut erkennbar ist. Da die Läuse auf totem Holz absterben, kann das Schnittgut in der Plantage verbleiben und ermöglicht etwaigen nützlichen Schildlaus-Parasiten die Überwinterung. Laufendes Monitoring kann die Ausbreitung wesentlich eindämmen.

Neben den zuvor genannten Schaderregern können die Haskap auch durch Wildverbiss, Vögel oder Wühlmäuse geschädigt werden, die an anderer Stelle dieses Buches detailliert beschrieben sind. Die Kirschessigfliege ist aufgrund der frühen Reifezeit der Haskap nicht relevant.

Die weißen Schildchen der männlichen Läuse befinden sich hauptsächlich an der Stockbasis und sind ein eindeutiges Merkmal für den Befall mit der Maulbeerschildlaus.
Foto: Christian Haselmair-Gosch

SORTENWAHL

Die Bestäubungs-Kompatibilität und die beabsichtigten Vermarktungswege (Frischmarkt, Verarbeitung) sind wesentliche Kriterien, welche im Erwerbsanbau die Sortenwahl beeinflussen. Zuchtziele sind neben dem Ertrag und der Fruchtqualität vor allem gute Wuchseigenschaften und eine spätere Blüte- sowie Reifezeit, um einerseits den Angebotszeitraum zu verlängern und andererseits wärmetolerantere Sorten zu schaffen. Langfristiges Ziel ist auch die Schaffung von Sorten die fest genug sind und damit wie bei Heidelbeeren auch für den Frischmarkt maschinell geerntet werden können. Züchtungsprogramme gab es bereits vor Jahrzehnten in Russland (ab 1964; z. B. ´Vostorg´, ´Docz Velikana´, ´Jugana´), Polen (ab ca. 1990; z. B. ´Wojtek´, ´Zojka´) und den USA (ab 1996; z.B. ´Happy Giant´, ´Strawberry Sensation´, ´Blue Treasure´). Besondere Beachtung fanden die Ergebnisse der kanadischen Universität von Saskatchewan (ab 2006), vor allem die Sorten ´Aurora´ und die neueste Boreal-Serie, v. a. ´Boreal Blizzard´. Verwirrend ist manchmal, dass Sorten unter mehreren Namen oder Nummern erhältlich sein können (z. B. ´Indigo Gem´ = ´Myberry Farm´). Für den Frischmarkt sind aus vermarktungstechnischen Gründen Sorten mit besonderen Fruchtformen (länglich, gebogen) wie etwa bei ´Vostorg´ und ´Aurora´ eher besser geeignet als rundlichere Sorten, die möglicherweise zu sehr an Heidelbeeren erinnern. Für die maschinelle Ernte sind runde Sorten (z. B. ´Indigo Gem´, ´Strawberry Sensation´, ´Giant´s Heart´) von Vorteil, da sie im Ernte- und Sortierprozess besser rollen und damit leichter handhabbar sind. Nachfolgend sind die wichtigsten Sorten für den Hausgarten und Profianbau beschrieben. Als Bestäubungspartner sind Beispiele angeführt, natürlich können aber auch andere Sorten kombiniert werden, sofern sie kompatibel sind. Diese Information wird bei Neuzüchtungen in der Regel in Tabellen bereitgestellt.

HAUSGARTEN-TIPP

Die meisten Haskap-Sorten reifen relativ kompakt ab. Möchten Sie länger frische Beeren genießen, haben aber nur Platz für wenige Sträucher, können Sie jene Sorten auswählen, welche über einen größeren Zeitraum abreifen, wie beispielsweise ´Aurora´ oder ´Boreal Blizzard´.

Die wichtigsten Haskapsorten im Porträt (geordnet nach Reifezeit)

Docz Velikana

Herkunft: Russland
Früh reifende Sorte (Ende Mai) mit aufrechtem bis ausladenden Wuchs. Sehr große, längliche Früchte mit gutem Geschmack. Die Beeren lösen sich manchmal schlecht vom Strauch und reißen ein. Gute Pflückleistung bei Handernte. Für den Frischmarkt geeignet. Bestäubungspartner: z. B. ´Vostorg´

Docz Velikana Foto: Christian Haselmair-Gosch

Vostorg

Herkunft: Russland
Früh reifende Sorte (Ende Mai) aus dem westsibirischen Tiefland mit lockerem, aufrechten Wuchs. Feste, geschmackvolle, große, längliche Früchte, die sich leicht vom Strauch lösen und gut halt- bzw. lagerbar sind. Gute Sorte für den Hausgarten und Frischmarkt. Bestäubungspartner: z. B. ´Aurora´, ´Docz Velikana´

Vostorg Foto: Christian Haselmair-Gosch

Indigo Gem

Herkunft: Kanada
Früh bis mittel reifende Sorte (Anfang Juni) mit breitem, ausladendem Wuchs. Mittelgroße, rundliche, aromatische Beeren mit leicht herber Note, die sich gut vom Strauch lösen. Reift nicht ganz einheitlich ab. Gut maschinell erntbar. Bestäubungspartner: z. B. ´Aurora´, ´Honeybee´

Indigo Gem Foto: Christian Haselmair-Gosch

Aurora

Herkunft: Kanada
Früh bis mittel reifende Sorte (Anfang Juni–Mitte Juni). Starkwüchsig und dichttriebig. Sehr reichtragend, mit großen,

länglichen, sehr aromatischen Früchten. Die Beeren reifen nicht zeitgleich, daher ist eine Ernte über 2–3 Wochen möglich. Die Sorte ist daher ideal für einen Hausgarten oder Frischmarkt. Bestäubungspartner: z. B. ´Vostorg´, ´Indigo Gem´

Aurora Foto: Christian Haselmair-Gosch

Honeybee

Herkunft: Kanada
Mittlere Reifezeit (Mitte Juni) mit aufrechtem, dichttriebigen Wuchs. Mittelgroße, rundlich bis zylinderförmige Früchte. Leicht säuerlicher Geschmack, bei Vollreife aber schmackhaft. Maschinell erntbar. Ursprünglich als reine Bestäubungssorte gezüchtet, aber auch aufgrund des hohen Ertrags interessant.

Bestäubungspartner: z. B. ´Boreal Blizzard´, ´Aurora´, ´Indigo Gem´

Boreal Beast

Herkunft: Kanada
Mittel bis spät reifende Sorte (Mitte Juni) mit aufrechtem Wuchs. Große, glockenförmige bis runde, aromatische Früchte, die auch im reifen Zustand nicht vom Strauch fallen. Bestäubungspartner: z. B. ´Boreal Beauty´, ´Boreal Blizzard´

Boreal Blizzard

Herkunft: Kanada
Mittel bis spät reifende Sorte (Mitte Juni–Ende Juni) mit aufrechtem Wuchs. Große, ovale, sehr aromatische Früchte, die im reifen Zustand eher weicher sind und nicht vom Strauch fallen. Gute Sorte für den Hausgarten oder Frischmarkt. Bestäubungspartner: z. B. ´Boreal Beast´, ´Boreal Beauty´

Boreal Beauty

Herkunft: Kanada
Spät reifende kanadische Sorte (Ende Juni) mit aufrechtem, buschigen Wuchs. Rundlich ovale Früchte, die sich im reifen Zustand gut vom Strauch lösen. Guter Geschmack. Maschinell erntbar. Bestäubungspartner: z. B. ´Boreal Beauty´, ´Boreal Beast´

Giant´s Heart

Herkunft: USA
Spät reifende amerikanische Sorte (Ende Juni). Große, breitovale, spitz zulaufende Früchte (Herzform) mit gutem Geschmack. Bestäubungspartner: z. B. ´Strawberry Sensation´

Strawberry Sensation

Herkunft: USA
Spät reifende amerikanische Sorte (Ende Juni). Mittelgroße, rundliche, leicht säuerliche Früchte, vollreif mit ausgeprägtem Erdbeeraroma. Lösen sich im reifen Zustand gut vom Strauch. Maschinell erntbar. Bestäubungspartner: z. B. ´Giant´s Heart´

Strawberry Sensation Foto: Christian Haselmair-Gosch

Sortenübersicht Haskap

Sorte	Herkunft	Reifezeit	Größe	Geschmack	Festigkeit	Frischmarkt	Hausgarten	maschinelle Ernte	Ertrag	Besonderheiten
Bakczarskaja Jubilejnaja	Russland	früh	* *	* *	* *	* *	* * *	* * *	* *	
Bakczarskij Velikan	Russland	früh	* *	* *	* *	* *	* * *	* * *	* *	
Docz Velikana	Russland	früh	* * *	* *	* *	* * *	* * *	* *	* *	sehr große Früchte mit interessanter Fruchtform
Jugana	Russland	früh	* *	* *	* *	* *	* *	* *	* *	neigt im Winter bei warmen Temperaturen auszutreiben
Sinij Utes	Russland	früh	* *	* *	* * *	* *	* *	* * *	* *	
Vostorg	Russland	früh	* * *	* * *	* * *	* * *	* * *	* * *	* *	sehr feste, gut haltbare und lagerbare Früchte, lösen sich leicht vom Strauch, hohe Pflückleistung
Aurora	Kanada	früh–mittel	* * *	* * *	* *	* * *	* * *	* *	* * *	sehr schmackhafte Beeren, Früchte reifen nicht einheitlich ab
Blue Banana	USA	früh–mittel	* *	* * *	* *	* * *	* * *	* *	* *	sehr guter Geschmack
Indigo Gem	Kanada	früh–mittel	* *	* *	* * *	* *	* *	* * *	* *	rundliche Früchte mit einer ganz leichten, angenehm herben Note
Honeybee	Kanada	mittel	* *	*	* *	*	*	* * *	* * *	starkwüchsig und reichtragend, gute Bestäubersorte
Wojtek	Polen	mittel	* *	*	* * *	*	*	* * *	* * *	vor allem für die maschinelle Ernte für die Verarbeitung
Zojka	Polen	mittel	* *	* *	* * *	*	*	* * *	* * *	vor allem für die maschinelle Ernte für die Verarbeitung
Boreal Beast	Kanada	mittel–spät	* * *	* *	* *	* *	* *	* *	* *	
Boreal Blizzard	Kanada	mittel–spät	* * *	* * *	* *	* * *	* * *	* *	* * *	sehr schmackhafte Beeren, Früchte reifen nicht einheitlich ab
Boreal Beauty	Kanada	spät	* *	* *	* *	* *	* *	* * *	* *	
Giant´s Heart	USA	spät	* * *	* * *	* * *	* *	* * *	* * *	* * *	
Strawberry Sensation	USA	spät	* *	* *	* * *	* *	* * *	* * *	* * *	bei voller Reife ausgeprägter Erdbeergeschmack

* * * gut, * * mittel, * gering

VERARBEITUNG

MARMELADE, KONFITÜRE, GELEE UND CHUTNEY

Das Einkochen mit Zucker ist eine beliebte Konservierungsvariante für Beerenobst.
Foto: Pexels/Pixabay

Alle vier Bezeichnungen werden bei der Konservierung von Beeren verwendet und unterscheiden sich auch nur in wenigen Bereichen. Hat die EU uns beim Beitritt und den Herstellern von Konfitüren das Wort Marmelade nur für Zitrusfrüchte vorgegeben, so ist Marmelade im häuslichen Bereich weiterhin fest verankert. Für das Inverkehrsetzen müssen alle anderen Produkte als Konfitüre bezeichnet werden, wobei eine oder mehrere Obstarten und Zucker oder Honig verwendet werden dürfen. Diese Produkte müssen mindestens 60 % Trockenmasse im Fertigerzeugnis aufweisen, was heißt, dass bei einer Trocknung 60 % der Gesamtmenge zurückbleiben. Dieser Wert ist notwendig, damit die Konfitüre nicht verdirbt.

An Zusätzen sind bei allen diesen Produkten Zitronensaft, Pektin sowie Genusssäuren gestattet. Bei Konfitüre und Gelee ist ein Zusatz von Konservierungsmitteln verboten.

Bei Marmelade und Konfitüre wird zwischen „extra“ und „einfach“ unterschieden. Diese beiden Begriffe sind beim Verkauf, oder aber auch Kauf zu unterscheiden und werden durch die verwendete Obstmenge bestimmt. Konfitüre „einfach“ muss mindestens 350 g Obst pro Kilogramm Fertigerzeugnis aufweisen, Konfitüre „extra“ mindestens 450 g/kg Fertigerzeugnis. Bei Schwarzen Ribiseln, Hagebutten und Quitten gelten jedoch folgende Werte: 250 g = „einfach“ und 350 g = „extra“, wobei der Wert für „extra“ in Klammer angeführt wird.

Es gibt dann noch den immer wieder anzutreffenden Begriff „Leicht", wobei Leichtkonfitüren mindestens 600 g Obsteinwaage auf 1 kg Fertigerzeugnis aufweisen müssen, wobei die lösliche Trockenmasse nur 45 % betragen darf. Allerdings dürfen Leichtkonfitüren verwendet werden.

Jedes Etikett und die Bezeichnung des Produktes sagen schon sehr viel über den Inhalt und den Fruchtanteil aus. Zur noch besseren Information ist auch der Wortlaut „Hergestellt aus ... g Früchten je 100 g" und „Gesamtzuckergehalt: ... g je 100 g" auf dem Hauptetikett zu finden.

Werden andere Produktionshilfsstoffe verwendet, so müssen sie gekennzeichnet werden.

All diese Bestimmungen gemeinsam führen zu den guten heimischen Konfitüren, wie sie im Haushalt, aber auch für Geschäfte produziert werden.

Was ist bei der Marmeladebereitung zu beachten und wie soll dabei vorgegangen werden?

- Nach dem Waschen lässt man die Beeren abtropfen oder trocknet sie mit einem Geschirrtuch. Faule Beeren werden aussortiert.
- Die Beeren aufkochen und je nach Konsistenz der späteren Marmelade stark oder nur wenig zerkleinern. Beim Aufkochen den Zucker zusetzen. Je nach verwendetem Gelierhilfsmittel erstreckt sich die Zuckermenge von 16 kg Zucker je Kilogramm Frucht bis hin zu 1,5 kg Zucker je Kilogramm Frucht.
- Bei fertigen Mischungen von Pektin, Zitronensäure und Zucker ist immer auf das Produkt selbst zu achten. Vor allem Gelierhilfsmittel, die jeweils nur eine geringe Menge Zucker zum Haltbarmachen benötigen, sind zumeist mit einem chemischen Konservierungsmittel versehen. Produzenten, die ihre Produkte auch verkaufen wollen, müssen dies kennzeichnen.
- Je nach Produkt, Reifegrad und Wassergehalt der Frucht beträgt die Kochzeit zwischen fünf und zehn Minuten. Der weiße Schaum, der beim Kochen aufsteigt, wird abgeschöpft (dies ist Eiweiß).
- Anschließend wird die Gelierprobe gemacht. Man gibt einige Tropfen Marmelade auf einen kalten Teller und lässt sie erkalten. Wird die Marmelade dabei fest, ist sie fertig und kann abgefüllt werden.
- Die Gläser fest verschließen und bei der Verwendung von Schraubverschlüssen auf den Kopf stellen. Durch die Hitze wird so auch der Deckel desinfiziert und es kommt zu keiner Schimmelbildung.

Rezeptbeispiele

Himbeermarmelade

Ein Klassiker unter den Marmeladen ist sicherlich die Himbeermarmelade. Durch ihr intensives Aroma und die Würze wird sie sehr geschätzt.

Zutaten

1 kg Himbeeren	12 g Zitronensäure
1 kg Zucker	6 g Apfelpektin

Zubereitung

Die Himbeeren grob zerkleinern, mit Zucker und Pektin bis zum Kochen erhitzen. Anschließend die Zitronensäure zusetzen und die Gelierprobe machen. Wird die Marmelade fest, so kann sie in Gläser abgefüllt werden.

Erdbeermarmelade mit Zitronenmelisse

Eine feinfruchtige Spezialität mit einem leicht zitronigen Ton und der Würze frischer Erdbeeren.

Zutaten

1 kg Erdbeeren	15 g Zitronensäure
1 kg Zucker	6 g Apfelpektin
1 Handvoll Zitronenmelisse	

Zubereitung

Die Erdbeeren grob zerkleinern, mit Zucker, Pektin und den Zitronenmelisseblättern bis zum Kochen erhitzen. Anschließend die Zitronensäure zusetzen und die Gelierprobe machen. Wird die Marmelade fest, so kann sie in Gläser abgefüllt werden.

Was ist bei der Geleebereitung zu beachten und wie soll dabei vorgegangen werden?

Gelees unterscheiden sich von der Marmelade insofern, als hier nur der Saft und nicht die ganze Frucht verwendet wird. Gewöhnlich wird Fruchtsaft und Zucker im Verhältnis 1 : 1 gemischt, mit Pektin und Zitronensäure jeweils etwa fünf bis sieben Minuten gekocht und nach der Gelierprobe in Gläser abgefüllt.

Bei klaren Gelees hat sich die Saftgewinnung durch den Dampfentsafter sehr bewährt, wobei dieser sonst im Allgemeinen nicht die beste Form der Saftgewinnung darstellt.

Rezeptbeispiele

Stachelbeergelee

Dieses spezielle je nach Stachelbeersorte entweder grüne, gelbe oder rote Gelee passt hervorragend zu Fleischspeisen, aber auch als Zwischengericht aufs Brot.

Zutaten

1 kg Stachelbeeren	10 g Zitronensäure
1 kg Zucker	4 g Apfelpektin

Zubereitung

Die Stachelbeeren im Dampfentsafter kochen und dabei den Saft gewinnen. Der Saft wird dann mit dem Zucker und dem Pektin verrührt und etwa 5 Minuten gekocht. Nach etwa 4 Minuten wird die Zitronensäure zugesetzt und die Gelierprobe durchgeführt. Wenn das Gelee fest wird, so kann es in die Gläser abgefüllt werden.

Brombeergelee mit Brombeerbrand

Dieses tiefdunkle, glasklare Gelee mit einer leicht alkoholischen Note passt hervorragend zu kleinen Häppchen am Abend oder auch als Erfrischung in der Früh.

Zutaten

2 kg frische Brombeeren	1,5 kg Zucker
4 Stamperl Brombeerbrand	20 g Zitronensäure
	6 g Apfelpektin

Zubereitung

Die Brombeeren im Dampfentsafter kochen und dabei den Saft gewinnen. Der Saft wird dann mit dem Zucker und dem Pektin verrührt und sieben Minuten sprudelnd gekocht. Nach etwa sechs Minuten wird die Zitronensäure zugesetzt und die Gelierprobe durchgeführt. Sobald das Gelee fest wird, kann der Brombeerbrand zugesetzt werden, anschließend fest durchmischen und in die Gläser abfüllen.

Was ist bei der Chutneybereitung zu beachten und wie soll dabei vorgegangen werden?

Chutneys sind in der Regel eine Kombination aus süß, sauer und scharf. Die Hauptzutaten sind meist Obst, Gemüse (z. B. Zwiebeln, Tomaten) und Gewürze. Die Süße kommt meistens von Zucker oder Honig, die Säure von Essig (z. B. Apfelessig oder Weißweinessig). Sie passen perfekt zu Fleischgerichten, Käse oder als Beilage zu verschiedenen Speisen. Häufig verwendete Gewürze sind Ingwer, Zimt, Nelken, Kreuzkümmel, Senfkörner, Zimt und Chili. Die Zutaten müssen frisch sein, da dies den Geschmack und die Haltbarkeit des Chutneys beeinflusst.

Obst und Gemüse sollten nach Bedarf geschält und in kleine Stücke geschnitten werden, um eine gleichmäßige Konsistenz des Chutneys zu gewährleisten.

Chutneys sollten auf niedriger bis mittlerer Hitze gekocht werden, um die Aromen langsam zu entwickeln und die Zutaten weich zu kochen. Das Chutney muss oft über einen längeren Zeitraum köcheln, bis die Früchte und das Gemüse zerfallen und eine dicke, marmeladenartige Konsistenz erreichen. Dabei regelmäßig umrühren. Um die Konsistenz des Chutneys zu testen, einen Löffel in die Masse tauchen und die Flüssigkeit abtropfen lassen. Wenn sie langsam vom Löffel tropft, ist das Chutney fertig. Je länger es köchelt, umso fester die Konsistenz.

Wichtig ist, dass die Süße und Säure gut ausbalanciert sind – daher das Chutney am Ende des Kochprozesses noch einmal abschmecken.

Dann in sterilisierte Gläser füllen. Dazu die Gläser und Deckel in kochendem Wasser abkochen oder im Ofen erhitzen. Gläser fest verschließen, während das Chutney noch heiß ist. Es entsteht es Vakuum, was die Haltbarkeit verlängert. Danach bei Raumtemperatur abkühlen lassen; anschließend kühl und dunkel lagern. Chutney schmeckt oft besser, wenn es einige Tage oder sogar Wochen ziehen kann, da sich die Aromen noch intensiver entfalten.

Nach dem Öffnen im Kühlschrank aufbewahren und innerhalb weniger Wochen verbrauchen.

Rezeptbeispiele

Haskap-Chutney

Zutaten

500 g Haskap	100 ml Weinessig
300 g Zwiebel (rot)	20 g Ingwer
30 g Knoblauch	2 TL Zitronensaft,
100 g Zucker	Salz, Pfeffer

Zubereitung

Gehackte Zwiebeln und Knoblauch in der Pfanne anschwitzen und mit dem Zucker karamellisieren. Mit Weinessig aufgießen. Gehackten Ingwer und Zitronensaft dazugeben. Mit einer Prise Salz und Pfeffer würzen. Etwa 30 min. leicht köchelnd etwas eindampfen und anschließend in verschließbare Gläser füllen. Passt hervorragend zu Gegrilltem oder Käsevariationen.

Haskap-Chutney Foto: Christian Haselmair-Gosch

SAFT, NEKTAR UND SIRUP

Welche Arten gibt es?

- Wir unterscheiden drei große Produkte im flüssigen Beerenbereich. Diese sollen nun nach der Wertigkeit mit dem Fruchtanteil geordnet werden.
- Saft sind alle Produkte, bei denen die Flüssigkeit zu 100 % aus der namensgebenden Frucht stammt.
- Nektar sind alle Getränke, die einen gewissen Mindestfrucht- und -Säureanteil aufweisen und mit Wasser und/oder Zucker versetzt wurden.
- Sirup sind Getränke, die einen sehr hohen Zuckeranteil aufweisen, wobei Saft mit Zucker so weit konzentriert wird, dass eine Haltbarmachung durch den Zucker erfolgt. Sirupe sind nur nach Verdünnung konsumierbar.
- Fruchtnektarkonzentrat sind alle Getränke, die nicht den Trockensubstanzanteil von Sirup beinhalten und trotzdem nur verdünnt konsumiert werden können. Im Kleinen zählen dazu Säfte, die mit dem Dampfentsafter gewonnen werden, weil diese für einen Sirup zu wenig Trockensubstanz aufweisen.

Was ist bei der Saftproduktion zu beachten und wie soll dabei vorgegangen werden?

Die Saftproduktion ist recht einfach, da hierbei nur der Saft aus den Beeren gewonnen wird und dieser Saft nach wenigen Arbeitsschritten in die Flasche gefüllt werden kann.

- Die gerebelten und gereinigten Beeren werden zerkleinert und anschließend auf 45 °C erwärmt, damit man beim Pressen die Farbstoffe gewinnen kann. Sollen etwas größere Mengen oder pektinreiche Beeren (Ribisel, Heidelbeeren, Holunder) verarbeitet werden, so ist unbedingt ein Zusatz von pektinspaltenden Enzymen notwendig, damit der Saft dann später in der Flasche nicht geliert.
- Nach der Vorbehandlung wird der Saft gepresst und kann nach Filtration, bei klaren Säften, oder nur nach einer Absetzzeit von etwa vier Stunden heiß in die Flaschen gefüllt werden. Als beste Temperatur dafür haben sich etwa 80 °C erwiesen.

Bei der Nektarproduktion ist es wichtig, die Farbstoffe durch Zerkleinern und Erwärmen aus den Beeren zu lösen. Foto: Georg Innerhofer

- Je nach Verschluss werden die Flaschen komplett vollgefüllt, verschlossen, umgelegt und so schnell wie möglich rückgekühlt. Je schneller die Rückkühlung erfolgt, desto fruchtiger wird der Saft. Dafür geeignet ist ein leichtes Besprühen mit dem Schlauch oder ein weniger als fünf Sekunden langes Eintauchen in Wasser.

Was ist bei der Produktion von Nektar zu beachten und wie soll dabei vorgegangen werden?

Die Nektarproduktion ist etwas schwieriger als die Herstellung von Saft. Grundsätzlich muss einmal zwischen fruchtfleischhaltigem Nektar und klarem Nektar unterschieden werden. Der fruchtfleischhaltige, wie wir ihn von verschiedenen Markenprodukten kennen, kann nur mit teuren und aufwendigen Maschinen produziert werden, was für den Haushalt nicht machbar ist.

Der klare Nektar, ein Getränk, das mit Wasser und Zucker vermischt wurde, ist hingegen gleich einfach wie Saft zu produzieren.

- Die gerebelten und gereinigten Beeren werden zerkleinert und anschließend auf 45 °C erwärmt, damit man beim Pressen die Farbstoffe gewinnen kann. Sollen etwas größere Mengen oder pektinreiche Beeren (Ribisel, Heidelbeeren, Holunder) verarbeitet werden, so ist unbedingt ein Zusatz von pektinspaltenden Enzymen notwendig, damit der Saft später in der Flasche nicht geliert.
- Nach der Vorbehandlung wird der Saft gepresst und anschließend mit Wasser und Zucker versetzt. Für den Verkauf sind gewisse Mindestwerte einzuhalten. Allgemein kann man davon ausgehen, dass etwa 40 % Fruchtanteil bei allen Beeren gesetzeskonform sind. Nach Zusatz von Wasser und Zucker erfolgt die Filtration des Nektars. Naturtrübe Fruchtnektare können ohne Filtration, allerdings nach Bentonitschönung und einer Absetzzeit von etwa acht Stunden in die Flasche gefüllt werden. Die Füllung hat wie bei Saft bei etwa 80 °C zu erfolgen.
- Je nach Verschluss werden die Flaschen komplett vollgefüllt, verschlossen, umgelegt und so schnell wie möglich rückgekühlt. Je schneller die Rückkühlung erfolgt, desto fruchtiger wird der Saft. Dafür geeignet ist ein leichtes Besprühen mit dem Schlauch oder ein weniger als fünf Sekunden langes Eintauchen in Wasser.

Was ist bei der Produktion von Sirup zu beachten und wie soll dabei vorgegangen werden?

Die Sirupherstellung ist nach dem Mischen von Saft und Zucker auch recht einfach.

- Die gerebelten und gereinigten Beeren werden zerkleinert und anschließend auf 45 °C erwärmt, damit man beim Pressen die Farbstoffe gewinnen kann. Beinahe alle Presssäfte müssen mit pektinspaltendem Enzym behandelt werden, denn durch den hohen Zuckergehalt ist ein Gelieren ansonsten nicht zu vermeiden.
- Der so vorbehandelte Saft wird nun mit jeweils der doppelten Gewichtsmenge Zucker versetzt, damit der gesetzliche Mindestwert eingehalten wird. Das heißt, ein kg Saft wird mit 2 kg Zucker versetzt und anschließend auf 80 °C erwärmt und heiß in die Flaschen gefüllt.
- Je nach Verschluss werden die Flaschen komplett vollgefüllt, verschlossen, umgelegt und so schnell wie möglich rückgekühlt. Je schneller die Rückkühlung erfolgt, desto fruchtiger wird der Sirup. Dafür geeignet ist ein leichtes Besprühen mit dem Schlauch oder ein kurzes (weniger als fünf Sekunden) Eintauchen in Wasser.

Sirup wird durch das Erwärmen und die Zugabe von Zucker haltbar. Foto: Georg Innerhofer

MÖGLICHE FEHLER UND DEREN VERMEIDUNG

Fehler	Grund
Zu starke Bräunung	Zu lange Standzeit oder zu hohe Temperatur
Keine Fruchtigkeit	Falsche Sortenwahl, zu hohe Temperatur, unreines Obst
Kochgeschmack	Zu hohe Abfülltemperatur oder keine Rückkühlung
Klumpiger Trub	Keine Schönung und Stabilisierung durchgeführt
Schleier in der Flasche	Keine oder zu niedrige Eiweißstabilisierung durchgeführt
Weißer kugeliger Trub	Eiweißausflockung mit Gerbstoffen

Rezeptbeispiele

Himbeersirup, kalt angesetzt

Ein aromatischer Sirup mit feinfruchtigem Charakter, der auch mit wenig Erfahrung in der Sirupherstellung immer gelingt. Nach diesem Rezept können auch alle anderen Sirupe hergestellt werden.

Zutaten

2 kg frische Himbeeren
1,5 kg Zucker
500 ml Wasser
10 g Zitronensäure

Zubereitung

Die Himbeeren mit der Wasser-Zitronensäure- Lösung übergießen und an einem kühlen Ort einen Tag stehen lassen. Dabei ist ein leichter Druck mit einem Stein oder einem beschwerten Tauchdeckel von Vorteil, denn dieser erhöht die Saftausbeute. Den Saft abseihen und die restlichen Himbeeren über ein Tuch abpressen. Dieser Sirup kann entweder in sterile Flaschen gefüllt oder auf 80 °C erhitzt und anschließend in Flaschen gefüllt werden. Die Heißabfüllung hat sich dabei als wesentlich sicherer erwiesen.

FRUCHTWEINE

Das breite Obstsortenspektrum eröffnet die Möglichkeit, eine ebenso breite Palette an Fruchtweinen anbieten zu können.

Diesmal soll aber nicht das typische Getränk Most, das heißt der Obstwein aus Äpfeln und/ oder Birnen, sondern die Beerenweinbereitung näher beschrieben werden.

Wie entsteht Beerenwein?

Durch die Vergärung des in der Frucht vorhandenen (oder zugesetzten) Zuckers mit Reinzuchthefe erfolgt die Alkoholproduktion. Dabei findet eine Umwandlung von Zucker zu Alkohol unter dem Freisetzen von CO_2 statt. Bei der Reinzuchthefe handelt es sich um spezielle Stämme, die eine saubere und reintönige Gärung bewirken und somit für einen guten Beerenwein bestens geeignet sind.

Was ist bei der Herstellung von Beerenweinen zu beachten und wie soll dabei vorgegangen werden?

Vor der Gärung

- Bei Beerenobst sollten die Stiele und Kämme vor der weiteren Bearbeitung entfernt werden (rebeln), weil dies bei der Farbgewinnung oder der Gärung zu einem grasigen, unsauberen Ton führen kann. Zur weiteren Zerkleinerung eignen sich

Zu hohe Temperatur oder schlechte Obstqualität nehmen dem Sirup die Fruchtigkeit.
Foto: Bilderwerk Wien

verschiedene Mixer und Maischemühlen sehr gut. Bei kleinen Mengen kann dies auch mit einem „Fliesenkleberrührer" erfolgen.

- Da beinahe alle Beeren eine rote Färbung aufweisen, erwartet man sich auch einen Wein in dieser Farbe. Dies ist aber gar nicht so einfach, denn bei den meisten Obstarten ist die Farbe in der Haut oder in den randnahen Zellbereichen zu finden, weshalb beim Abpressen ohne Vorbehandlung zumeist nur ein heller Grundsaft erzielt wird.
- Um die Farbe aus den Früchten zu gewinnen, stehen dem Kellerwirt zwei Möglichkeiten zur Verfügung.
- Die erste ist die Maischegärung, wie sie bei der klassischen Rotweinbereitung angewendet wird, das heißt, die Früchte werden zerkleinert und anschließend mit allen Feststoffen vergoren. Bei den meisten Beeren genügt eine Gärdauer von zwei Tagen, um so viel Farbe zu gewinnen, dass die Weine entsprechend gefärbt sind. Eine längere Gärdauer verstärkt vielfach nur geschmacklich unvorteilhafte Töne, so kann bei Beerenobst ein störender Kerngeschmack auftreten. Bei Erdbeeren kommt dabei recht häufig ein nussiger Ton in das fertige Getränk.
- Die zweite Variante ist die Erhitzung der gesamten Maische, wobei alle Stiele und Kämme entfernt sein sollten. Dabei wird die Maische nach der Zerkleinerung auf 50 °C erhitzt, was eine Öffnung der Farbstoffzellen mit sich bringt, sodass beim nachfolgenden Pressvorgang die Farbe mitgewonnen werden kann. Achten Sie darauf, dass die Erhitzung nicht zu lange dauert, um Kochtöne im fertigen Produkt zu vermeiden.
- Nach dieser Angärdauer oder der vorhergehenden Erwärmung wird der Saft durch Abpressen gewonnen, wobei sehr vorsichtig gepresst werden soll.

Je nach Fruchtsorte und Herstellungsweise variiert der Geschmack von Fruchtwein von süß bis herb. Foto: beauty_of_nature/Pixabay

Bestimmen von Säure und Zuckergehalt

- Ehe die Verarbeitung zum fertigen Produkt beginnt, sind im frischen Presssaft zwei Werte zu bestimmen - der Zuckergehalt und die Säure. Beide Werte sind notwendig, um den Wasserzusatz und den Zuckerzusatz zu berechnen, damit die gesetzlichen Höchstwerte oder Mindestwerte nicht unter- oder überschritten werden beziehungsweise der Wein einen entsprechenden Geschmack aufweist.
- Zur Zuckerbestimmung eignen sich Refraktometer oder Saccharosespindeln, die unter der Bezeichnung „Mostwaagen" bekannt sind.
- Die Säure wird mittels Blaulauge bestimmt, wobei bei roten Säften der Umschlagpunkt von blau auf grün etwas schwieriger zu bestimmen ist. Sollten Sie nicht im Besitz derartiger „Laborgeräte" sein, so können Ihnen hier oftmals Labors oder auch Weinbauern weiterhelfen.

Die Gärung

- Nachdem der Saft nun eingestellt ist, wird er unter Zusatz von Reinzuchthefe vergoren. Um Schwierigkeiten zu vermeiden, sollte die Gärung bei Temperaturen zwischen 15 und 18 °C ablaufen. Wichtig ist hierbei auch, dass ein Gärspund verwendet wird.

Nach der Gärung bis zur Flaschenfüllung

- Sobald der Fruchtwein vollständig durchgegoren ist, ist eine Schwefelung mit 10 g Kaliumpyrosulfit je 100 Liter notwendig. Gleichzeitig gehört der durchgegorene Wein vom Lager gezogen, um einen Säureabbau oder einen Geschmack nach verdorbenem Geläger zu vermeiden.
- Soll der Fruchtwein süß bleiben, so kann entweder die Gärung unterbrochen (Kieselgurfiltration, Entkeimungsfiltration und Heißfüllung) oder vor der Abfüllung Zucker oder frischer Saft zugesetzt werden. Dann ist allerdings der Zuckerzusatz schon vor der Vergärung zu verringern, um den gesetzlichen Alkoholhöchstwert nicht zu überschreiten. Süße Fruchtweine müssen immer heiß gefüllt werden!
- Fruchtweine sollten unbedingt so schnell wie möglich geklärt werden, da der Fruchtcharakter nur durch eine schnelle und saubere Verarbeitung erhalten werden kann. Ganz besonders wichtig ist der Schutz vor Sauerstoff, da die Rottöne durch Sauerstoffeinfluss zu braunen Farben oxidiert werden, was dem Getränk ein unansehnliches Aussehen verleiht.
- Für eine größere Produktion werden die Weine noch mittels Bentonit eiweißstabil gemacht und anschließend abgezogen und in die Flasche gefüllt.
- Wird der Wein verkauft, so gehört er unbedingt geklärt. Hierzu verwendet man feine Filter, wie sie auch in Labors verwendet werden, für Kleinstmengen eignen sich Faltenfilter recht gut; diese sind in Drogerien erhältlich. Etwas größere Mengen können auch mit kleinen Schichten oder Kerzenfiltern filtriert werden. Diese Investition ist allerdings nur dann sinnvoll, wenn der Filter öfter Verwendung findet.

Rezeptbeispiele

Ribiselwein

Dieser Wein gilt als Klassiker unter den Beerenweinen. Durch seine Geschmacksintensität und die doch recht hohe Säure gelingt er sehr leicht.

Zutaten

1 l Ribiselsaft (nach Maischegärung)
200 g Zucker etwas Reinzuchthefe
1,5 l Wasser

Zubereitung
Saft und Wasser mischen, den Zucker gut auflösen und anschließend die Reinzuchthefe zusetzen. Die Gärung dauert etwa zwei Wochen. Nach dieser Zeit abziehen und an einem kühlen Ort aufbewahren. Der Wein ist sofort nach Gärende trinkbar.

Erdbeerwein

Erdbeerwein ist schwieriger zuzubereiten als Ribiselwein, weil er weniger Säure hat und auch die Farbe schwieriger zu erhalten ist.

Zutaten
1 l Erdbeersaft (nach Maischegärung)
1 l Wasser
200 g Zucker
etwas Reinzuchthefe
etwas Kaliumpyrosulfit (10 g/100 l)

Zubereitung
Die Erdbeeren werden schon vor der Maischegärung geschwefelt. Saft und Wasser mischen, den Zucker gut auflösen und anschließend die Reinzuchthefe zusetzen. Die Gärung dauert etwa zwei Wochen. Nach dieser Zeit abziehen, nochmals leicht schwefeln und an einem kühlen Ort aufbewahren.

ESSIG

Viele Menschen, die Interesse an natürlichen Vorgängen haben, wollen aus selbst erzeugtem Beerenwein schmackhaften und fruchtigen Essig für den Eigenbedarf produzieren. Bei genauem und sauberem Vorgehen kann im Haushalt guter Essig hergestellt werden.

Als Gefäß eignen sich Glasballons ab einer Größe von 5 Litern sehr gut, sodass nur wenig Gerätschaft angeschafft werden muss. Die hier beschriebene Produktion versucht kurz die wichtigsten Arbeitsschritte sowie die Besonderheiten der Essigbereitung zusammenzufassen.

Welche Essigarten gibt es?

Im Rahmen der Kleinproduktion unterscheiden wir zwischen Gär- und Ansatzessig.

Gäressig

Gäressig entsteht durch eine Essiggärung aus einer alkoholhaltigen Flüssigkeit. In unserem Fall kommen Beerenweine mit mehr als 6 Vol.-% Alkohol in Frage. Wichtig ist prinzipiell ein fehlerfreies Ausgangsprodukt, denn aus einem minderwertigen kann kein guter Gäressig entstehen.

Ansatzessig

Ansatzessig – im Hauskeller wahrscheinlich häufiger zu finden – ist die einfachste Möglichkeit, guten, anders schmeckenden Essig zu bereiten. Dabei wird ein bereits fertiger Essig mit Zusatzstoffen versetzt, die ihm einen neuen Geschmack verleihen.

Wir unterscheiden zwei Gruppen:

- Ansatzessig mit dem Aroma von Beeren: Bei diesem wird ein möglichst neutral schmeckender Essig, wie Weißwein- oder Apfelessig, mit einem neuen Aroma und einer neuen Farbe versetzt. Die Veränderung erfolgt durch Zugabe von verschiedenen frischen Beeren. Es können von der Erdbeere bis zur Heidelbeere alle Geschmacksrichtungen erzeugt werden.
- Ansatzessig mit Kräutern und Beeren: Kräuteressig ist recht häufig auf Märkten zu finden. Diese schon sehr lange prakti-

zierte Form der Aromatisierung geschieht ebenfalls wie bei der zuvor beschriebenen Art durch Ansetzen von Geschmacksträgern. Dabei werden gartenfrische Kräuter und frische Beeren für eine bestimmte Zeit in Essig angesetzt. Der Essig nimmt dabei den Geruch und den Geschmack der Kräuter und der Beeren an.

Wie entsteht Essig?

Essig ist ein absolut natürliches Produkt. Dabei werden alkoholische Verbindungen durch Bakterien zu Essigsäure umgewandelt. Bei einigen Verfahren werden die Bakterien durch Bildung einer Haut, der sogenannten „Essigmutter", an der Oberfläche sichtbar.

Bei der Essigsäuregärung entsteht aus 1 % Vol. Alkohol etwa 1 % Essigsäure, was für das Schätzen des Säuregehaltes im entstehenden Essig wichtig ist. Je alkoholischer das Ausgangsprodukt ist, desto saurer wird der fertige Essig sein.

Beinahe alle Bakterien lieben die Wärme, so auch die Essigbakterien. Damit sie sich ideal vermehren können und der Essig gut wird, sollte möglichst immer eine Temperatur von etwa 25 °C gehalten werden.

Was ist bei der Essigbereitung zu beachten und wie soll dabei vorgegangen werden?

Vor der Gärung

- Das Ausgangsprodukt muss fehlerfrei sein und sollte keinen Fremdgeschmack aufweisen, damit der Fruchtgeschmack des fertigen Essigs nicht beeinflusst wird.
- Behälter, in denen Essig hergestellt wird, müssen sauber und lebensmittelecht sein. Kunststoffbehälter sind nicht immer säurebeständig. Am besten eignen sich Holzfässer und Glasflaschen ab einer Füllmenge von 5 Litern.
- Der Behälter wird zu 2/3 mit Beerenwein gefüllt. Damit dieser schnell zu gären beginnt, wird er mit Essigbakterien, etwa einem halben Liter bereits gärendem, trübem Essig, versetzt.

Die Gärung

- Die Gärung sollte bei einer Temperatur von mindestens 25 °C erfolgen, denn bei dieser Temperatur vergärt der Alkohol sehr rasch zu Essig. Die beste Jahreszeit für die Essigbereitung ist daher der Sommer, wobei aber immer darauf zu achten ist, dass der gärende, halbfertige Essig nie in der Sonne steht und vor Insekten geschützt ist.
- Während der Gärung ist das Einbringen von Luft notwendig, da für die Gärung Sauerstoff benötigt wird. Dieser kann entweder durch ein kurzes Öffnen und anschließendes Schütteln des Behälters eingebracht werden oder durch eine kleine Pumpe. Sehr gut eignen sich dafür Aquarienpumpen, da sie die Luft in der Flüssigkeit durch einen Verteiler ausstoßen. Außerdem halten sie dadurch die Flüssigkeit in Bewegung und beschleunigen so den Gärungsprozess.
- Sobald der Essig den gewünschten Geschmack aufweist, wird die Hälfte aus dem Behälter genommen und dieser dann neuerlich mit Beerenwein befüllt, damit die Essigbakterien nicht absterben. Sollte einmal kein Essig benötigt werden, so wird etwas alkoholhaltige Flüssigkeit beigesetzt und bei unter 10 °C gelagert. Bei dieser Temperatur sterben die Bakterien nicht ab, sie verarbeiten aber auch den Alkohol nicht.

Nach der Gärung

- Der nunmehr fertige Essig wird noch weitere zwei Wochen lang gelagert, damit der restliche Alkohol vergären kann. Dadurch wird der Essig runder und harmonischer im Geschmack.

- Anschließend wird der Essig geklärt, damit in der Flasche an der Oberfläche keine „Haut“ entsteht. Hierfür verwendet man feine Filter, besonders gut eignen sich Faltenfilter; diese sind in Drogerien erhältlich. Etwas größere Mengen können auch mit kleinen Schnapsfiltern filtriert werden.
- Die vorhin erwähnte Haut kann auch durch Erhitzen des Essigs auf 55 °C und einer anschließenden Filtration verhindert werden.

Die Flaschenfüllung

- Der Essig kann entweder warm abgefüllt werden, dabei entsteht in der Flasche immer ein Bodensatz, oder kalt, was die einfachere Methode ist, und überdies auch den Geschmack des Essigs nicht beeinträchtigt.

Der halbfertige Essig muss vor Insekten geschützt werden. Foto: Andreas Fischerauer

- Die Lagerung des fertigen Essigs erfolgt dunkel und kühl, damit sich Farbe und Geschmack nicht verändern.

Rezeptbeispiele

Orangen-Peperoni-Johannisbeer-Essig

Dieser Essig findet besonders bei dunklen Fleischsorten, Saucen, Fischgerichten, Meerestieren und Fondue seine Liebhaber.

Zutaten

2 Orangen	2 Peperoni, rot
200 g schwarze Johannisbeeren	1 l Rotweinessig

Zubereitung

Die Orangen werden geschält, das Fruchtfleisch wird zerkleinert und mit den abgeperlten Johannisbeeren vermischt. Die zerschnittene Peperoni wird dann zusammen mit dem Rotweinessig über die Fruchtmasse gegeben. Nach ungefähr vier Wochen kann der nunmehr sehr intensiv schmeckende Essig abgezogen werden. Ein Johannisbeerfruchtstand und eine Peperoni können als Dekoration in die Flasche kommen.

Essigabfüllung mittels Abfüllanlage
Foto: Andreas Fischerauer

Himbeeressig, Erdbeeressig und Brombeeressig

Diese Essige werden mit frischen Beeren angesetzt. Der besonders intensive Himbeerton kommt schon nach kurzer Zeit sehr deutlich zur Geltung.

Zutaten

100 g frische Himbeeren, Erdbeeren oder Brombeeren
1 l Rotwein- oder Weißweinessig

Zubereitung

Die Himbeeren werden entweder direkt in die Flasche gegeben oder mit dem Essig in einem Großbehälter angesetzt. Bei dieser Variante kann auch noch kaltgepresster Himbeersaft zur Färbung zugesetzt werden. Nach einer Ansatzzeit von ungefähr zwei Wochen ist der Essig bereits verwendbar. In den meisten Fällen wird der Essig noch mit Früchten in der Flasche dekoriert.

Heidelbeer-Wacholder-Essig

Heidelbeer-Wacholder-Essig verleiht vielen Fleischspeisen einen herben Ton. Er eignet sich hervorragend zum Aufgießen von Wildragout oder für spezielle Saucen. Durch den Wacholder bekommt der Essig einen leicht bitteren Ton.

Zutaten

40 g Wacholderbeeren, getrocknet
1 l Weißweinessig oder ein heller Apfelessig
100–200 g Waldheidelbeeren
15 g Waldhonig

Zubereitung

Die Wacholderbeeren werden im Mörser grob zerstoßen und dann mit den restlichen Zutaten vermengt. Der Honig muss vorher unbedingt in einer kleinen Menge warmen Essigs aufgelöst werden. Nach einer Ansatzzeit von vier Wochen hat der Essig eine fast schwarze Farbe und das Aroma der Wacholder- und Heidelbeeren angenommen. Der Honig dient der Geschmacksabrundung.

Brombeer-Zitronenmelissen-Essig

Dieser Essig besticht durch seine intensive, dunkle Farbe, das zarte Brombeer-Zitronenaroma und die fruchtig-säuerliche Harmonie. Er eignet sich hervorragend für Salate und zum Würzen spezieller Saucen.

Zutaten

10 Stk. Gewürznelken
40 g Zitronenmelisse
150 g Brombeeren
1 l Weißweinessig

Zubereitung

Die Gewürznelken werden grob zerstoßen, mit den zerkleinerten Melissenblättern sowie den Brombeeren gemischt und mit dem Essig übergossen. Die Ansatzzeit beträgt mindestens fünf Wochen, damit das wohlschmeckende Aroma erreicht wird. Dieser Essig schmeckt ohne Erwärmung nur sehr verhalten nach Brombeeren.

LIKÖRE UND BEERENBRÄNDE

Brände und Liköre aus Beeren sind ein beliebtes Getränk und ergeben durch die Vielfalt wunderbare Geschmackserlebnisse. In allen Beerenlikören sind Alkohol, Zucker und Beerenauszüge (bei Ansatzlikör) und/oder Fruchtsaft (bei Fruchtsaftlikör) enthalten.

Welche Alkoholarten sind für die Likörherstellung geeignet?

Um einen möglichst typischen Likör herzustellen, sollte der Charakter des verwendeten Alkohols immer im Hintergrund bleiben. Je neutraler der Ausgangsalkohol ist, umso typischer wird das fertige Produkt. Deshalb sind Ethylalkohol landwirtschaftlichen Ursprungs (Monopolsprit), Fruchtbrände mit Fruchtaromen und entaromatisierte Fruchtbrände sehr gut geeignet. Um einen sehr guten Likör produzieren zu können, ist ein guter Beerenband notwendig.

Wie stellt man einen guten Beerenbrand her?

- Die verwendeten Beeren müssen immer gesund, reif und sauber sein, denn nur dann erzielt man auch ein gutes Endergebnis.
- Die zerkleinerten Beeren werden mit Reinzuchthefe versetzt, damit die Gärung sauber und reintönig vor sich geht. Stark pektinhaltige Maischen werden mit pektinspaltenden Enzymen, die im Brennereibedarfshandel erhältlich sind, versetzt, damit eine gute Ausbeute erzielt wird.
- Während der Gärung sollte die Maische immer wieder durchgestoßen werden, damit auch wirklich der ganze Zucker vergären kann und möglichst viel Aroma aus den Früchten gewonnen wird. Die optimale Gärtemperatur für einen guten Beerenbrand liegt bei 16 °C Maischetemperatur.
- Sobald die Gärung vorbei ist, sollte schon der Brennvorgang erfolgen. Dies kann bereits nach zwei bis fünf Wochen sein. Das Abbrennen der Maische geschieht in zwei Arbeitsschritten, sofern keine Kolonnenbrennerei zum Einsatz kommt.
- Beim ersten Arbeitsschritt wird der Alkohol aus der Maische gewonnen. Da Beerenbrände nicht so viel Alkohol beinhalten wie zum Beispiel Kernobstbrände beginnen diese erst zwischen 25 und 40 % Vol. zu rinnen.
- Beim zweiten Arbeitsschritt wird der gewonnene Raubrand ein zweites Mal gebrannt, und hier wird zwischen Vorlauf, Mittellauf und Nachlauf unterschieden. Der Vorlauf beträgt bei Beerenbränden gewöhnlich ca.

2 % der eingefüllten Raubrandmenge. Dieser Vorlauf wird vom restlichen Brand getrennt und nicht mehr zugesetzt. Der Mittellauf endet etwa bei 50 % Vol. und dann beginnt der Nachlauf. Dieser kann nochmals gebrannt werden und als Grundlage für die Herstellung von Likören dienen.

- Der so gewonnene Mittellauf wird mit kalkarmem Wasser bzw. enthärtetem Wasser auf eine Trinkstärke von etwa 40 % Vol. herabgesetzt.
- Bei dem Auftreten einer Trübung wird der Brand gekühlt und anschließend mit feinen Filterschichten oder Filterwatte filtriert.

Wie bringt man den Fruchtgeschmack in den Likör?

Wichtig ist auch hier, dass alle verwendeten Früchte den Grundanforderungen für Verarbeitungsobst – gesund, reif, sauber – entsprechen.

Das Fruchtaroma kann nun auf zwei Arten in den Likör kommen:

- durch die Herstellung eines Fruchtsaftes
- durch einen Fruchtaromaauszug mit Alkohol

Für diese Art der Likörbereitung eignen sich besonders gut Schwarze Johannisbeeren, Himbeeren, Brombeeren, Heidelbeeren und Vogelbeeren.

Die nachfolgende Übersicht soll noch einmal schematisch die verschiedenen Möglichkeiten der Likörherstellung aus Früchten zusammenfassen:

- Saft – Alkohol – Zucker
- Wein – Alkohol – Zucker
- Saft – Wein – Alkohol – Zucker
- Angesetzte Früchte – Alkohol – Zucker
- Saftkonzentrat – Aroma – Alkohol – Zucker

Die Herstellung und Fertigstellung des Likörs

Wenn nun die verschiedenen Ausgangsmaterialien und der gewünschte Charakter des Likörs feststehen, so kann mit dem Anmischen des Likörs und der eigentlichen Herstellung begonnen werden. Dabei sind jedoch einige grundlegende Punkte zu beachten:

Das Fruchtaroma zeichnet einen guten Beerenbrand aus. Foto: Matthias Böckl/Pixabay

Der Fruchtanteil

Von besonderer Bedeutung ist der Fruchtsaftanteil. Er sollte 40 bis 60 % des Likörs ausmachen, denn er verleiht dem Likör die entsprechende Fruchtnote. Ist der Fruchtanteil geringer, so ergeben sich zumeist sehr dünne Produkte mit wenig typischem Fruchtcharakter. Spezielle Beerenobstarten, die sehr aromaintensiv sind, können jedoch mit einem geringeren Fruchtanteil verarbeitet werden.

Der Zuckeranteil

Der Zuckeranteil kann je nach gewünschter Geschmacksrichtung zwischen 100 und 400 g/l schwanken. Er setzt sich zum einen aus dem in der Frucht enthaltenen natürlichen Zucker und dem zugesetzten Zucker zusammen. Wichtig ist jedoch immer ein harmonisches Produkt, das heißt, das Zucker-Säure-Verhältnis muss immer ausgewogen sein. Sehr säurereiche Obstarten müssen mehr gesüßt werden. Bei sehr säurearmen Obstarten darf allerdings der gesetzliche Mindestanteil auch nicht unterschritten werden, was zum Beispiel bei Pfirsich oft zu einem etwas zu süßen Likör führen kann. Gewöhnlich liegt der harmonische Zuckergehalt bei ungefähr 150 g/l.

Der gewünschte Alkoholgehalt

Üblich sind Alkoholgehalte zwischen 18 und 30 % Vol., wobei höhere Gradationen nur bei speziellen Produkten erwünscht sind. Zumeist findet man derartig hohe Alkoholwerte nur bei sogenannten bitteren Likören, auch als „Magenbitter“ bekannt. Aber auch einzelne Früchte harmonieren mit einem etwas höheren Alkoholgehalt, so zum Beispiel die Brombeere, die Schwarze Johannisbeere, die Eberesche und die Apfelbeere. Zumeist liegt der geschmacklich optimale Alkoholgehalt jedoch bei einer Stärke von etwa 20 bis 25 % Vol.

Berechnung der Zusammenstellung bei Mischlikören

Berechnung der Alkoholmenge

Die Menge des benötigten Alkohols lässt sich auch rechnerisch nach folgender Formel ermitteln:

$$\frac{\text{gewünschter Alkohol (\% Vol.)}}{\text{vorhandener Alkohol (\% Vol.)}} = \text{Liter Alkohol für 1 l Likör}$$

Besteht ein Rezept aus mehreren alkoholhaltigen Komponenten, müssen die Alkoholanteile jeweils berücksichtigt werden. Dabei kann der Alkoholgehalt des Weines entweder dazugerechnet werden, was vielfach die einfachste Methode ist, oder um diese Menge weniger Brand zugesetzt werden.

Berechnung der Zuckermenge

Je nachdem, welche Zuckerart verwendet wird, kann der Zuckergehalt sehr einfach berechnet werden. Bei der Verwendung von flüssigem Invertzucker mit 72,7 %mas (Massenprozent: Einheit für die in der Flüssigkeit gelöste Zuckermenge) kann der Zuckergehalt ohne Umrechnung genommen werden. Das heißt, 1 ml Zucker entspricht 1 g/l. Wird gewöhnlicher Weißzucker verwendet, so ist die Volumensveränderung zu berücksichtigen.

Berechnung des Fruchtanteiles

Nur bei der Verwendung von Saft oder Wein kann der Fruchtanteil im Vorhinein berechnet werden. Bei angesetzten Likören muss man sich auf die Auslaugung verlassen. Dabei gilt, dass ein Fruchtlikör mit einem Fruchtanteil von zum Beispiel 50 % mit 500 ml Saft je Liter Fertiglikör versetzt sein muss. In den meisten Fällen sollte die benötigte Menge bei der ersten Charge durch Vorproben ermittelt werden.

Die Ermittlung des Alkoholgehaltes

Bevor der Likör abgefüllt wird, muss der genaue Alkoholgehalt (maximal zulässige Abweichung: 0,5 %) ermittelt werden.

Leider ist eine einfache Messung mittels Alkoholspindel oder Biegeschwinger bei Likören nicht möglich. Die Anschaffung der notwendigen, teuren Ausrüstung zur Alkoholbestimmung durch Destillation ist aber nur bei entsprechender Auslastung sinnvoll. Meist ist es bei wenigen anfallenden Proben günstiger, diese in einem Speziallabor analysieren zu lassen.

Rezeptbeispiel

Holunderbeerenlikör, angesetzt

Dieser Likör besticht durch seine intensive dunkle Farbe, das zarte Beerenaroma der frischen Holunderbeere und die fruchtig-säuerliche Harmonie. Er eignet sich hervorragend als Aperitif sowie als kleines Dessert.

Zutaten

500 ml gerebelte Holunderbeeren
500 g Zucker
500 ml Holunderbrand
1 Liter entaromatisierter Obstbrand oder Apfelbrand
bei Wunsch Gewürze

Zubereitung

Die Holunderbeeren werden mit dem Zucker vermischt und mit dem Holunderbrand und dem Obstbrand übergossen. Anschließend etwa vier bis fünf Wochen an einem dunklen und kühlen Platz stehen lassen. Etwa einmal wöchentlich schütteln, um eine Erhöhung der Aromaausbeute zu erzielen. Danach von den Beeren abziehen und den fertigen Likör in Flaschen füllen.

Fruchtliköre lassen viel Raum, einzigartige Geschmackserlebnisse zu zaubern.
Foto: Bruno/Pixabay

DIE KENNZEICHNUNG DER PRODUKTE

Werden all diese Produkte in Verkehr gebracht, so ist unbedingt eine Kennzeichnung erforderlich. Die folgenden Punkte sind unbedingt einzuhalten.

Liköre

- Name und Adresse des Erzeugers, Ursprung und Herkunftsort (A-...J
- Produktname (vorhandenes Ausgangsmaterial berücksichtigen)
- Füllmenge (Flaschenvolumen) – mindestens 4 mm Schriftgröße
- Chargennummer (Buchstabe „L“ muss vorausgestellt werden, dient bei eventueller Beanstandung zur Rückverfolgung des Produktes und kann frei gewählt werden)
- Alkoholgehalt (Gesamttoleranz +/- 0.3 % Vol. – Kürzel für Alkoholgehalt = % Vol.) z. B. alc. 25,3 % Vol.
- Achtung! Mindestgrößenvorschriften für Text! (Mindestens 3 mm)
- Aus Werbegründen Kontaktmöglichkeiten (Telefon, E-Mail, Homepage etc.) angeben!

Beerenbrand

- Name und Adresse des Erzeugers, Ursprung und Herkunftsort (A-...)
- Produktname (vorhandenes Ausgangsmaterial berücksichtigen)
- Brennverfahren (z. B. Abfindungsbrenner – kann beim Verschlussbrenner entfallen)
- Füllmenge (Flaschenvolumen) – 4 mm Größe
- Chargennummer (Buchstabe „L“ muss vorausgestellt werden, dient bei eventueller Beanstandung zur Rückverfolgung des Produktes und kann frei gewählt werden)
- Alkoholgehalt (Gesamttoleranz 0,3 % Vol.)
- Achtung! Mindestgrößenvorschriften für Text! (Mindestens 3 mm)
- Aus Werbegründen Kontaktmöglichkeiten (Telefon, E-Mail, Homepage etc.) angeben!

Beerenwein

- Sorte
- Obstwein
- Erzeuger und Adresse (A-...)
- Füllmenge (z. B. 0,25 l)
- ... % Vol.

Beerensaft

- Sachbezeichnung
- Saftanteil direkt bei Sachbezeichnung (z. B. 100 % Apfelsaft)
- Nettofüllmenge (z. B. 0,25 l)
- Ist Vitamin C zugesetzt: Antioxidans: Ascorbinsäure
- Name und Sitz des Erzeugers (A-...)
- Chargennummer
- Mindestens haltbar bis Ende Monat/Jahr
- Hinweis: Nach dem Öffnen kühl lagern!

Beerennektar

- Sachbezeichnung (Obstart + Nektar)
- Saftanteil direkt bei Sachbezeichnung (z. B. 45 % Fruchtanteil)
- Zutaten (in absteigender Reihenfolge!) z. B.: Wasser, Brombeermark, Zucker, Säuerungsmittel: Zitronensäure
- Ist Vitamin C zugesetzt: Antioxidans: Ascorbinsäure
- Nettofüllmenge (z. B. 0,25 l)
- Name und Sitz des Erzeugers (A-...)
- Haltbarmachungsverfahren (durch Erhitzen haltbar gemacht)
- Chargennummer
- Mindestens haltbar bis Ende Monat/Jahr
- Nach dem Öffnen kühl aufbewahren!

Beerensirup

- Sachbezeichnung (Obstart + Sirup)
- Verdünnung
- Zutaten (in absteigender Reihenfolge)
- Mindestens haltbar bis Tag/Monat/Jahr
- Nettofüllmenge
- Chargennummer
- Name und Sitz des Erzeugers (A-...)

Marmelade, Konfitüre und Gelee

- Sachbezeichnung
- Zusammensetzung - hergestellt aus... g Früchten je 100 g – unter 45 g: Zusatz einfach, über 45 g: Zusatz extra
- Gesamtzuckergehalt... g je 100 g
- Zutaten (in absteigender Reihenfolge). Bei Zitronensäure Säuerungsmittel: Zitronensäure
- Ist Vitamin C zugesetzt: Antioxidans: Ascorbinsäure
- Name, Adresse, Telefon, Fax
- Füllmenge
- Chargennummer
- Mindestens haltbar bis Ende Monat/Jahr
- Hinweis nach dem Öffnen kühl aufbewahren!

LITERATUR

VERWENDETE LITERATUR

ALBRECHT H., 1993: Anbau und Verwertung von Wildobst, Verlag Thalacker, Braunschweig

BAUER R., 1980: Rucami, Rumilo und Rutrago: drei großfruchtige Sorten mit Vektor-Resistenz, Erwerbsobstbau 22, S. 152–158

BOLDA M., GASKELL M., MITCHAM E., 2012: Fresh Market Caneberry Production Manual, University of California, Publication Number 3525

BRAZELTON C., 2011: World blueberry acreage & production, US Highbush Blueberry Council

BUCHTER-WEISBRODT H., 1995: Detvan und Tatran – Portrait slowakischer roter Johannisbeeren, Obstbau 7

BUCHTER-WEISBRODT H., 1993: Obst – Die besten Sorten für den Garten, Verlag Eugen Ulmer, Stuttgart

BUNDESMINISTERIUM für Land- und Forstwirtschaft, Umwelt und Wasserwirtschaft, 2025: Richtlinie zur sachgerechten Düngung im Obstbau 2025; Wien

BUNDESSORTENAMT, 2006: Beschreibende Sortenliste Himbeere, Brombeere

CARLEN, KRÜGER, MUSTER, 2020: Innovative Rubus and Ribes Production for High Quality Berries in Changing Enviroments; Proceedings oft the XII International Rubus and Ribes Symposium; ISHS Division Vine and Berry Fruits

CARUSO F. L., RAMSDELL D. C., 1995: Compendium of Blueberry and Cranberry Diseases, APS Press, Minnesota

CHILDERS N. E., LYRENE P. M., 2006: Blueberries: For Growers, Gardeners and Promoters. Dr. Norman F. Childers Publications, USA

DIEREND W. (Hrsg.), 2012: Erdbeeranbau, Verlag Eugen Ulmer, Stuttgart

DIERKING W., DIERKING S., 1996: Kulturheidelbeeranbau aus der Sicht des Praktikers

DILLMANN K., MUSTER G., ORTLIEB R., PFEIFFER B., HINZMANN K., 2011: Himbeersorten für den Bio-Anbau, Öko-Obstbau 4, S. 32–37, http://www. oekoobstbau.de/Dokumente/Z_4-l 1 art_2.pdf

EBERT G., 2017: Anbau von Heidelbeeren und Cranberrys, Verlag Eugen Ulmer

EBNER, G., 2005: Anbau von Heidelbeeren und Cranberries; Ulmer Verlag, Stuttgart

ECK P., 1988: Blueberry Science, Rutgers University Press, New Brunswick & London

ECK P., 1990: The American Cranberry, Rutgers University Press, New Brunswick & London

EDIN M., GAILLARD P., MASSARDIER P., 1999: Le Framboisier, Editions Ctifl, Paris
EGGBAUER R., 2009: Untersuchung der Eignung neuer früh reifender Erdbeersorten für den Bio-Landbau, Diplomarbeit, Universität für Bodenkultur, Wien
ELLIS A., CONVERSE R. H., WILLIAMS R. N., WILLIAMSON B., 1991: Compendium of Raspberry and Blackberry Diseases and Insects, APS Press, Minnesota
FAOSTAT, 2022: Crops and livestock products; Cranberry; http://www.fao.org
FIBL, 2011: Sortenliste Himbeeren und weitere Rubus-Arten, Forschungsinstitut für biologischen Landbau, Frick (CH)
FIBL, 2011: Sortenliste Johannisbeeren, Cassis, Stachelbeeren, Jostabeeren, Forschungsinstitut für biologischen Landbau, Frick (CH)
FORSELL M.,1990: Beeren, Dumont Buchverlag, Köln
FUNT C., HALL H. K. (Hrsg.): Raspberries (Crop Production Science in Horticulture), Cab International, Wollingford (GB)
GANTAR E. M., 2010: Aronia: eine heilsame Beere mit spannenden Facetten, Besseres Obst 10-11, S. 15-17
GÖHLER F., MOLITOR H.-D., 2002: Erdelose Kulturvefahren im Gartenbau; Ulmer Verlag, Stuttgart
GOSCH C., 2003: *Monilinia vaccinii-corymbosi* on highbush blueberries *(Vaccinium corymbosum* L): Also in Europe!, European Journal of Horticultural Science 68 (5), S. 238-241
GOSCH C., 2013: Festschrift „50 Jahre Gosch Heidelbeeren“, Eigenverlag, St. Ulrich i. Gr.
GOSCH F., 1990: Gartenheidelbeere, Leopold Stocker Verlag, Graz
GOSCH T., 1998: Köstliche Rezepte mit Heidelbeeren, Eigenverlag, St. Ulrich i. Gr.
GRIEGEL A., 1993: Mein gesunder Obstgarten, erkennen, vorbeugen, heilen, Eigenverlag M. Griegel, Ingelheim
HACKEL H., 1974: Probleme bei der Überwinterung der Cranberry, Diss., Technische Universität, München
HENNION B., VESCHAMBRE D., RISSER G., NAVATEL J. C., 1997: La Fraise, maltrise de la production, plant et Varietes, CTI EL-CI REE, Editions Ctifl, Paris
HÖHNE E., 2011: Aktuelle Holunder-Versuchsergebnisse aus Gülzow. Info-Blatt für den Gartenbau in Mecklenburg-Vorpommern 203, S. 119-136
IBO, 2021: Global state of the blueberry industry report. International Blueberry Organization.
JENNINGS D. L., 1988: Raspberries and Blackberries: Their Breeding Diseases and Growth, Academic Press, London
KEIPERT K., 1981: Beerenobst, Verlag Eugen Ulmer, Stuttgart
KEPPEL H., PIEBER K., WEISS J., HIEBLER A., 1991: Obstbau, Anbau und Verarbeitung, Leopold Stocker Verlag, Graz
KNUDSON M., 2009: Plant Guide for black choke- berry (Photinia melanocarpa (Michx.) K. R. Robertson & Phipps), USDA - Natural Resources Conservation Service, Bismark Plant Materials Center, Bismark (ND)
KRÜGER E., NAUMANN W. D., 1984: Nährstoffbereich von Preiselbeeren, Gartenbauwissenschaft
KÜNSTLER B., 2003: Ökologischer Brombeeranbau, BBÖ 3, S. 3–8, http://www.oekoobstbau.de/ Dokumente/Z_3-03art.pdf
KÜNSTLER B., KÜNZEL H., PFEIFFER B., BROCKAMP L., RICHTER A., DILLMANN K., 2008: Bio-Beerenobsttag in Heuchlingen 2008, www.oekoobstbau.de/ Dokumente/ Z_2-08art_2.pdf

LÄNDLICHES FORTBILDUNGSINSTITUT Steiermark, 2019: Kursunterlagen Österreichische Beerenobstfachtage 2019; Eigenverlag
LGV Erfurt, Ergebnisse mit Holundersorten in Thüringen, http://www.thueringen.de/imperia/md/content/ lvg/vwobst_bs/weiterever_holunder.pdf
LIEBSTER G., 1961: Die Kulturheidelbeere, Verlag Paul Parey, Berlin
LIEBSTER G., 1972: Cranberry = Die Kulturpreiselbeere, Eigenverlag, München
MAAS J. L. (Hrsg.), 1998: Compendium of Strawberry Diseases, APS Press, Minnesota
MAIR M., 1995: Beeren, Köstliche Gerichte, Edition Löwenzahn, Innsbruck
MARTIN, ELLIS, WILLIAMSON, WILLIAMS, 2017: Compendium of Raspberry Diseases and Pests, Second Edition; APS Press
MARVIN P. P., HANCOCK J. E., 1992: Highbush Blueberry Production Guide, NRAES, New York
MEYER M., BOSSHARD E., 1994: Eine neue Krankheit der Erdbeere – die eckige Blattfleckenkrankheit, Obst- und Weinbau 9
MIETK S., 2010: Vergleich verschiedener Anbaumethoden der Heidelbeere und Kalkulationsbeispiele, Diplomarbeit, Fachhochschule Erfurt
MÖHLER, M. (2003): Ergebnisse von Holunderversuchen an der LVG Erfurt - Vergleich
MÜLLER A., 1978: Botanische Eigenschaften, Verbreitung und Standortsbedingungen der Preiselbeere *(Vaccinium vitis-idaea* L.) in Hinblick auf einen feldmäßigen Anbau, Diss., Technische Universität, München
NAUMANN W., SEIPP D., 1989: Erdbeeren, Verlag Eugen Ulmer, Stuttgart
NEUWEILER R., 2002: Frühproduktion von Johannisbeeren mit guten Perspektiven, Schweizerische Zeitschrift für Obst- und Weinbau, S. 447–449
NEUWEILER R., BAK H., 2001: Anbautechnische Kniffe gegen Rutenkrankheiten bei Himbeeren, Schweizerische Zeitschrift für Obst- und Weinbau, S. 42–45
NEUWEILER R., HUSISTEIN A., 2000: Weiterentwicklung des Dammanbaus bei Erdbeeren und Himbeeren auf sandigem Lehm, Schweizerische Zeitschrift für Obst- und Weinbau, S. 87–90
NEUWEILER R., KREBS CH., 2002: Frühproduktion von Himbeeren mit Herbstsorten, Schweizerische Zeitschrift für Obst- und Weinbau, S. 182–184
NEUWEILER R., MICHALEK L., HUSISTEIN A., 2002: Züchtungsfortschritte bei Herbsthimbeeren tragen Früchte, Schweizerische Zeitschrift für Obst- und Weinbau, S. 610–612
NEUWEILER R., MICHALEK L., SCHÄTTI P., 2003: Neue Erdbeersorten mit guten Perspektiven, Schweizerische Zeitschrift für Obst- und Weinbau, S. 6–11
PENHALLEGON, R., 2024: Lingonberry production guide for the Pacific Northwest, Pacific Northwest extension publishing (PNW 583), Oregon, Washington, Idaho. Extension Publication
PERSEN, STEFFEK, LETHMAYER, BLÜMEL, POLESNY, 2005: Pflanzengesundheit im Obstbau – Krankheiten, Schädlinge, Nützlingseinsatz; AV-Buch
PFANNHAUSER W., PETERS S., 1998: Das Wunder vom Holunder, Arcturus Verlag
POLAHOCK, CARUSO, AVERILLI, SCHILDER, 2017: Compendium of Blueberry, Cranberry, and Lingonberry Diseases and Pests, Second Edition; APS Press
REDL H., NOTHNAGL A., HIEBLER A., SZITH R., 1993: Untersuchungen über die Ursachen der Doldenwelke bei Schwarzem Holunder, Mitteilungen Klosterneuburg 43
RICHTER A., 2013: Mechanischer Schnitt bei schwarzen Johannisbeeren
RÜEGG J., BOSSHARD E., NEUWEILER R., VIRET O., 2002: Falscher Mehltau der Brombeere, Eidgenössische Forschungsanstalt

für Obst- und Weinbau, Merkblatt 833, Agroscope Changins-Wädenswill
SCHERER W., 1989: Schäden an Erdbeeren erkennen, bestimmen – richtig handeln, Eigenverlag, 8900 Augsburg
SCHERER W., 1989: Schäden an Himbeeren erkennen, bestimmen – richtig handeln, Eigenverlag, 8900 Augsburg
SCHERER W., 1989: Schäden an Johannisbeeren und Stachelbeeren erkennen, bestimmen – richtig handeln, Eigenverlag, 8900 Augsburg
SCHIMMELPFENG H., 1993: Züchtung von Himbeeren und Erdbeeren in Weihenstephan, Obstbau 12
SCHMIDT A., 2010: Erdbeeren ökologisch angebaut, Bioland Verlag, Mainz
SCHMIDT A., 2010: Strauchbeeren ökologisch angebaut, Bioland Verlag, Mainz
SCHMIDT J., 1987: Holunderanbau, Verlag Leopold Neumann, Graz
SCHWEIZERISCHER OBSTBAUVERBAND, 2022: Handbuch Beeren, Eigenverlag
SORGE P., 1991: Beerenobstsorten, Neumann- Neudamm, Leipzig
SPORNBERGER A., STEFFEK R., ALTENBURGER J., 2005: Prüfung von Erdbeersorten auf biologisch wirtschaftenden Betrieben in Ostösterreich. Mitteilungen Klosterneuburg 55, S. 32–37
STATISTIK AUSTRIA, 2023: https://www.statistik.at/statistiken/land-und-forstwirtschaft/pflanzenbau/obst/obsternte
STEFFEK R., ALTENBURGER J., 2001: Eintragseinbußen durch Doldenwelke – Neue Untersuchungen zur Ursache der Doldenwelke am Holunder, Besseres Obst, 46, Nr. 2, S. 4–9
STEFFEK R., 2002: Untersuchungen zum Zusammenhang des Auftretens der Doldenwelke mit dem Pilzbefall der Dolden beim Schwarzen Holunder (Sambucus nigra). Mitt. Klosterneuburg 52, S. 106–115
STOLL K., GREMMINGER U., 1986: Besondere Obstarten, Verlag Eugen Ulmer, Stuttgart
STRAND L. L., 1994: Integrated Pest Management for Strawberries, University of California, Statewide IPM Project, Publication 3351
TILLARD S., 1998: Myrtilles, groseilles et fruits du bois, Editions Ctifl, Paris
TOSI E., 1995: Guia illustrate alia coltivazione della fragola, Sonderheft Nr. 6 aus Vita in Campagna, Verona
VAN FRANKENHUYZEN, A., 1996: Schadelijke en nuttige insekten en mijten in aardbei en houtig kleinfruit; CIP-Gegevens koninklijke Bibliotheek
VUKOVITS G., 1980: Obstkrankheiten, Teil IV, Leopold Stocker Verlag, Graz
WEISSINGER H., SPORNBERGER A., STEFFEK R., JEZIK K., STICH K., 2009: Evaluation of new strawberry cultivars for their potential use in organic farming and in Verticillium-infested soils. European Journal of Horticultural Science 74(1), S. 30–34
ZEITLHÖFLER A., 2008: Wildobst für den Hausgarten, avBUCH, Leopoldsdorf/Wien

Eine Zusammenstellung weiterführender, empfehlenswerter Fachliteratur zum Thema Beerenobst finden Sie hinter dem QR-Code. Sie können diese auch direkt im Verlag anfordern unter: verkauf@stocker-verlag.com

STICHWORTVERZEICHNIS

Aus unserem Programm

ISBN 978-3-7020-1308-0

ISBN 978-3-7020-1489-6

ISBN 978-3-7020-2055-2

Leopold Stocker Verlag
Graz – Stuttgart
www.stocker-verlag.com